华章IT | HZBOOKS | Information Technology

云计算与虚拟化技术丛书

OpenShift
Enterprise container platform based on Kubernetes

开源容器云 OpenShift

构建基于Kubernetes的企业应用云平台

陈耿 著

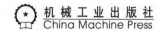

机械工业出版社
China Machine Press

图书在版编目（CIP）数据

开源容器云 OpenShift：构建基于 Kubernetes 的企业应用云平台 / 陈耿著 . —北京：机械工业出版社，2017.6

（云计算与虚拟化技术丛书）

ISBN 978-7-111-56951-0

I. 开… II. 陈… III. 计算机网络 IV. TP393

中国版本图书馆 CIP 数据核字（2017）第 117551 号

开源容器云 OpenShift
构建基于 Kubernetes 的企业应用云平台

出版发行：机械工业出版社（北京市西城区百万庄大街22号　邮政编码：100037）	
责任编辑：何欣阳	责任校对：殷　虹
印　　刷：北京市荣盛彩色印刷有限公司	版　　次：2017年6月第1版第1次印刷
开　　本：186mm×240mm　1/16	印　　张：16.75
书　　号：ISBN 978-7-111-56951-0	定　　价：69.00元

凡购本书，如有缺页、倒页、脱页，由本社发行部调换

客服热线：（010）88379426　88361066　　　　投稿热线：（010）88379604

购书热线：（010）68326294　88379649　68995259　读者信箱：hzit@hzbook.com

版权所有·侵权必究
封底无防伪标均为盗版

本书法律顾问：北京大成律师事务所　韩光 / 邹晓东

Foreword 序言

2016年中第一次听到陈耿（作者）要写一本关于OpenShift的书籍，我感到非常感动。Red Hat中国的核心价值观之一，就是"以创业者的心态打工"。本书是作者牺牲工余陪伴家人的时间，倾注心血之作。著书是一个漫长而艰辛的旅程。我曾在一次简短的谈话中鼓励作者：古人云"君子立德，立功，立言"。著一本书的意义，不仅仅是传道解惑，也是对自己所感所悟的总结。感谢作者以顽强的毅力和巨大的热情，以OpenShift这一领先的开源容器应用云（PaaS）解决方案为依托，将自己在PaaS、容器技术、微服务、DevOps等领域的所学、所悟、所得悉心整理，无私奉献给各位读者朋友；也感谢作者盛情邀我为该书作序，我深感荣幸。

以云计算、大数据、物联网和人工智能为代表的科技浪潮，不仅推动整个IT业界持续繁荣发展，而且正在改变着整个世界。数据和信息已成为未来十年最重要的财富与核心竞争力；分享经济将颠覆越来越多的传统行业，加速创新。而在所有这些"黑科技"幕后的核心推动力，正是开放源代码革命带来的开源社区、开源项目和以"开放、合作、分享、共赢"为核心价值观的开源文化。开源已不再仅是一种软件工程方法，更是一种新经济的强有力的推手。在国家大力推动"双创"的大好局面下，开源技术在国内的应用得到了空前繁荣，典型例子莫如OpenStack。当前全球最大的OpenStack开发者社区在中国。棱镜门之后，国家把信息化安全提到了战略高度。基于开源技术的迭代创新，也是我们发展国产软件业的必由之路。基于Docker和Kubernetes构建的OpenShift项目，提供了一站式的企业级应用云（PaaS）和容器编排管理解决方案，为开发人员提供编程语言、框架、中间件以及云平台领域的更多选择，使开发人员可以构建、测试、运行和管理他们的应用，从而重新定义了PaaS市场。通过阅读本书，读者可以从一个开源项目入手，熟悉PaaS及相关领域所有相关核心技术与理念，在了解云、掌握云的旅程中达到事半功倍的效果。

本书不仅是一本全面描述开源容器云OpenShift的技术原理与应用实践的"红宝书"，也是一本开源文化的布道书。在开源技术没有盛行的年代,技术都封闭控制在少数的IT大厂手中,外部人很难接触到核心原理。开源运动彻底打破了这些壁垒,为有志于在IT业打拼的年轻一代,提供一个开放、平等、公平竞争的舞台,助其一展自己的所学与聪明才智。作者在书中也涉猎了开源社区参与、学习与回馈的方法。本书不仅仅是技术的传道解惑,还可以达到开源启迪的效果,再次感谢作者的分享和贡献。

Red Hat 大中华区渠道业务总监

前大中华区技术总监

刘长春(C.C. Liu)

Preface 前　言

云起之时开源有道

我仍然记得，在 2000 年年初，国内软件开发领域最热门的操作系统、语言、开发工具、数据库等基本上都是大型商业公司的产品。那时 Linux 已经存在，但是还不算主流。在我所工作的网络中心中，大部分服务器使用的是 Windows Server 或者 Sun Solaris 操作系统。市场上需求最火爆的开发平台是 Visual C++、Visual Basic 和已经基本消失不见的 Delphi。然而 17 年后的今天，当再次审视当前所处的环境时，我们会惊讶地发现，开源社区的产品已然出现在各个领域：从操作系统、开发工具、编程语言，到中间件、数据库，再到虚拟化、基础架构云、应用平台云等。可以说当前的时代是名副其实的开源的时代，企业可以通过开源社区的创新构建一个完全开源的企业架构堆栈。

经过前几年云计算变革的推进，OpenStack 目前已经成为了企业构建私有基础架构云的一个主流选择。当前，我们正处于容器变革的过程中。在我看来，容器在未来将会成为云计算一种重要的应用交付和部署格式，越来越多的应用会以容器的方式交付和部署在庞大的云计算集群中。在这种情况下，企业必须有一个如 OpenStack 一般健壮的平台肩负起大规模容器集群的部署、编排和管理等方面的任务。

作为 Red Hat 的一份子，我有幸在 OpenShift 容器云早期出现时就关注和负责相关的项目。我见证了 OpenShift 这个项目的发展，并为之取得的成绩感到骄傲。OpenShift 作为一个容器云，它提供了众多契合企业大规模容器集群场景的功能，满足了企业在构建容器云方面的各种需求。在许多实际的项目中，我惊讶于 OpenShift 灵活的架构总能以某种方式解决用户所面对的问题。

作为一名开源社区的忠实粉丝，我为 OpenShift 项目取得的成绩感到骄傲，也对 OpenShift 这个平台充满了信心。因此，我希望通过书籍这个媒介让更多的人了解 OpenShift，体验到 OpenShift 带来的价值。

本书主要内容

容器是当前IT业界的一个热门话题,因为容器以及围绕其展开的生态系统正在改变云计算的面貌。目前,许多用户已经不再处于讨论"要不要使用容器"的阶段,而是进入讨论"如何用好容器"的阶段。容器技术有许多优点,在许多应用场景中有着巨大的潜力,但是用好容器技术可能比容器技术本身更为复杂。在许多人的眼里,容器就是Docker。然而现实是,要在一个企业或组织里大规模地使用容器,除了容器引擎,我们还需要考虑容器编排、调度、安全、应用部署、构建、高可用、网络、存储等方方面面的问题。企业必须有一套整体的解决方案来应对这些挑战。

本书介绍的OpenShift是基于Docker和Kubernetes构建的开源的容器云,是为帮助企业、组织搭建及管理基于容器的应用平台而产生的解决方案。通过OpenShift,企业可以快速搭建稳定、安全、高效的容器应用平台。在这个平台上:

- 可以构建企业内部的容器应用市场,为开发人员快速提供应用开发所依赖的中间件、数据库等服务。
- 通过自动化的流程,开发人员可以快速进行应用的构建、容器化及部署。
- 通过OpenShift,用户可以贯通从应用开发到测试,再到上线的全流程,开发、测试和运维等不同的角色可以在一个平台上进行协作。
- OpenShift可以提高应用从研发到上线的效率和速度,缩短产品上市的时间,可以有效地帮助企业推进DevOps,提升生产效率。

本书将通过深入浅出的方式一步步介绍如何通过OpenShift容器云构建企业容器云平台,并在这个平台上进行应用的开发和部署。我们将探讨在OpenShift上如何满足软件研发常见的需求,如持续集成和交付、微服务化、数据持久化等。同时,我们也将探讨OpenShift的软件定义网络、高可用、配额控制等与运维息息相关的话题。本书会从开发和运维两个视角来审视构建和应用企业容器云的注意事项。

全书分为基础篇、开发篇及运维篇。

- 基础篇(第1~4章)介绍容器云、企业容器云建设及OpenShift容器云的情况,帮助读者快速了解相关领域的知识。
- 开发篇(第5~9章)重点讲解如何使用OpenShift容器云满足应用研发重点关注的需求,如持续集成、微服务、数据持久化等话题,让读者了解如何通过容器云平台提升应用研发的效率。
- 运维篇(第10~14章)介绍OpenShift容器云对运维需求的支持情况,涉及网络、安全、权限及二次开发等运维关注的话题。

希望通过本书让读者完整地了解构建企业容器云平台涉及的各个方面，以及如何使用 OpenShift 来满足各个方面的需求。

本书的亮点

- 来自 Red Hat 资深技术顾问、认证架构师的一线经验和原创心得。
- 不照搬或翻译官方文档堆砌文字，不空泛地讲理念。
- 精心设计章节编排，语言通俗易懂，内容循序渐进，帮助你掌握容器云的理念。
- 丰富的动手示例让你了解背后的技术细节并掌握实际的操作。
- 兼顾开发和运维的不同关注点，探讨容器云如何助力企业 IT。

需要注意的是，本书并不是 OpenShift 的产品手册，也不打算成为一本大而全的功能手册，所以不会枚举 OpenShift 的所有功能。如果你是要查找 OpenShift 某个功能的详细参数列表，OpenShift 文档是你绝对的不二选择。本书的目的是通过循序渐进的方式，让你了解如何使用 OpenShift 构建一个企业的容器云，了解如何使用 OpenShift 解决在企业中碰到的关于开发、运维及 DevOps 的问题。

本书读者对象

本书适合作为从事云计算和容器技术的架构师、企业 IT 经理、研发工程师和运维工程师的参考资料，也适合作为希望了解云计算、容器技术的教师、学生及技术爱好者的学习指南。

如何阅读本书

如果你是初次接触 OpenShift，建议按顺序从头开始阅读本书，系统地了解和掌握 OpenShift 容器云的相关知识。对于比较熟悉 OpenShift 及 Kubernetes 的读者，可以按需要直接从某一个特定主题的章节开始阅读。本书收录了许多实用的配置和代码示例，并附录了排错指南以方便读者查阅参考，解决实际项目中遇到的问题。

本书勘误

由于水平有限，书中难免有纰漏与谬误。如你发现了本书的不正之处，烦请不吝与笔者联系并指正（nicosoftware@msn.com）。让我们一同完善此书，并推动 OpenShift 社区不断进步。

祝你在探索 OpenShift 和容器云的旅程中旅途愉快，收获满满。

Acknowledgements 致　　谢

当决定要撰写本书时，我并没有预料到这是一件需要耗费如此多时间和精力的事情。虽然我是本书的唯一作者，但是一本书从构想形成初稿到出版，需要许许多多的人兢兢业业地贡献和协助，没有这些幕后功臣，本书不可能得以出版问世。

首先，我必须要感谢我的妻子丽金对我的一贯支持，使我有足够的时间和空间投入我所热爱的事业和爱好中。本书大部分内容的雏形完成于我们的第二个宝宝刚出生的日子里。感谢她对我的理解和包容。

此外，十分感谢红帽的各位同事一直以来给予我的支持和建议，使我能在一个开放和乐于分享的环境里不断成长和进步。尤其要感谢红帽中国的刘长春先生和陈明仪先生给予我的大力支持，让我有机会在早期参与到许多激动人心的 OpenShift 项目中，了解这一优秀的开源项目。同时，红帽团队开放协助的氛围，也让我获益良多。

本书的大量内容源于我所参与的许多项目实践。许多优秀的客户及合作伙伴团队在使用和构建企业云平台过程中向我和我所在的团队提出了富有挑战性的问题。是他们孜孜不倦的追求，深化了我对容器、云及容器云的理解，进而丰富了本书的内容。在此，对曾经一起合作过的团队表示感谢。特别鸣谢中兴通讯上海研发中心的虚拟化团队。

最后，衷心感谢机械工业出版社的杨福川老师专业的策划和李艺老师细致的审阅，让本书的架构更加完备，内容更加规整，并最终得以顺利出版。

谨以此书献给我的妻子和两个宝宝，还有各位 OpenShift 项目的爱好者。

陈　耿

目录 Contents

序言
前言
致谢

基础篇

第1章 开源容器云概述 ……………… 2
1.1 容器时代的 IT …………………………… 2
1.2 开源容器云 ……………………………… 3
1.3 OpenShift ………………………………… 4
1.4 Docker、Kubernetes 与 OpenShift …… 6
  1.4.1 容器引擎 ……………………………… 6
  1.4.2 容器编排 ……………………………… 6
  1.4.3 容器应用云 …………………………… 7
1.5 OpenShift 社区版与企业版 …………… 8

第2章 初探 OpenShift 容器云 ……… 10
2.1 启动 OpenShift Origin ……………… 10
  2.1.1 准备主机 ……………………………… 11
  2.1.2 准备操作系统 ………………………… 11
  2.1.3 操作系统配置 ………………………… 11
  2.1.4 安装 Docker ………………………… 12

  2.1.5 下载 OpenShift Origin 安装包 …… 13
  2.1.6 安装及启动 OpenShift Origin …… 13
  2.1.7 登录 OpenShift Origin 控制台 …… 14
2.2 运行第一个容器应用 ………………… 14
  2.2.1 创建项目 ……………………………… 14
  2.2.2 部署 Docker 镜像 …………………… 15
  2.2.3 访问容器应用 ………………………… 18
  2.2.4 一些疑问 ……………………………… 19
2.3 完善 OpenShift 集群 ………………… 19
  2.3.1 命令行工具 …………………………… 19
  2.3.2 以集群管理员登录 …………………… 21
  2.3.3 添加 Router ………………………… 22
  2.3.4 添加 Registry ……………………… 23
  2.3.5 添加 Image Stream ………………… 24
  2.3.6 添加 Template ……………………… 25
2.4 部署应用 ……………………………… 27
2.5 本章小结 ……………………………… 32

第3章 OpenShift 架构探秘 ………… 33
3.1 架构概览 ……………………………… 33
  3.1.1 基础架构层 …………………………… 34
  3.1.2 容器引擎层 …………………………… 34

	3.1.3 容器编排层	34
	3.1.4 PaaS 服务层	35
	3.1.5 界面及工具层	35
3.2	核心组件详解	35
	3.2.1 Master 节点	36
	3.2.2 Node 节点	37
	3.2.3 Project 与 Namespace	38
	3.2.4 Pod	38
	3.2.5 Service	40
	3.2.6 Router 与 Route	41
	3.2.7 Persistent Storage	42
	3.2.8 Registry	42
	3.2.9 Source to Image	43
	3.2.10 开发及管理工具集	44
3.3	核心流程详解	44
	3.3.1 应用构建	44
	3.3.2 应用部署	45
	3.3.3 请求处理	45
	3.3.4 应用更新	46
3.4	本章小结	46

第 4 章 OpenShift 企业部署 47

4.1	部署架构	47
	4.1.1 多环境单集群	47
	4.1.2 多环境多集群	48
	4.1.3 多个数据中心	48
4.2	高级安装模式	49
	4.2.1 主机准备	50
	4.2.2 安装前预配置	50
	4.2.3 执行安装	53
	4.2.4 安装后配置	54

4.3	离线安装	57
4.4	集群高可用	58
	4.4.1 主控节点的高可用	58
	4.4.2 计算节点的高可用	59
	4.4.3 组件的高可用	59
	4.4.4 应用的高可用	60
4.5	本章小结	60

开发篇

第 5 章 容器应用的构建与部署自动化 62

5.1	一个 Java 应用的容器化之旅	62
5.2	OpenShift 构建与部署自动化	64
	5.2.1 快速构建部署一个应用	65
	5.2.2 镜像构建：Build Config 与 Build	69
	5.2.3 镜像部署：Deployment Config 与 Deploy	72
	5.2.4 服务连通：Service 与 Route	76
5.3	弹性伸缩	77
	5.3.1 Replication Controller	77
	5.3.2 扩展容器实例	77
	5.3.3 状态自恢复	78
5.4	应用更新发布	78
	5.4.1 触发更新构建	78
	5.4.2 更新部署	80
5.5	本章小结	80

第 6 章 持续集成与部署 81

6.1	部署 Jenkins 服务	81

6.2 触发项目构建 ………………………… 83
    6.2.1 创建 Jenkins 项目 …………… 84
    6.2.2 添加构建步骤 ………………… 84
    6.2.3 触发构建 ……………………… 85
6.3 构建部署流水线 ……………………… 85
    6.3.1 创建开发测试环境项目 ……… 85
    6.3.2 创建集成测试环境项目 ……… 86
    6.3.3 创建生产环境项目 …………… 87
    6.3.4 配置访问权限 ………………… 87
    6.3.5 创建集成测试环境部署配置 … 87
    6.3.6 创建生产环境部署配置 ……… 88
    6.3.7 创建 DEV 构建配置 …………… 88
    6.3.8 创建 SIT 构建配置 …………… 89
    6.3.9 创建 RELEASE 构建配置 …… 90
    6.3.10 配置流水线 …………………… 92
6.4 流水线可视化 ………………………… 93
    6.4.1 安装流水线插件 ……………… 93
    6.4.2 创建流水线视图 ……………… 93
6.5 OpenShift 流水线 …………………… 95
    6.5.1 部署 Jenkins 实例 …………… 95
    6.5.2 部署示例应用 ………………… 95
    6.5.3 查看流水线定义 ……………… 96
    6.5.4 触发流水线构建 ……………… 97
    6.5.5 修改流水线配置 ……………… 99
6.6 本章小结 ……………………………… 100

第 7 章 应用的微服务化 …………… 101

7.1 容器与微服务 ………………………… 101
    7.1.1 微服务概述 …………………… 101
    7.1.2 微服务与容器 ………………… 101
7.2 微服务容器化 ………………………… 102
    7.2.1 基于现有的构建系统容器化微服务 …………………………… 103
    7.2.2 基于 S2I 容器化微服务 ……… 103
7.3 服务部署 ……………………………… 105
    7.3.1 单个微服务的部署 …………… 105
    7.3.2 多个微服务的部署 …………… 105
7.4 服务发现 ……………………………… 106
    7.4.1 通过 Service 进行服务发现 … 107
    7.4.2 服务目录与链接 ……………… 108
7.5 健康检查 ……………………………… 108
    7.5.1 Readiness 与 Liveness ……… 108
    7.5.2 健康检查类型 ………………… 109
7.6 更新发布 ……………………………… 110
    7.6.1 滚动更新 ……………………… 110
    7.6.2 发布回滚 ……………………… 112
    7.6.3 灰度发布 ……………………… 112
7.7 服务治理 ……………………………… 117
    7.7.1 API 网关 ……………………… 117
    7.7.2 微服务框架 …………………… 117
7.8 本章小结 ……………………………… 118

第 8 章 应用数据持久化 …………… 119

8.1 无状态应用与有状态应用 …………… 119
    8.1.1 非持久化的容器 ……………… 119
    8.1.2 容器数据持久化 ……………… 120
8.2 持久化卷与持久化卷请求 …………… 120
8.3 持久化卷与储存 ……………………… 123
    8.3.1 Host Path ……………………… 124
    8.3.2 NFS …………………………… 124
    8.3.3 GlusterFS ……………………… 124
    8.3.4 Ceph …………………………… 125

8.3.5 OpenStack Cinder ………………… 126
8.4 存储资源定向匹配 …………………… 127
　8.4.1 创建持久化卷 ………………… 127
　8.4.2 标记标签 ……………………… 127
　8.4.3 创建持久化卷请求 …………… 127
　8.4.4 请求与资源定向匹配 ………… 128
　8.4.5 标签选择器 …………………… 128
8.5 实战：持久化的镜像仓库 ………… 129
　8.5.1 检查挂载点 …………………… 129
　8.5.2 备份数据 ……………………… 130
　8.5.3 创建存储 ……………………… 130
　8.5.4 创建持久化卷 ………………… 131
　8.5.5 创建持久化卷请求 …………… 131
　8.5.6 关联持久化卷请求 …………… 132
8.6 本章小结 …………………………… 133

第9章 容器云上的应用开发 …… 134

9.1 开发工具集成 ……………………… 134
　9.1.1 下载开发工具 ………………… 135
　9.1.2 下载命令行客户端 …………… 135
　9.1.3 安装及配置 JBoss Tools 插件 … 135
9.2 部署应用 …………………………… 138
　9.2.1 检出应用源代码 ……………… 138
　9.2.2 部署应用至 OpenShift ………… 138
　9.2.3 查看日志输出 ………………… 141
　9.2.4 访问应用服务 ………………… 142
9.3 实时发布 …………………………… 143
　9.3.1 更新部署配置 ………………… 143
　9.3.2 创建 Server Adapter …………… 144
　9.3.3 更新应用源代码 ……………… 146
　9.3.4 查看更新后的应用 …………… 146

9.4 远程调试 …………………………… 147
　9.4.1 修改部署配置 ………………… 148
　9.4.2 转发远程端口 ………………… 148
　9.4.3 设置断点 ……………………… 148
　9.4.4 启动远程调试 ………………… 150
9.5 本章小结 …………………………… 150

运维篇

第10章 软件定义网络 ……………… 154

10.1 软件定义网络与容器 …………… 154
　10.1.1 Docker 容器网络 …………… 154
　10.1.2 Kubernetes 容器网络 ………… 155
　10.1.3 OpenShift 容器网络 ………… 155
10.2 网络实现 ………………………… 156
　10.2.1 节点主机子网 ……………… 156
　10.2.2 节点设备构成 ……………… 156
　10.2.3 网络结构组成 ……………… 158
10.3 网络连通性 ……………………… 159
　10.3.1 集群内容器间通信 ………… 159
　10.3.2 集群内容器访问集群外
　　　　 服务 …………………………… 161
　10.3.3 集群外应用访问集群
　　　　 内容器 ………………………… 161
10.4 网络隔离 ………………………… 161
　10.4.1 配置多租户网络 …………… 162
　10.4.2 测试网络隔离 ……………… 162
　10.4.3 连通隔离网络 ……………… 163
10.5 定制 OpenShift 网络 …………… 163
10.6 本章小结 ………………………… 163

第 11 章 度量与日志管理 …… 164

- 11.1 容器集群度量采集 …… 164
- 11.2 部署容器集群度量采集 …… 165
  - 11.2.1 配置 Service Account …… 166
  - 11.2.2 配置证书 …… 166
  - 11.2.3 部署度量采集模板 …… 166
  - 11.2.4 更新集群配置 …… 167
  - 11.2.5 查看容器度量指标 …… 168
  - 11.2.6 进一步完善度量采集 …… 168
- 11.3 度量接口 …… 168
  - 11.3.1 获取度量列表 …… 170
  - 11.3.2 获取度量数据 …… 170
- 11.4 容器集群日志管理 …… 171
- 11.5 部署集群日志管理组件 …… 172
  - 11.5.1 创建部署模板 …… 172
  - 11.5.2 配置 Service Account …… 173
  - 11.5.3 配置证书 …… 173
  - 11.5.4 部署日志组件模板 …… 173
  - 11.5.5 更新集群配置 …… 174
  - 11.5.6 查看容器日志 …… 174
  - 11.5.7 进一步完善日志管理 …… 174
- 11.6 本章小结 …… 175

第 12 章 安全与限制 …… 176

- 12.1 容器安全 …… 176
- 12.2 用户认证 …… 177
  - 12.2.1 令牌 …… 177
  - 12.2.2 Indentity Provider …… 178
  - 12.2.3 用户与组管理 …… 179
- 12.3 权限管理 …… 180
  - 12.3.1 权限对象 …… 180
  - 12.3.2 权限操作 …… 181
  - 12.3.3 自定义角色 …… 184
- 12.4 Service Account …… 186
- 12.5 安全上下文 …… 187
- 12.6 敏感信息管理 …… 190
- 12.7 额度配置 …… 192
  - 12.7.1 计算资源额度 …… 193
  - 12.7.2 对象数量额度 …… 194
  - 12.7.3 额度对象的使用 …… 195
- 12.8 资源限制 …… 196
  - 12.8.1 Limit Range 对象 …… 196
  - 12.8.2 QoS …… 198
- 12.9 本章小结 …… 199

第 13 章 集群运维管理 …… 200

- 13.1 运维规范 …… 200
  - 13.1.1 规范的制定 …… 200
  - 13.1.2 规范的维护 …… 201
  - 13.1.3 规范的执行 …… 201
- 13.2 节点管理 …… 201
  - 13.2.1 Cockpit …… 202
  - 13.2.2 安装配置 Cockpit …… 202
  - 13.2.3 Cockpit 与系统运维 …… 203
  - 13.2.4 Cockpit 与集群运维 …… 203
- 13.3 集群扩容 …… 208
  - 13.3.1 集群扩容途径 …… 208
  - 13.3.2 执行集群扩容 …… 209
- 13.4 集群缩容 …… 209
  - 13.4.1 禁止参与调度 …… 210
  - 13.4.2 节点容器撤离 …… 210
  - 13.4.3 移除计算节点 …… 211

13.5 混合云管理 ······ 211
　　13.5.1 混合云管理平台的价值 ······ 211
　　13.5.2 ManageIQ ······ 212
13.6 本章小结 ······ 213

第 14 章　系统集成与定制 ······ 214

14.1 通过 Web Hook 集成 ······ 214
　　14.1.1 Generic Hook ······ 215
　　14.1.2 GitHub Hook ······ 216
14.2 通过命令行工具集成 ······ 216
　　14.2.1 调用权限 ······ 217
　　14.2.2 输出格式 ······ 217
　　14.2.3 调试输出 ······ 217
14.3 S2I 镜像定制 ······ 218
　　14.3.1 准备环境 ······ 218
　　14.3.2 编写 Dockerfile ······ 220
　　14.3.3 编辑 S2I 脚本 ······ 221
　　14.3.4 执行镜像构建 ······ 222
　　14.3.5 导入镜像 ······ 222

14.4 部署模板定制 ······ 224
　　14.4.1 元信息 ······ 225
　　14.4.2 对象列表 ······ 226
　　14.4.3 模板参数 ······ 227
　　14.4.4 定义模板 ······ 229
　　14.4.5 创建模板 ······ 231
14.5 系统组件定制 ······ 231
　　14.5.1 组件定制 ······ 231
　　14.5.2 插件定制 ······ 231
14.6 RESTful 编程接口 ······ 232
　　14.6.1 接口类型 ······ 233
　　14.6.2 身份验证 ······ 233
　　14.6.3 二次开发实例 ······ 234
14.7 系统源代码定制 ······ 237
14.8 本章小结 ······ 237

附录 A　排错指南 ······ 238

后记 ······ 252

基 础 篇

- 第 1 章　开源容器云概述
- 第 2 章　初探 OpenShift 容器云
- 第 3 章　OpenShift 架构探秘
- 第 4 章　OpenShift 企业部署

第 1 章

开源容器云概述

1.1 容器时代的 IT

进入 21 世纪，我们的社会和经济发生了巨大的变化，社会对各行业服务的要求越来越高、越来越细致。新的需求如洪水一样滔滔不绝地从市场的第一线喷涌到企业的产品部门和 IT 部门。企业想要在竞争中获取优势，就必须比竞争对手更快地把产品推出市场。为了缩短产品从概念到上市的时间，企业的各个流程和流程中的各个环节都要升级优化。企业在变革，企业 IT 自然不能独善其身，必须要跟上市场的节奏响应市场的需求。目标是明确的，就是速度要更快，成本要更低、质量要更好。但是现实的问题是，如何做到？

为了满足业务的要求，企业 IT 在不断地变革，而且从未停步。从客户端/服务器模型，变革为浏览器/服务端模型，从庞大的信息孤岛，变革为基于服务的架构（Service Oriented Architecture，SOA），从物理机，到虚拟化，再到基础架构云（Infrastructure as a Service，IaaS）和应用云（Platform as a Service，PaaS）。对比十几年前，如今 IT 的效率得到了极大的提升，尤其是进入云时代后，一切资源变得触手可及。以往应用上线需要的资源，从提出申请，到审批，到采购，到安装，再到部署往往需要至少几十天的时间。在云时代，这些事情往往在几天或几小时便可以准备到位。业界在还没有来得及对云的怀疑之声做出反击回应之前，云就已经征服了整个 IT 世界。

通过这些年云化的推进，大多数有一定规模的企业已经实现了基础架构资源的云化和池化，这里的资源指的是诸如虚拟机、数据库、网络、存储。用户可以用很短的时间获取业务应用所需的机器、存储和数据库。基础架构资源云化其实并不是目的，而是手段。最终的目标是让承载业务的应用可以更快地上线。但现实是，通过 IaaS 获取的大量基础架构资源并不能被我们的最终业务应用直接消费。应用还必须进行或繁或简的部署和配置，才可能运行在云化的虚拟机之上。部署涉及操作系统配置的修改、编程语言运行环境的安装配置以及中间件的安装配置等。部署的过程在一些企业仍然是通过手工完成，低效且容易出错。有的企业则是通过简单的自动化方式完成，提高了效率，但是满足不了后期更高级别的需求，如动态扩容，持续部署。即使勉强通过简单的自动化实现，后期随着部署平台类型的增多及复杂化，维护的难度将会陡然提高，无法真正做到随时随地持续交付、部署。

基于这个背景，业界需要有一种手段来填充业务应用和基础架构资源的这道鸿沟。让应用可以做到"一键式"快速地在基础架构资源上运行。不管底层的基础架构资源是物理机、虚拟化平台、OpenStack、Amazon Web service，还是 Microsoft Azure，都能实现快速、顺畅地部署交付。为了实现这个目标，业界出现了多种不同的平台，即服务云的容器方案。最终命运之神的棒槌砸到了一个叫 Docker 的开源项目上。Docker 通过对 Linux 内核已有机能的整合和强化，为业务应用提供了一个可靠的隔离环境。此外，层叠式的 Docker 镜像为应用环境的复用提供了一个绝妙的方案。最后其简单易用的用户命令行，让 Docker 快速地获取了巨大的用户基础，也成就了今日其在容器界的地位。

通过容器这个手段，下一步就是实现应用在大规模云环境进行应用部署。在以往的软件业中，软件的交付件往往是软件的二进制安装部署包，比如 Java 的 WAR 包、Windows 的 EXE、Linux 的 RPM 包等。在容器时代，不难想象，未来软件的交付件将会以容器镜像作为载体。容器镜像中包含了软件应用本身，应用所依赖的操作系统配置、基础软件、中间件及配置。同时这些镜像将会设计得非常智能，能够自动获取依赖服务的相关信息，如网络 IP 地址、用户名、密钥等。在云的环境中部署这些应用，需要做的只是简单地启动容器镜像，实例化出相应的容器，然后业务应用快速启动，向最终用户提供服务。目前大量的企业正处于这个变革和转型的过程中。

随着容器成为了部署交付件的标准，大量的业务应用将会需要运行在容器环境中，或者换句话说，未来容器将会成为应用的标准运行环境。那么下一个问题就是，应用如何在容器的环境中运行得更高效、更稳定？为了更好地运行在容器环境中，应用的架构也必然要发生变化，变得契合容器的特性。正因为这个背景，最近，业界在热烈地探讨容器之余，也非常关注应用的微服务化。

如同第二次工业革命蒸汽机带来的冲击一样，容器给 IT 业界带来了巨大的冲击。面对这场变革，企业 IT 要做的不仅仅是技术的决策，而且是一个战略性的决策。企业要么主动拥抱它，要么等待来自竞争对手的压力后，再被动地接受并追赶其他的先行者。

1.2 开源容器云

如前文所述，为了响应快速变化的业务需求，IT 业界正在进行一场变革，在这场变革中，用户通过容器作为手段，在应用程序开发、测试、部署，在 IT 运维的各个环节进行方方面面的改进和提升。如同第二次工业革命，新技术的应用带来了生产效率和生产力的提升，意味着顺应变革的企业会有更强的竞争能力。它们的应用能更快地上线，想法能更快地变成现实，变成企业的现金收入。相反，没有拥抱新技术和变革的企业的竞争能力将会快速下滑。通过对社区及国内的几场大型容器会议的观察，可以明显感觉到经过了这些年的发展，目前容器技术的使用已经是不可逆转的趋势。企业现在的关注重点已经不再停留于容器技术可不可用，而转变到了如何使用容器，如何用好容器来提升自己 IT 的效率，提升企业的竞争能力。

既然决定要投入这场变革，拥抱新的技术，那么下一个问题就是：应该怎么做？通过 Docker 启动一个容器很简单，但是要管理好千千万万个容器，需要的不仅仅是热情和勇气。我们需要回答许多问题，如容器镜像从哪里来？怎么保证容器运行环境的安全？如何进行容器的调度？多主机上的容器如何通信？容器的持久化数据怎么解决？处理好这些问题，需要有切切实实可以落地的方案。一个企业要自行解决所有的这些问题，可以说是不可能完成的任务，其需要投入的人力、物力和时间成本，不是单纯一个企业可以接受的。通过现有的技术或平台快速构建企业自有的容器平台，从经济成本及技术难度角度考量，可以说是更为符合现状的合理选择。

现代容器技术的根据地是开源社区。开源社区提供了一个活跃的舞台，这个舞台凝聚来自世界各地的企业、团队及个人。可以说目前开源社区是 IT 行业创新发生最高度密集的地方。开源软件目前被应用在 IT 行业的方方面面，如我们的开发工具、编程语言、编程框架、中间件、数据库、操作系统、储存、网络、云等。通过开源社区的技术，完全可以构建出一个稳定可靠的企业 IT 技术堆栈。现今企业要基于已有的解决方案构建自有的容器云平台，我认为，开源的容器云平台是一个必然的选择。

1.3 OpenShift

图 1-1 容器云 OpenShift 开源项目主页

提示 OpenShift Origin 项目主页：http://www.openshift.org。

OpenShift 是一个开源容器云平台，是一个基于主流的容器技术 Docker 及 Kubernetes 构建的云平台。作为一个开源项目，OpenShift 已有 5 年的发展历史，其最早的定位是一个应用云平台（Platform as a Service，PaaS）。在 Docker 时代来临之前，各个厂商和社区项目倾向构建自己的容器标准，如 CloudFoundry 的 Warden、OpenShift 的 Gear，但是在 Docker 成为主流及社区的技术发展方向后，OpenShift 快速地拥抱了 Docker，并推出了市场上第一个基于 Docker 及 Kubernetes 的容器 PaaS 解决方案。OpenShift 对 Docker 及 Kubernetes 的整合和 OpenShift 项目最大的贡献方红帽公司（Red Hat Inc.）有着很大的关系。Red Hat 对于 Linux 和开源爱好者而言不用过多的介绍，在某个时代，Red Hat 几乎成为了 Linux 的代名词，它是目前世界上最大的开源软件公司，是开源社区的领导者。Red Hat 是 OpenShift 项目最大的贡献者，同时也是 Docker 和 Kubernetes 项目重要的贡献方。正是 Red Hat 对社区技术发展的敏锐触觉促成了 OpenShift 与 Docker 及 Kubernetes 的整合。事实证明这个决定非常明智。OpenShift 前几年在容器和 PaaS 领域的经验积累，叠加上 Docker 和 Kubernetes 容器及容器编排上的特性，一经推出就受到了广泛的关注和好评，连续两年获得 InfoWorld 年度技术创新大奖。

通过 OpenShift 这个平台，企业可以快速在内部网络中构建出一个多租户的云平台，在这朵云上提供应用开发、测试、部署、运维的各项服务（如图 1-2 所示）。OpenShift 在一个平台上贯通开发、测试、部署、运维的流程，实现高度的自动化，满足应用持续集成及持续交付和部署的需求；满足企业及组织对容器管理、容器编排的需求。通过 OpenShift 的灵活架构，企业可以以 OpenShift 作为核心，在其上搭建一个企业的 DevOps 引擎，推动企业的 DevOps 变革和转型。

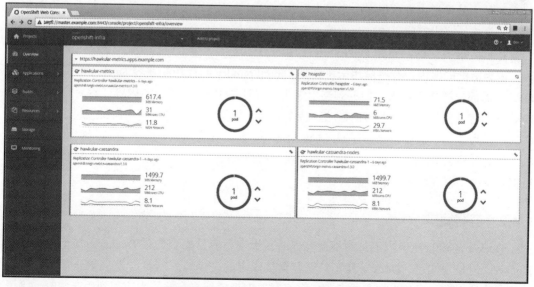

图 1-2　OpenShift 上运行的容器应用

1.4 Docker、Kubernetes 与 OpenShift

许多刚接触 OpenShift 的朋友会有这样一个疑问："Open-Shift 与 Docker 及 Kubernetes 的关系究竟是什么？"OpenShift 是基于容器技术构建的一个云平台。这里所指的容器技术即包含 Docker 及 Kubernetes。如图 1-3 所示，OpenShift 底层以 Docker 作为容器引擎驱动，以 Kubernetes 作为容器编排引擎组件。OpenShift 提供了开发语言、中间件、自动化流程工具及界面等元素，提供了一套完整的基于容器的应用云平台。

图 1-3 OpenShift 的技术堆栈

1.4.1 容器引擎

Docker 的优势在于它可以构建一个隔离的、稳定的、安全的、高性能的容器运行环境。目前，OpenShift 使用原生的 Docker 作为平台的容器引擎，为上层组件及用户应用提供可靠安全的运行环境具有十分重要的价值：

- Docker 有非常大的用户基础。以 Docker 为基础引擎，降低了用户学习的成本。熟悉 Docker 的用户可以非常容易地上手。
- Docker Hub 上有海量的镜像资源。我们日常使用的绝大部分软件，都可以在 DockerHub 上找到官方的或社区贡献的镜像。所有的这些镜像都可以无缝地运行在 OpenShift 平台上。
- Red Hat 本身就是 Docker 的一个主要贡献者，它们对社区有着很强的影响力，对这个技术的发展也有着很强的领导力。这一点对企业用户来说非常关键，因为谁也不想投资在一个没有前景或过时的技术上。

这里值得关注的一点是 OpenShift 使用的 Docker 是原生的 Docker，没有任何闭源的修改。因为历史的原因，有些应用云平台如 CloudFoundry 的选择是兼容 Docker 的。通过拷贝 Docker 的部分源代码加入它们的容器引擎中，以读取 Docker 镜像的内容，然后启动一个非 Docker 的容器实例。这种兼容的做法，我个人认为是值得商榷的。这让我联想起了当年安卓崛起后，为了挽回颓势，黑莓手机（BlackBerry）推出在自家系统中兼容运行安卓应用的做法。作为曾经黑莓 Z10 的用户，我非常喜欢那款精致的手机，但不得不说，在黑莓系统上运行安卓应用，简直就是一个噩梦。

1.4.2 容器编排

Docker 的流行使得当下每每提起容器时，大家更容易想到的是 Docker，甚至说是只有 Docker。但是现实是，Docker 其实只是容器技术中的一个点。Docker 是一款非常优秀和受欢迎的容器引擎，但是当企业或者某一个组织要大规模地将容器技术应用到生产中时，除了有优秀的容器引擎提供稳定可靠及高效的运行环境之外，还需要考虑集群管理、高可用、安全、持续集成等方方面面的问题。单凭一个容器引擎，并不能满足容器技术在生产环境中的需求，尤其是规模较大的生产环境。

在大规模的容器部署环境中，往往涉及成百上千台物理机或者运行于 IaaS 之上的虚拟机。面对数量庞大的机器集群，用户面临着巨大的管理挑战。举个简单的例子，假设我们需要在 100 台机器上启动 100 个容器实例，通过手工的方式在 100 台机器上执行 docker run 命令将会是一件疯狂的事情。又比如，我们希望 20 个容器部署在美国机房、20 个容器部署在上海机房、20 个容器部署在深圳机房有 SSD 的服务器上，20 个容器部署在深圳机房带万兆网卡的机器上，通过人工或者传统的自动化工具来实现复杂的部署需求将会十分低效。现实是，为了满足容器集群所需的调度、网络、储存、性能及安全的需求，我们必须有专业的工具和平台。这些关于容器集群管理的问题，其实就是容器编排的问题，即 Kubernetes 要解决的问题。

Kubernetes 是 Google 十多年容器使用经验的总结，虽然 Google 使用的容器是 Docker 时代之前的容器，但是业务应用对安全、性能、隔离、网络、储存及调度方面的需求，在最原始的本质上其实并没有发生变化。Google 选择和 Red Hat 一同开源了 Kubernetes，且目前在 GitHub 上的关注程度远远高于其他同类的平台，未来非常可能在容器编排领域成为类似 Docker 一样的"事实标准"。

 Kubernetes 项目 GitHub 仓库：https://github.com/kubernetes。

OpenShift 集成了原生的 Kubernetes 作为容器编排组件。OpenShift 通过 Kubernetes 来管理容器集群中的机器节点及容器，为业务应用提供：
- 容器调度：按业务的要求快速部署容器至指定的目标。
- 弹性伸缩：按业务的需要快速扩展或收缩容器的运行实例数量。
- 异常自愈：当容器实例发生异常，集群能自动感知、处理并恢复服务状态。
- 持久化卷：为散布在集群不同机器上的容器提供持久化卷的智能对接。
- 服务发现：为业务微服务化提供服务发现及负载均衡等功能。
- 配置管理：为业务应用提供灵活的配置管理及分发规则。

1.4.3　容器应用云

前文谈到了容器引擎及容器编排，这两项是容器技术的重要基石。掌握这两个基石，用户就具备了运维大规模容器集群的能力。现实中用户考虑使用容器应用平台的一个最终的目的就是提高生产效率。容器引擎及容器编排组件是两项关键的技术，但是光有技术还不能满足生产效率的要求。在这些技术及框架的基础上，必须有更丰富的内容以及更友好的用户接入方式，把这些技术转化成实实在在的生产力。

OpenShift 在 Docker 和 Kubernetes 的基础上提供了各种功能，以满足业务应用、研发用户及运维用户在生产效率上的诉求。

- 应用开发框架及中间件。OpenShift 提供了丰富的开箱即用的编程开发框架及中间件，如 Java、PHP、Ruby、Python、JBoss EAP、Tomcat、MySQL、MongoDB 及 JBoss 系列中间件等。
- 应用及服务目录。OpenShift 提供了如软件市场式的服务及应用目录，可以实现用户一键部署各类应用及服务，比如一键部署 Hadoop 集群和 Spark 集群。
- 自动化流程及工具。OpenShift 内置了自动化流程工具 S2I（Source to Image），帮助用户自动化完成代码的编译、构建及镜像发布。
- 软件自定义网络。通过 OpenVSwitch，OpenShift 为用户提供了灵活强健的软件定义网络。实现跨主机共享网络及多租户隔离网络模式。
- 性能监控及日志管理。OpenShift 提供了开箱可用的性能监控及日志管理的组件。通过平台，业务能快速获取运行状态指标，对业务日志进行收集及分析。
- 多用户接口。OpenShift 提供了友好的 Web 用户界面、命令行工具及 RESTful API。
- 自动化集群部署及管理。OpenShift 通过 Ansible 实现了集群的自动化部署，为集群的自动化扩容提供了接口。

通过前面的介绍，我们可以了解到 OpenShift 在 Docker 及 Kubernetes 的基础上做了方方面面的创新，最终目的就是为用户及业务应用提供一个高效、高生产力的平台。

1.5　OpenShift 社区版与企业版

OpenShift 是一个开源项目，所有的源代码都可以在 GitHub 仓库上查阅及下载。企业和个人都可以免费下载和使用 OpenShift 构建属于自己的容器云平台。我们也可以加入 OpenShift 的社区成为一名光荣的 OpenShift 社区贡献者。

- OpenShift 项目主页：https://www.openshift.org。
- OpenShift GitHub 仓库：https://github.com/openshift。

开源软件的一大好处在于，用户可以自由选择和免费使用。缺点是没有人会对软件的使用提供支持保障。对于个人用户来说，这不是问题。但是对于企业来说，更多是希望有人能在出现问题的时候提供专业的支持和保障。这种需求给一些公司提供了机会，他们在开源软件的基础上进行定制、测试、修复及优化，推出企业版本，并对之进行支持。这种软件称为开源商业软件。Red Hat 就是开源软件商业模式的奠基人，而且是目前世界上最大的开源软件公司。OpenShift 的开源社区版本叫 OpenShift Origin，Red Hat 在 OpenShift Origin 的基础上推出了 OpenShift 的企业版本，其中包含了公有云服务 OpenShift Online 及私有云产品

OpenShift Container Platform（以前也称为 OpenShift Enterprise）。更多关于 OpenShift 企业版的信息可以访问 OpenShift 企业版的主页：http://www.openshift.com。

OpenShift 的企业版和社区版在代码上十分相似，功能上可以说是基本一致。企业版是基于某个社区版版本产生的。作为一个开源软件公司，Red Hat 所有产品的企业版的源代码也是完全公开的。就我个人的经验而言，企业版往往会更稳定，因为社区版的代码变化会更频繁。

经常会被问到这样一个问题："究竟我们是使用社区版还是企业版比较好？"这个问题没有唯一的答案，要视用户所处的使用场景而言。对于个人用户的开发测试及出于研究目的而言，社区版会是一个不错的选择，但是其实 OpenShift 的企业版也对个人用户免费开放。对于企业的关键业务应用的部署而言，企业版自然会是更好的选择，企业版除了稳定以外，还有专业的售后支持。

目前一些 OpenShift 的企业客户，在使用 OpenShift 企业版的同时，也会将他们的需求以提案或代码的方式提交到社区，在被社区评审接纳以后融入成为 OpenShift 产品未来版本的核心特性。这样做的好处是，企业所需的功能往后就由社区进行维护，不存在如自定义的修改在未来版本还需要进行测试及匹配，从而带来不可预知的工作量和风险。企业用户参与到开源社区，可以对产品的发展方向发表自己的看法。从而避免在传统的闭源商业软件时代用户只能被厂商牵着鼻子走的窘境。

本书的内容将以 OpenShift 社区版 OpenShift Origin 进行探讨及讲解。相关的经验也适用于 OpenShift 的企业版 OpenShift Container Platform。在一般情况下，本书将直接使用 OpenShift 来指代 OpenShift 的社区版和企业版。在企业版和社区版存在差异的情况下，将会特别标注。

接下来让我们扬帆起航，开启一段通往企业容器云的旅程。

Chapter 2 | 第 2 章

初探 OpenShift 容器云

在前面的章节我们一起探讨了容器云的概念以及 OpenShift 容器云项目的情况。理论联系实际，为了对 OpenShift 容器云有更直接的认识，本章将会帮助你快速地在自己的个人电脑上搭建一个可用的 OpenShift 环境，并在这个环境上运行我们的第一个容器应用。这里假设你对 Linux 及 Docker 已经有了基本的了解，并掌握了基本的使用命令。对 Docker 不熟悉的读者，请参考 dockone.io 的 Docker 入门教程（http://dockone.io/article/111）。

2.1 启动 OpenShift Origin

OpenShift 支持运行在基础架构之上，同时支持多种安装方式。
- 手工安装。用户下载 OpenShift 的二进制包，手动进行配置和启动。
- 快速安装。通过 OpenShift 提供的交互式 Installer 进行安装。
- 高级安装。在多节点集群的环境中，OpenShift 可通过 Ansible 对多台集群主机进行自动化安装和配置。
- Docker 镜像。通过运行 OpenShift 的 Docker 镜像启动一个 All-in-One 的 OpenShift 容器实例。这适合开发测试人员快速部署和验证。

 OpenShfit Origin 1.3.0 提供了一个全新的命令 `oc cluster up` 帮助开发用户快速启动一个可用的 OpenShift 集群。

为了尽可能了解 OpenShift 的细节，这里使用手动安装方式快速启动一个可用的 Open-

Shift Origin 实例，这个方法也适用于开发和测试。在实际的多节点集群环境中，OpenShift 的安装一般会通过高级安装完成，即通过 Ansible 完成。关于安装的更多信息可以参考 OpenShift Origin 的安装文档。

 OpenShift Origin 的安装文档：https://docs.openshift.org/latest/install_config/index.html。

2.1.1 准备主机

为了运行 OpenShift Origin，需要一台运行 Linux 操作系统的主机，可以是物理机或是虚拟机。为了试验方便，推荐使用虚拟机。KVM、VMWare 或 VirtualBox 的虚拟机均可。表 2-1 是推荐的最低配置。

表 2-1 主机硬件配置

CPU	内存	磁盘	网络
X86-64 1 核	2 GB	20 GB	IPV4

2.1.2 准备操作系统

请至 CentOS Linux 主页下载 `CentOS Linux 7.2` 的 ISO 镜像。如果镜像下载的网速太慢，也可从中国科技大学提供的开源镜像站点下载。

- CentOS 主页：https://www.centos.org/download/。
- 中国科技大学镜像站点：https://mirrors.ustc.edu.cn/centos/7.2.1511/isos/x86_64/。

按提示为主机安装 CentOS 操作系统。安装时选择最小安装模式（Minimal 模式）。

2.1.3 操作系统配置

操作系统安装完毕后，以 `root` 用户登录系统。请确认主机已经获取了 IP 地址。本例中，笔者使用的主机的 IP 地址为 `192.168.172.167`。

```
[root@master ~]# ip a
1: lo: <LOOPBACK,UP,LOWER_UP>mtu 65536 qdiscnoqueue state UNKNOWN
link/loopback 00:00:00:00:00:00 brd 00:00:00:00:00:00
inet 127.0.0.1/8 scope host lo
valid_lft forever preferred_lft forever
inet6 ::1/128 scope host
valid_lft forever preferred_lft forever
2: eno16777736: <BROADCAST,MULTICAST,UP,LOWER_UP>mtu 1500 qdiscpfifo_fast state UP qlen 1000
    link/ether 00:0c:29:df:3e:cb brdff:ff:ff:ff:ff:ff
inet 192.168.172.167/24 brd 192.168.172.255 scope global dynamic eno16777736
```

```
valid_lft 1286sec preferred_lft 1286sec
    inet6 fe80::20c:29ff:fedf:3ecb/64 scope link
```

OpenShift 集群的正常运行需要一个可被解析的主机名。本例配置的主机名为 `master.example.com`。

```
[root@master ~]# hostnamectl set-hostname master.example.com
```

确认主机名是否能被正常解析。如不能解析，请修改 `/etc/hosts` 文件添加主机名的解析，将主机名指向实验主机的 IP 地址。

2.1.4 安装 Docker

OpenShift 平台使用的容器引擎为 Docker，因此需要安装 Docker 软件包。

```
[root@master ~]# yum install -y docker
```

安装完毕后启动 Docker 服务，并配置为开机自启动。

```
[root@master ~]# systemctl start docker
[root@master ~]# systemctl enable docker
```

由于国内访问 DockerHub 下载镜像的速度过于缓慢，可以使用中国科技大学的 DockerHub 镜像服务器进行加速。编辑 `/etc/sysconfig/docker` 文件，为 `DOCKER_OPTS` 变量追加参数 `--registry-mirror=https://docker.mirrors.ustc.edu.cn`。修改后变量值大致如下：

```
OPTIONS='--selinux-enabled --log-driver=journald --registry-mirror=https://docker.mirrors.ustc.edu.cn'
```

修改完 Docker 配置文件后，重启 Docker 进程使修改的配置生效。

```
[root@master ~]# systemctl restart docker
```

此时可以尝试运行一个 DockerHub 上的镜像，测试 Docker 是否正常工作。在下面的例子里，笔者运行了一个名为 `hello-openshift` 的镜像。这个镜像中运行了一个用 go 语言编写的小程序。如果一切正常，容器将成功启动，并监听 8080 及 8888 端口。

```
[root@master ~]# docker run -it openshift/hello-openshift
Unable to find image 'openshift/hello-openshift:latest' locally
Trying to pull repository docker.io/openshift/hello-openshift ...
latest: Pulling from docker.io/openshift/hello-openshift
a3ed95caeb02: Pull complete
a8a87b6280f5: Pull complete
Digest: sha256:fe89d47f566947617019a15eef50d97c8c20d6c9a5aba0d3cb45f84d2085e4e3
Status: Downloaded newer image for docker.io/openshift/hello-openshift:latest
serving on 8888
serving on 8080
```

测试完毕后，按 `Ctrl+c` 组合键停止运行中的容器。如果 Docker 无法找到容器镜像或者出现了其他错误,则检查前序执行的安装配置步骤。

2.1.5 下载 OpenShift Origin 安装包

从 OpenShift Origin 的 GitHub 仓库中下载 OpenShift Origin 的二进制执行文件。本书示例所用的 OpenShift Origin 版本为 1.3.0,文件为

openshift-origin-server-v1.3.0-3ab7af3d097b57f933eccef684a714f2368804e7-linux-64bit.tar.gz

将下载好的 OpenShift 二进制包拷贝到主机的 /opt 目录下。

提示 本例中使用的 OpenShift Origin 二进制执行文件包的下载地址如下:https://github.com/openshift/origin/releases/download/v1.3.0/openshift-origin-server-v1.3.0-3ab7af3d097b57f933eccef684a714f2368804e7-linux-64bit.tar.gz。

2.1.6 安装及启动 OpenShift Origin

进入 /opt 目录,解压下载好的 OpenShift Origin 二进制安装包。

```
[root@master /]# cd /opt/
[root@master opt]# tar zxvf openshift-origin-server-v1.3.0-3ab7af3d097b57f933ec
cef684a714f2368804e7-linux-64bit.tar.gz
[root@master opt]# ln -s openshift-origin-server-v1.3.0-3ab7af3d097b57f933eccef
684a714f2368804e7-linux-64bit /opt/openshift
```

将 OpenShift 的相关命令追加至系统的 PATH 环境变量中。编辑 /etc/profile 文件,添加如下文本内容至文件末尾。

```
PATH=$PATH:/opt/openshift/
```

执行 source 命令使修改的配置生效。

```
[root@master opt]# source /etc/profile
```

修改完毕后,可以测试 Shell 能否找到 openshift 命令。执行 openshift version 命令查看当前 OpenShfit 的版本。通过下面的输出可以看到当前使用的 OpenShift 版本是 1.3.0,搭配的 Kubernetes 的版本为 1.3.0,etcd 为 2.3.0。

```
[root@masteropenshift]# openshift version
openshift v1.3.0
kubernetes v1.3.0+52492b4
etcd 2.3.0+git
```

进入 /opt/openshift 目录。执行 openshift start 命令启动 OpenShift Origin。

```
[root@master opt]# cd /opt/openshift
[root@masteropenshift]# openshift start
```

命令执行后控制台将有日志输出,当日志输出停止后即表示 OpenShift 服务启动完毕。

2.1.7 登录 OpenShift Origin 控制台

OpenShift Origin 启动完毕后,在浏览器中访问网址 https://master.example.com:8443,即可看见 OpenShift 的 Web 控制台,如图 2-1 所示。

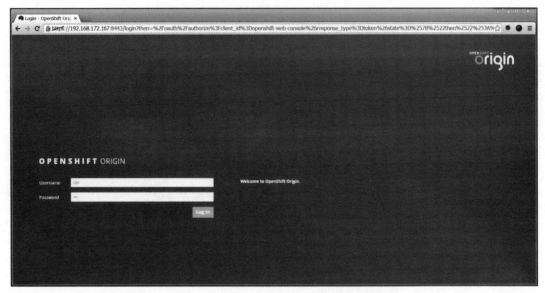

图 2-1　OpenShift Web 控制台登录界面

> **注意** 如浏览器提示证书不可信,请忽略此告警并继续。推荐使用 FireFox 及 Chrome 浏览器访问 Web 控制台。

请使用系统用户 `dev` 登录,用户密码为 `dev`。成功登录后将可以看到 OpenShift 的欢迎页面,如图 2-2 所示。

恭喜您!您已经成功踏入了容器云的世界!

2.2　运行第一个容器应用

OpenShift 服务成功启动后,现在可以尝试运行你的第一个容器应用了!

2.2.1　创建项目

在部署应用前,先要为应用创建一个项目,即

图 2-2　OpenShift Origin Web 控制台欢迎页面

Project 对象。项目是 OpenShift 中的一种资源组织方式。对一般用户而言，不同类型的相关资源可以被归属到某一个项目中进行统一管理。对管理员来说，项目是配额管理和网络隔离的基本单位。

以 dev 用户登录 OpenShift 的 Web 控制台。单击页面中的 `New Project` 按钮创建一个新的项目。在创建项目页面输入项目名 `hello-world`，展示名称填入 `Hello World`。单击 `Create` 按钮创建项目，如图 2-3 所示。

图 2-3　创建 Hello World 项目

2.2.2 部署 Docker 镜像

现在马上可以部署你的第一个容器应用了。前文曾介绍到 OpenShift 是以原生的 Docker 作为平台的容器引擎，因此只要是有效的 Docker 镜像，均可以运行于 OpenShift 容器云平台之上。

Docker 默认允许容器以 root 用户的身份执行容器内的程序。OpenShift 对容器的安全比 Docker 有更谨慎的态度。OpenShift 默认在启动容器应用时使用非 root 用户。这可能会导致一些 Docker 镜像在 OpenShift 平台上启动时报出 `Permission denied` 的错误。别担心，其实只需要稍稍修改 OpenShift 的安全配置，即可解决这个问题。具体修改我们会在后面的章节介绍。但是请记住，在制作自己的 Docker 镜像时，建议避免使用 root 用户启动容器内的应用，以降低安全风险。

下面在 OpenShift 上运行 DockerHub 上的 hello-openshift 镜像。单击页面上方的 `Deploy Image` 页签，如图 2-4 所示。

在部署镜像页面，单击 `Image Name` 单选按钮，并输入镜像名称 `openshift/hello-openshift`，然后单击放大镜按钮，如图 2-5 所示。单击按钮后 OpenShift 将根据输入的镜像名称在 DockerHub 及配置了的镜像仓库中查找该名称的容器镜像。

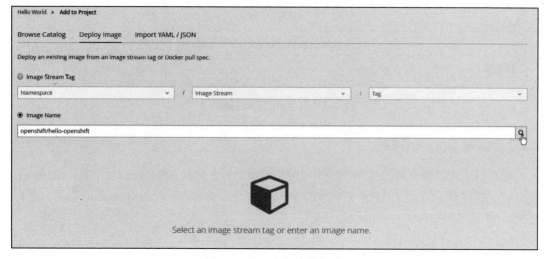

图 2-4　部署容器镜像

图 2-5　输入容器镜像名称

 注意　请保证实验用的虚拟机能连接上互联网，以访问 DockerHub 仓库下载所需镜像。

片刻之后，OpenShift 将找到我们指定的镜像，并加载镜像的信息。浏览信息后，单击页面下方的 Create 按钮进行部署，如图 2-6 所示。此时 OpenShift 将会在后台创建部署此容器镜像的相关对象。

确认部署后，页面将转跳到一个部署完成页面，如图 2-7 所示。单击页面上的 Continue to overview 链接转跳到 Hello World 项目的主页。

在 Hello World 项目的主页，你会看到界面上有一个空心的圆圈，圆圈中间有一个大大的数字 0，如图 2-8 所示。这表示 OpenShift 正在部署容器镜像并实例化容器，当前就绪的容器数量为 0。

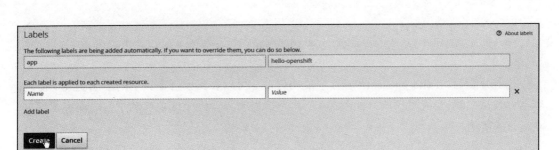

图 2-6　确认部署容器镜像

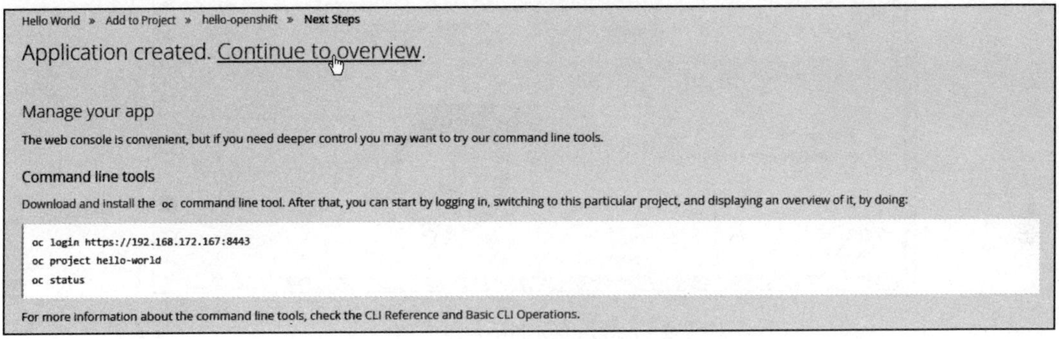

图 2-7　部署完成确认页面

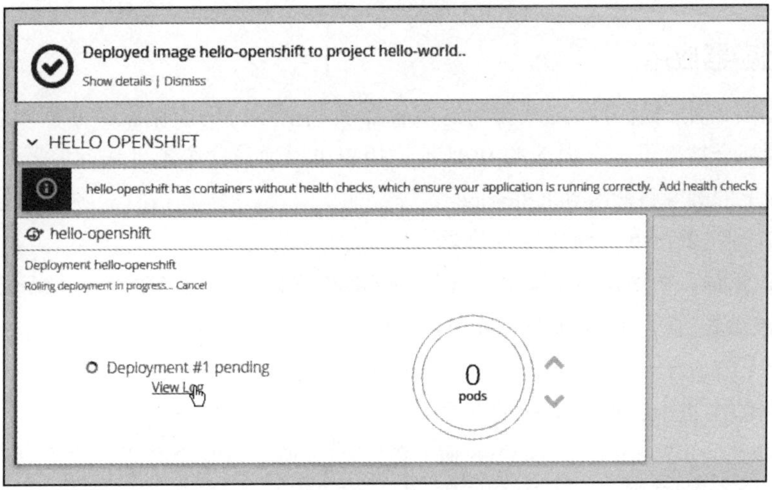

图 2-8　Hello World 项目主页

当第一次部署某个容器应用时，由于需要到 DockerHub 上下载镜像文件，所以需要等待一定的时间。所需时间视实验主机所在网络的网速而定。如果在创建容器应用的过程中出现了 Image Pull Error 的状态，可以尝试手工下载镜像。检查 Docker 能否正常连接上 DockerHub 及其镜像站点。

```
docker pull docker.io/openshift/hello-openshift
docker pull docker.io/openshift/origin-deployer:v1.3.0
docker pull docker.io/openshift/origin-pod:v1.3.0
```

稍等片刻后，hello-openshift 容器会成功启动。可以看到项目主页上的圆圈变成了蓝色，容器计数从"0"变成了"1"，如图 2-9 所示。这说明容器已经成功启动了，当前有"1"个在运行的实例。

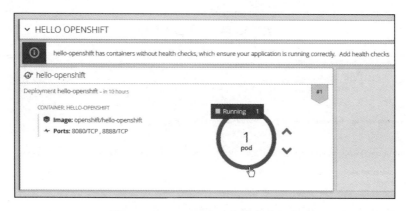

图 2-9　hello-openshift 容器成功启动

恭喜，您已经成功在 OpenShift 上运行了您的第一个容器应用！

2.2.3　访问容器应用

容器启动后，用户就可以尝试访问这个容器实例中运行的应用服务了。当容器启动后，每个容器实例都会被赋予一个内部的 IP 地址，用户可以通过这个地址访问容器。

单击界面上的圆圈将转跳到 hello-openshift 容器的实例列表，单击列表中的容器进入容器详情页面。在详情页面可以看到当前的容器被分配了一个 IP 地址，如图 2-10 中的 `172.17.0.3`。

回到实验的主机上，执行下面的命令就可以访问 hello-openshift 容器提供的服务。hello-openshift 中运行着一个简单的用 Go 语言编写的应用。其监听在 8080 端口，并为所有请求返回字符串 `Hello OpenShift!`。

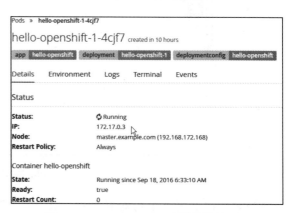

图 2-10　hello-openshift 容器的详情页面

```
[root@masteropenshift]# curl 172.17.0.3:8080
Hello OpenShift!
```

如上面的输出所示，容器应用成功返回了 `Hello OpenShift!`。这表明，我们的容器应用工作正常。

2.2.4 一些疑问

在实验的主机上，我们通过命令 curl 172.17.0.3:8080 成功访问了应用。但是如果在另一台主机上执行相同的命令，就会发现无法访问到这个服务。别着急，这是因为 172.17.0.3 是一个内部的 IP 地址，只存在于 OpenShift 集群当中。OpenShift 集群之外的机器将无法识别这个 IP 地址。那么，集群外的机器该如何访问我们的容器服务呢？这里先买个关子，在后面的章节里，我们将会慢慢揭晓答案。

此外，本例的安装只是针对一台主机，这样的环境适合作为开发环境使用。对于多主机集群的安装，请参考第 11 章。

至此，我们安装了一个单节点的 OpenShift 集群，并运行了一个名为 hello-openshift 的容器镜像。hello-openshift 是一个非常简单的容器应用。在 hello-openshift 的容器启动时会运行一个用 Go 语言编写的程序，这个程序将会持续监听在 8080 端口，响应任何输入请求并返回字符串"Hello OpenShift!"。接下来，我们将部署一个更加复杂且有趣的容器应用，并一起探索 OpenShift 为部署的容器应用提供了哪些后台支持。

2.3 完善 OpenShift 集群

在部署更复杂的应用之前，有一项重要的任务需要完成，那就是完善 OpenShift 集群。在上一章中，通过二进制的安装包，我们快速完成了 OpenShift 集群的安装，但是这个集群还只是一个"空"的集群。面对复杂的应用，OpenShift 需要更多组件的支持。而这些组件并没有在上一章的安装中完成。同时，OpenShift 作为一个容器云平台，默认提供了一系列用户开箱即用、一键部署的应用和服务，这些应用和服务的信息也需要在系统中注册，以便用户在类似软件市场（App Store）的服务目录中选用。现在让我们一起完善这个 OpenShift 实例。

2.3.1 命令行工具

在上一章中，我们使用 OpenShfit 的 Web 控制台部署了第一个容器应用。OpenShift 的 Web 控制台的用户体验非常好，通过图形界面，用户可以高效快速地完成操作。除了 Web 控制台外，OpenShift 还提供了一系列命令行工具。

oc 是 OpenShift 中一个重要的命令行客户端。OpenShift Web 控制台能完成的事情，通过 oc 命令也能完成。在进行自动化及重复性的操作时，命令行工具比图形界面更加高效。为了方便读者进行实验操作，本书后续的示例将以命令行进行操作。

可以尝试执行 `oc version` 命令查看 OpenShift 的集群版本信息，测试 oc 命令是否正常工作。

```
[root@masteropenshift]# oc version
oc v1.3.0
kubernetes v1.3.0+52492b4
features: Basic-Auth GSSAPI Kerberos SPNEGO
```

可以看到命令输出了 OpenShift 及其使用的 Kubernetes 的版本信息。

因为 oc 命令是带有权限管控的,所以在使用 oc 命令进行实际的操作前,需要先通过 oc login 命令登录。如下例所示,通过 oc login 命令,以 dev 用户的身份登录。

```
[root@master ~]# oc login -u dev https://192.168.172.167:8443
The server uses a certificate signed by an unknown authority.
You can bypass the certificate check, but any data you send to the server could be intercepted by others.
Use insecure connections? (y/n): y

Authentication required for https://192.168.172.167:8443 (openshift)
Username: dev
Password:
Login successful.

You have access to the following projects and can switch between them with 'oc project <projectname>':

  * hello-world

Using project "hello-world".
Welcome! See 'oc help' to get started.
[root@master ~]#
```

通过 oc new-project 命令创建一个新项目 hello-world-oc。

```
[root@master ~]# oc new-project hello-world-oc
Now using project "hello-world-oc" on server "https://192.168.172.167:8443".

You can add applications to this project with the 'new-app' command. For example, try:

oc new-app centos/ruby-22-centos7~https://github.com/openshift/ruby-ex.git

to build a new example application in Ruby.
```

前文我们通过 Web 控制台部署了 hello-openshift 镜像。在命令行可以通过 oc new-app 命令方便地部署 DockerHub 等 Docker 镜像仓库的镜像。

```
[root@master ~]# oc new-app openshift/hello-openshift
warning: Cannot find git. Ensure that it is installed and in your path. Git is required to work with git repositories.
--> Found Docker image 17b78a4 (28 hours old) from Docker Hub for "openshift/hello-openshift"

    * An image stream will be created as "hello-openshift:latest" that will track this image
    * This image will be deployed in deployment config "hello-openshift"
```

```
    * Ports 8080/tcp, 8888/tcp will be load balanced by service "hello-openshift"
        * Other containers can access this service through the hostname "hello-openshift"
    * WARNING: Image "openshift/hello-openshift" runs as the 'root' user which may not
be permitted by your cluster administrator

--> Creating resources with label app=hello-openshift ...
    imagestream "hello-openshift" created
    deploymentconfig "hello-openshift" created
    service "hello-openshift" created
--> Success
    Run 'oc status' to view your app.
```

执行 `oc get pod` 命令可以查看当前项目的容器的列表。和在 Kubernetes 一样,在 OpenShift 中,所有的 Docker 容器都是被"包裹"在一种称为 Pod 的容器内部。用户可以近似地认为 Pod 就是我们要运行的 Docker 容器本身。

```
[root@master ~]# oc get pod
NAME                        READY      STATUS     RESTARTS   AGE
hello-openshift-1-8gv1i     1/1        Running    0          19s
```

执行 `oc describe pod` 命令可以查看 Pod 的详细配置和状态信息。下例为 Pod hello-openshift-1-8gv1i 的详细信息,包含容器的名称、状态、所处的命名空间(项目)、标签、IP 地址等。

```
[root@master ~]# oc describe pod hello-openshift-1-8gv1i
Name:           hello-openshift-1-8gv1i
Namespace:      hello-world-oc
Security Policy: restricted
Node:           master.example.com/192.168.172.167
Start Time:     Sat, 17 Sep 2016 21:33:06 -0400
Labels:         app=hello-openshift
    deployment=hello-openshift-1
    deploymentconfig=hello-openshift
Status:         Running
IP:             172.17.0.7
Controllers:        ReplicationController/hello-openshift-1
Containers:
hello-openshift:
    Container ID:   docker://15263bbee6053b215b5dade08c839d5b07530b4cdf3b87776
……
```

在后续的介绍中,我们会使用 `oc` 命令进行大量的操作,相信你很快就会熟悉它的使用方法。

2.3.2 以集群管理员登录

在安装组件之前,我们需要以集群管理员的角色登录。在 OpenShift 中,默认的集群管理员是 `system:admin`。`system:admin` 这个用户拥有最高的权限。有意思的是,和其他用户不同，system:admin 用户并没有密码！ system:admin 的登录依赖于证书密钥。以下是登录的方法。

1）拷贝登录配置文件。如果提示文件已存在，请选择覆盖。

```
[root@master ~]# mkdir -p ~/.kube
[root@master ~]# cp /opt/openshift/openshift.local.config/master/admin.kubeconfig ~/.kube/config
[root@master ~]# cp: overwrite '/root/.kube/config'? y
```

2）通过 `oc login` 命令登录。

```
[root@masteropenshift]#  oc login -u system:admin
Logged into "https://192.168.172.167:8443" as "system:admin" using existing credentials.

You have access to the following projects and can switch between them with 'oc project <projectname>':

    * default
  hello-world
  hello-world-oc
  kube-system
  openshift
  openshift-infra

Using project "default".
```

3）执行 ocwhoami 命令，即可见当前登录用户为 system:admin。

```
[root@master ~]# ocwhoami
system:admin
```

可以尝试执行 `oc get node` 命令查看集群节点信息。只有集群管理员才有权限查看集群的节点信息。

```
[root@master ~]# oc get node
NAME                  STATUS    AGE
master.example.com    Ready     2h
```

可以看到我们的机器中有且只有一个节点 master.example.com，它的状态是就绪（Ready）的。在实际的生产环境中，集群中将会有许多节点，这会是一个庞大的列表。

2.3.3 添加 Router

首先，为集群添加一个 Router 组件。Router 是 OpenShift 集群中一个重要的组件，它是外界访问集群内容器应用的入口。集群外部的请求都会到达 Router，并由 Router 分发到具体的容器中。关于 Router 的详细信息我们会在后续的章节详细探讨。

切换到 `default` 项目。

```
[root@master ~]# oc project default
```

Router 组件需要读取集群的信息，因此它关联一个系统账号 Service Account，并为这个账号赋权。`Service Account` 是 OpenShift 中专门供程序和组件使用的账号。OpenShift 中有严格的权限和安全保障机制。不同的用户会关联到不同的安全上下文（Security Context Constraint，SCC）。同时，用户或组也会关联到不同的系统角色（Role）。

```
[root@master ~]# oadm policy add-scc-to-user privileged system:serviceaccount:default:router
```

执行 `oadm router` 命令创建 Router 实例。

```
[root@master ~]# oadm router router --replicas=1 --service-account=router
info: password for stats user admin has been set to EhEVZXbjAn
--> Creating router router ...
serviceaccount "router" created
clusterrolebinding "router-router-role" created
deploymentconfig "router" created
service "router" created
--> Success
```

oadm 命令是 oc 命令的好搭档。oc 命令更多地是面向一般用户，而 oadm 命令是面向集群管理员，可以进行集群的管理和配置。在上面的命令中，我们指定创建一个名为 `router` 的 Router。

参数 `--replicas=1` 表明，我们只想创建一个实例。在实际的生产中，为了达到高可用的效果，可以创建多个 Router 实例实现负载均衡并防止单点失效。

执行片刻之后，通过 `oc get pod -n default` 命令可以查看 Router 容器的状态。

```
[root@master ~]# oc get pod -n default
NAME             READY     STATUS    RESTARTS   AGE
router-1-e95qa   1/1       Running   0          3m
```

上面的输出显示 Router 容器的状态是 Running。如果此时检查实验主机上的端口监听状态，可以发现主机的端口 80、443 正在被 Haproxy 监听。

```
[root@master ~]# ss -ltn|egrep -w "80|443"
LISTEN     0      128                     *:80                       *:*
LISTEN     0      128                     *:443                      *:*
```

其实，从技术上来说，Router 就是一个运行在容器中的 Haproxy，当然这个 Haproxy 经过了特别的配置来实现特殊的功能。这些我们在后面再详细讨论。

至此，Router 组件部署就已经完成了。

2.3.4 添加 Registry

接下来部署集群内部的 Docker Registry，即内部的 Docker 镜像仓库。从功能上说，OpenShift 内部的镜像仓库和外部的企业镜像仓库或者 DockerHub 没有本质的区别。只是这个内部的镜像仓库会用来存放一些"特殊的"镜像，这些镜像是由一个叫 Source to Image（S2I）的流程产生的。简单地说，S2I 的工作是辅助将应用的源代码转换成可以部署的 Docker 镜像。关于 S2I，后续再详细介绍。

1）切换到 `default` 项目。

```
[root@master ~]# oc project default
```

2）执行如下命令部署 Registry。

```
[root@master ~]# oadm registry --config=/opt/openshift/openshift.local.config/master/admin.kubeconfig --service-account=registry
--> Creating registry registry ...
    serviceaccount "registry" created
    clusterrolebinding "registry-registry-role" created
    deploymentconfig "docker-registry" created
    service "docker-registry" created
--> Success
```

3）稍候片刻，执行 `oc get pod` 便可见 Registry 容器处于运行状态了。

```
[root@master ~]# oc get pod
NAME                       READY     STATUS    RESTARTS   AGE
docker-registry-1-xm3un    1/1       Running   0          1m
router-1-e95qa             1/1       Running   0          9m
```

在本例中，因为我们部署的 Registry 没有启用 HTTPS，所以需要修改 Docker 的配置让 Docker 以非 HTTPS 的方式连接到 Registry。修改 `/etc/sysconfig/docker` 文件，为 `OPTIONS` 变量值追加 `--insecure-registry=https://172.30.0.0/16`。修改后的变量值如下：

```
OPTIONS='--selinux-enabled --log-driver=journald --registry-mirror=https://docker.mirrors.ustc.edu.cn --insecure-registry=172.30.0.0/16'
```

4）重启 Docker 服务，使修改的配置生效。

```
[root@master opt]# systemctl restart docker
```

至此，Registry 组件部署完成。

2.3.5 添加 Image Stream

`Image Stream` 是一组镜像的集合。可以在一个 Image Stream 中定义一些名称及标签（tag），并定义这些名字及标签指向的具体镜像。值得指出的是，在 OpenShift 上部署容器应用，并不一定要用到 Image Stream，直接指定镜像的地址也可以完成部署。使用 Image Stream 为的是方便地将一组相关联的镜像进行整合管理和使用。OpenShift Origin 默认为用户定义了一系列开箱即用的 Image Stream。

1）切换到 `openshift` 项目。

```
[root@master ~]# oc project openshift
Now using project "openshift" on server "https://192.168.172.167:8443".
```

2）通过以下命令可以导入 Image Stream。

```
[root@master ~]# curl https://raw.githubusercontent.com/openshift/origin/v1.3.0/examples/
image-streams/image-streams-centos7.json|oc create -f - -n openshift
  % Total    % Received % Xferd  Average Speed   Time    TimeTime  Current
 Dload  Upload   Total   Spent    Left  Speed
100 18953  100 18953    0     0   9354      0  0:00:02  0:00:02 --:--:--  9359
imagestream "ruby" created
imagestream "nodejs" created
imagestream "perl" created
imagestream "php" created
imagestream "python" created
imagestream "wildfly" created
imagestream "mysql" created
imagestream "mariadb" created
imagestream "postgresql" created
imagestream "mongodb" created
imagestream "jenkins" created
```

3）通过 `oc get is -n openshift` 命令，可以列出刚才导入的 Image Stream 对象。

```
[root@master ~]# oc get is -n openshift
NAME         DOCKER REPO                              TAGS                      UPDATED
jenkins      172.30.73.49:5000/openshift/jenkins      latest,1                  44 seconds ago
mariadb      172.30.73.49:5000/openshift/mariadb      latest,10.1               About a minute ago
mongodb      172.30.73.49:5000/openshift/mongodb      latest,3.2,2.6 + 1 more...  53 seconds ago
mysql        172.30.73.49:5000/openshift/mysql        latest,5.6,5.5            About a minute ago
nodejs       172.30.73.49:5000/openshift/nodejs       0.10,latest,4             2 minutes ago
perl         172.30.73.49:5000/openshift/perl         latest,5.20,5.16          2 minutes ago
php          172.30.73.49:5000/openshift/php          5.5,latest,5.6            2 minutes ago
postgresql   172.30.73.49:5000/openshift/postgresql   9.4,9.2,latest + 1 more...  About a minute ago
python       172.30.73.49:5000/openshift/python       latest,3.5,3.4 + 2 more...  About a minute ago
ruby         172.30.73.49:5000/openshift/ruby         latest,2.3,2.2 + 1 more...  2 minutes ago
wildfly      172.30.73.49:5000/openshift/wildfly      10.0,9.0,8.1 + 1 more...    About a minute ago
```

此时，如果访问 OpenShift 的 Web 控制台，进入 Hello World 项目，单击项目 Overview 页面顶部的 `Add to project` 按钮，则会看见一系列可用的镜像被罗列在页面上，如图 2-11 所示。

2.3.6　添加 Template

部署容器应用，可以很简单：直接通过 `docker run` 或 `oc new-app` 命令即可完成。但是有时候它也可以是一项很复杂的任务。在现实中，企业的应用往往不是孤立存在的，应用往往有多个模块；部署需要满足外部的依赖；用户需要根据实际的需求，结合环境的配置给部署传递不同的参数。为了满足用户对复杂应用部署的需求，提高应用部署的效率，

OpenShift 引入了应用部署模板（Template）的概念。通过 Template，用户可以定义一个或多个需要部署的镜像，定义部署依赖的对象，定义可供用户输入配置的参数项。OpenShift 默认提供了一些示例的 Template 供用户使用。后续用户可以根据实际的需求，定义满足企业需求的应用部署模板，构建企业内部的软件市场。

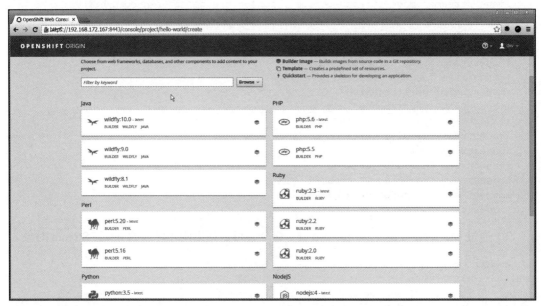

图 2-11　导入 Image Stream 后 Web 界面展示可用的镜像列表

1）切换到 openshift 项目。

```
[root@master ~]# oc project openshift
Now using project "openshift" on server "https://192.168.172.167:8443".
```

2）下载并创建一个 CakePHP 示例应用的 Template。通过这个 Template，用户可以在服务目录单击相关的条目一键部署一个 CakePHP 应用和一个 MySQL 数据库。

```
[root@master ~]# oc create -f https://raw.githubusercontent.com/openshift/origin/
v1.3.0/examples/quickstarts/cakephp-mysql.json -n openshift
template "cakephp-mysql-example" created
```

3）创建完毕后，可以通过 `oc get template -n openshift` 命令查看导入的模板信息。

```
[root@master ~]# oc get template -n openshift
NAME                   DESCRIPTION                                          PARAMETERS    OBJECTS
cakephp-mysql-example  An example CakePHP application with a MySQL database 19 (4 blank)  7
```

如果要查看模板的详细内容，可以通过 `oc get template cakephp-mysql-example -o json -n openshift` 命令查看。-o 参数指定了命令以 json 格式输出返回值。

```
oc get template cakephp-mysql-example -o json -n openshift
```

刷新 OpenShift Web 控制台的服务目录界面，在过滤器中输入 `cake`，即可看到刚导入的应用模板，如图 2-12 所示。

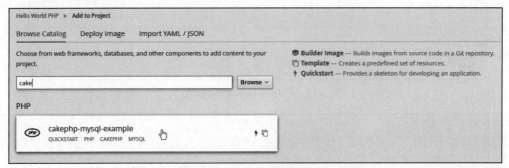

图 2-12　导入的 CakePHP 应用模板显示在 Web 控制台

在 OpenShift Origin 的 GitHub 仓库中还有许多预定义好的 Template 示例。你可以按需下载，并通过 `oc create -f` 命令导入系统中。

 OpenShift Origin 示例：https://github.com/openshift/origin/tree/v1.3.0/examples。

请执行下面的命令导入 `wildfly-basic-s2i` 模板，这在后面的章节会使用到。

```
oc create -f https://raw.githubusercontent.com/nichochen/openshift-book-source/master/template/wildfly-basic-s2i.template.json  -n openshift
```

 细心的读者也许会发现之前创建 Router 和 Registry 是在 `default` 项目中，而创建 Image Stream 是在 `openshift` 项目中。`openshift` 项目是一个特殊的项目，在这个项目下创建的所有 Image Stream 及 Template 对集群内所有的用户和项目可见。如果 Image Stream 及 Template 在其他项目创建，则只能在创建这些对象的项目内可见。

2.4　部署应用

在前几节中，我们完成了众多关键组件的部署。现在是时候尝试部署一些应用了。本节我们将部署一个 CakePHP 应用及 MySQL 数据库。

1）登录 OpenShift Web 控制台。单击 `New project` 按钮。创建一个名为 `hello-world-php` 的项目。输入项目名称 `hello-world-php` 及项目显示名 `Hello World PHP`。单击 `Create` 按钮创建项目，如图 2-13 所示。

2）在服务目录的过滤器中输入 `cake`，找到 `cakephp-mysql-example` 模板，如图 2-14 所示。

图 2-13 创建 helloworld-ng 项目

图 2-14 选取 cakephp-mysql-example 模板

3）选取 Template 后将跳转至 Template 的参数输入页面。在参数输入页面为 Application Hostname 属性赋值 `php.apps.exmaple.com`，如图 2-15 所示。

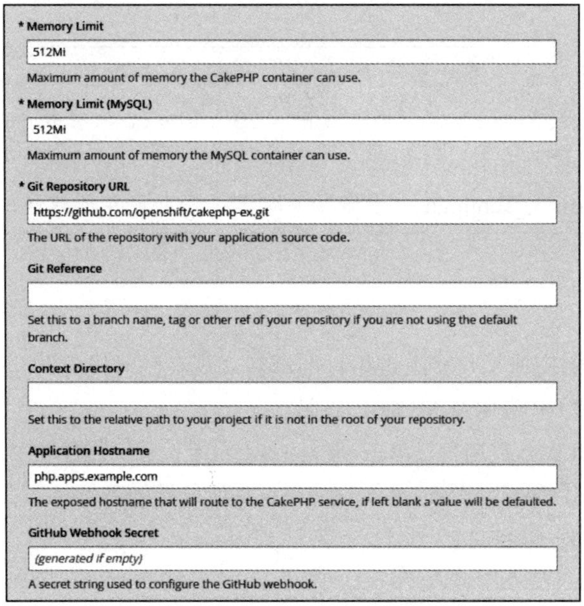

图 2-15 模板参数输入界面

4)单击模板参数输入页面底部的 `Create` 按钮,执行部署,如图 2-16 所示。

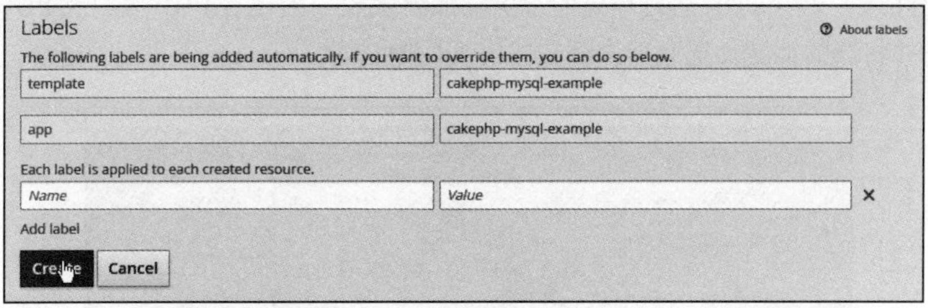

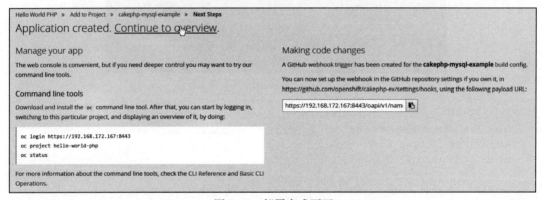

图 2-16 执行实例化 Template

5)执行部署后,浏览器将跳转至部署完成页面,如图 2-17 所示。

图 2-17 部署完成页面

6)单击确认页面的 `Continue overview` 链接,跳转到项目的概览页面。此时 OpenShift 会在后台创建相应的对象,并下载相关的容器镜像。MySQL 容器一般会较快完成启动,因为 CakePHP 应用涉及一个镜像构建的过程,即 Source to Image。关于这个镜像构建的细节,本书后续再表。单击界面上的 view log 链接可以查看相关的日志,如图 2-18 所示。

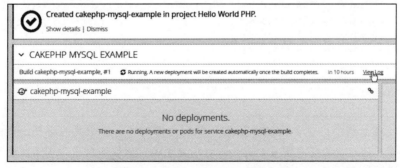

图 2-18 hello-world-php 项目主页

7)稍等片刻后,在 CakePHP 的构建日志界面,可以看到镜像构建的实时日志输出,如

图 2-19 所示。从日志中可以看到，OpenShift 会从 GitHub 仓库中下载指定的 PHP 源代码，然后将代码注入一个含 PHP 运行环境的镜像，最终生成一个包含 PHP 应用及 PHP 运行环境的新镜像，并将新的镜像推送到前文部署的内部镜像仓库。

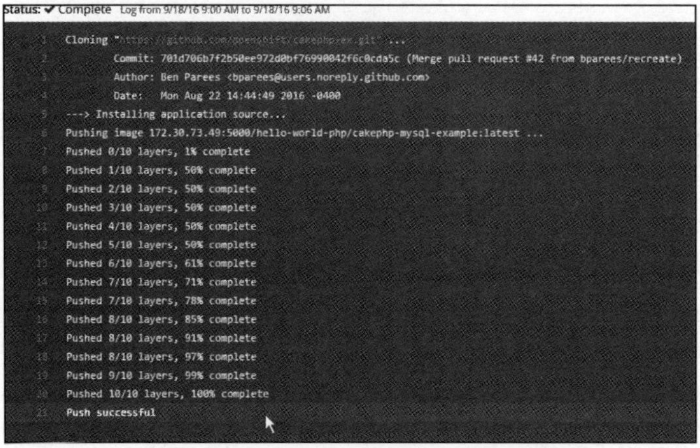

图 2-19　CakePHP 应用的 S2I 构建日志

```
Cloning "https://github.com/openshift/cakephp-ex.git" ...
Commit: 701d706b7f2b50ee972d0bf76990042f6c0cda5c (Merge pull request #42 from bparees/recreate)
Author: Ben Parees<bparees@users.noreply.github.com>
Date:       Mon Aug 22 14:44:49 2016 -0400
---> Installing application source...
Pushing image 172.30.73.49:5000/hello-world-php/cakephp-mysql-example:latest ...
Pushed 0/10 layers, 1% complete
Pushed 1/10 layers, 50% complete
Pushed 2/10 layers, 50% complete
Pushed 3/10 layers, 50% complete
Pushed 4/10 layers, 50% complete
Pushed 5/10 layers, 50% complete
Pushed 6/10 layers, 61% complete
Pushed 7/10 layers, 71% complete
Pushed 7/10 layers, 78% complete
Pushed 8/10 layers, 85% complete
Pushed 8/10 layers, 91% complete
Pushed 8/10 layers, 97% complete
Pushed 9/10 layers, 99% complete
Pushed 10/10 layers, 100% complete
Push successful
```

提示　如果构建过程中出现了 docker push 镜像到内部镜像仓库相关的错误，请检查内部镜像仓库是否正确部署与配置。第一次推送镜像的时间会比较长，因为此时镜像仓库中还没有相应的镜像层（Layer）。后续构建的镜像推送时间将会大大加快，因为大量可以重用的镜像层已经存在于内部的镜像仓库中了。

8）构建完成后，单击左侧菜单栏的 `Overview` 按钮，回到项目主页，如图 2-20 所示。此时可见 CakePHP 应用已经启动完毕。

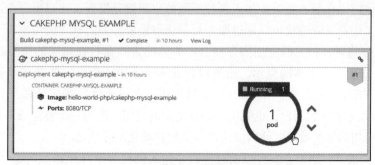

图 2-20　项目主页

OpenShift 将我们指定的域名 `php.apps.example.com` 与 CakePHP 容器应用进行了关联。单击 CakePHP 应用右上角的 `php.apps.example.com` 域名链接即可打开容器应用，如图 2-21 所示。

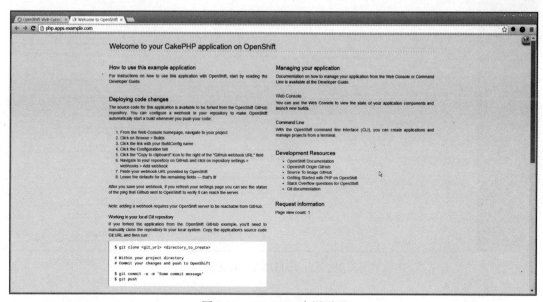

图 2-21　CakePHP 应用页面

> **注意** `php.apps.example.com` 域名只是我们测试用的域名，并不能被互联网的域名解析服务器解析。需要修改浏览器所在机器的 hosts 文件，手工添加解析将 php.apps.example.com 指向实验机器的 IP 地址。
> ❏ Windows 系统，请修改 `c:\windows\system32/drivers/etc/hosts` 文件。
> ❏ Linux 系统，请修改 `/etc/hosts` 文件。

在这个应用部署的例子中，我们通过选择一个预定义的应用部署模板，快速部署了一个 CakePHP 应用及一个 MySQL 数据库。整个部署的过程，不外乎几次鼠标单击。在实际的使用中，企业可以在服务目录中加入各种不同的应用服务模板，构建出企业内部软件市场式的服务目录。用户或管理员可以通过服务目录选取需要部署的软件应用模板，输入相应的参数，然后执行部署，相关的应用服务便会以容器的方式运行在指定的服务器集群上。这些应用服务可以是一个单体的应用，也可以包含多个不同的组件，如前文部署的示例，包含了一个前端 PHP 应用及一个后端 MySQL 数据库。通过软件市场式的服务目录，即使对 OpenShift 没有太多了解的用户，也能快速部署复杂的应用。作为一个容器云平台，OpenShift 极大地提升了应用部署的效率，使得应用部署实现自动化及标准化。

应用部署出错了？别担心，可以通过项目左边的侧栏菜单打开 Monitor 界面查看项目后台的事件，排查相应的错误，如图 2-22 所示。

图 2-22　项目事件监控界面

2.5　本章小结

通过本章，我们成功安装及运行了 OpenShift 集群，并完成了对 OpenShift 集群的完善和升级，增加了 Router 及 Registry 组件；丰富了 OpenShift 平台上可供用户选择的应用和服务；通过服务目录，快速部署了一个带有前端 PHP 应用及后端数据库的应用。通过本章的探索，相信你对 OpenShift 的了解更上了一个层次。

第 3 章 Chapter 3

OpenShift 架构探秘

在上一章中，我们通过模板部署了一个前端 PHP 应用及一个后端 MySQL 数据库。对用户而言，部署的过程十分简单，通过几次鼠标单击即可完成应用的部署。但在用户便利的幕后，其实 OpenShift 平台为用户完成了大量操作。在这一章，我们将会深入了解应用部署背后的故事，深入了解 OpenShift 容器云的架构。

3.1 架构概览

从技术堆栈的角度分析，作为一个容器云，OpenShift 自底而上包含了以下几个层次：基础架构层、容器引擎层、容器编排层、PaaS 服务层、界面及工具层，如图 3-1 所示。

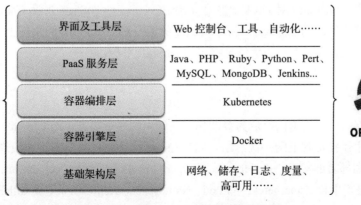

图 3-1 OpenShift 技术堆栈

3.1.1 基础架构层

基础架构层为 OpenShift 平台的运行提供了基础的运行环境。OpenShift 支持运行在物理机、虚拟机、基础架构云（如 OpenStack、Amazon Web Service、Microsoft Azure 等）或混合云上。在操作系统层面，OpenShift 支持多种不同的 Linux 操作系统，如企业级的 Red Hat Enterprise Linux、社区的 CentOS。值得一提的是，2015 年 Red Hat 针对容器平台启动了 Atomic Project，并推出了专门针对容器化运行环境的操作系统 Atomic Host。从技术上来看，Atomic Host 也是一个 Linux 操作系统，是基于 Red Hat 的企业版 Linux 的基础上优化和定制而来。通过根分区只读、双根分区、RPM OSTree 等特性，Atomic Host 可以为容器应用的运行提供一个高度一致的环境，保证在大规模容器集群环境中容器应用的稳定与安全。

在谈到容器时，大家经常会提及容器的一个优点，那就是可以保证应用的一致性。同样的容器镜像，在开发、测试和生产环境中运行的结果应该是一致的。但是容器的一致性和可移植性是有前提条件的，那就是底层操作系统的内核及相关的配置要一致。容器为应用提供了一个隔离的运行环境，这个隔离的实现依赖于底层 Linux 内核的系统调用。如果大量服务器的 Linux 内核及操作系统的配置不能保证一致，那么容器运行的最终结果的一致性也不可能有保障。

 提示　要了解更多关于 Atomic 容器操作系统的信息可以访问 Atomic Project 项目主页：http://www.atomic-project.org。

3.1.2 容器引擎层

OpenShift 目前以 Docker 作为平台的容器引擎。Docker 是当前主流的容器引擎，已经在社区及许多企业的环境中进行了检验。事实证明 Docker 有能力为应用提供安全、稳定及高性能的运行环境。OpenShift 运行的所有容器应用最终落到最底层的实现，其实就是一个个 Docker 容器实例。OpenShift 对 Docker 整合是开放式的。OpenShift 并没有修改 Docker 的任何代码，完全基于原生的 Docker。熟悉 Docker 的用户对 OpenShift 能快速上手。同时，Docker 现有的庞大的镜像资源都可以无缝地接入 OpenShift 平台。

3.1.3 容器编排层

目前大家对容器编排的讨论已经成为容器相关话题中的一个热点。Kubernetes 是 Google 在内部多年容器使用经验基础上的一次总结。Kubernetes 设计的目的是满足在大规模集群环境下对容器的调度和部署的需求。Kubernetes 是 OpenShift 的重要组件，OpenShift 平台上的许多对象和概念都是衍生自 Kubernetes，如 Pod、Namespace、Replication Controller 等。与对 Docker 的集成一样，OpenShift 并没有尝试从代码上定制 Kubernetes，OpenShift 对 Kubernetes

的整合是叠加式的，在 OpenShift 集群上仍然可以通过 Kubernetes 的原生命令来操作 Kubernetes 的原生对象。

3.1.4　PaaS 服务层

Docker 和 Kubernetes 为 OpenShift 提供了一个良好的基础，但是只有容器引擎和容器编排工具并不能大幅度提高生产效率，形成真正的生产力。正如 Kubernetes 在其主页上自我介绍所描述的那样，Kubernetes 关注的核心是容器应用的编排和部署，它并不是一个完整的 PaaS 解决方案。容器平台最终的目的是向上层应用服务提供支持，加速应用开发、部署和运维的速度和效率。OpenShift 在 PaaS 服务层默认提供了丰富的开发语言、开发框架、数据库及中间件的支持。用户可以在 OpenShift 这个平台上快速部署和获取一个数据库、分布式缓存或者业务规则引擎的服务。除了 Docker Hub 上的社区镜像外，OpenShift 还有一个重要的服务提供方：Red Hat。Red Hat 旗下的 JBoss 中间件系列几乎全线的产品都已经容器化。JBoss 中间件包含了开发框架、开发工具、应用服务器、消息中间件、SOA 套件、业务流程平台（BPM）、单点登录、应用监控、应用性能管理（APM）、分布式缓存及数据虚拟化等产品。这些中间件可以直接通过 OpenShift 容器云对用户提供服务。通过 OpenShift，可以快速搭建一个 Database as a Service，即 DBaaS，一个 BPMaaS，或者 Redis-aaS 等。

3.1.5　界面及工具层

云平台一个很重要的特点是强调用户的自助服务，从而降低运维成本，提高服务效率。界面和工具是容器云平台上的最后一公里接入，好的界面和工具集合能帮助用户更高效地完成相关的任务。OpenShift 提供了自动化流程 Source to Image，即 S2I，帮助用户容器化用各种编程语言开发的应用源代码。用户可以直接使用 S2I 或者把现有的流程与 S2I 整合，从而实现开发流程的持续集成和持续交付。提升开发、测试和部署的自动化程度，最终提高开发、测试及部署的效率，缩短上市时间。OpenShift 提供了多种用户的接入渠道：Web 控制台、命令行、IDE 集成及 RESTful 编程接口。这些都是一个完善的企业级平台必不可少的组件。

针对容器应用的运维及集群的运维，OpenShift 提供了性能度量采集、日志聚合模块及运维管理套件，帮助运维用户完成日常的应用及集群运维任务。

3.2　核心组件详解

OpenShift 的核心组件及其之间的关联关系如图 3-2 所示。OpenShift 在容器编排层使用了 Kubernetes，所以 OpenShift 在架构上和 Kubernetes 十分接近。其内部的许多组件和概念是从 Kubernetes 衍生而来，但是也存在一些在容器编排层之上，OpenShift 特有的组件和概念。下面将详细介绍 OpenShift 内部的核心组件和概念。

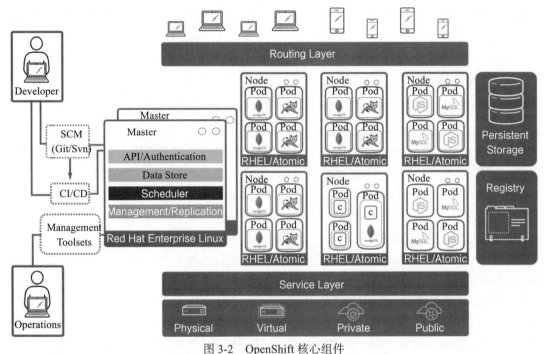

图 3-2 OpenShift 核心组件

图片来源：Red Hat Inc.

3.2.1 Master 节点

在介绍 Master 节点前，我们先补充一些内容。OpenShift 集群可以由一台或多台主机组成。这些主机可以是物理机或虚拟机，同时可以运行在私有云、公有云，或混合云上。在 OpenShift 的集群成员有两种角色。

- Master 节点：即主控节点。集群内的管理组件均运行于 Master 节点之上。Master 节点负责管理和维护 OpenShift 集群的状态。
- Node 节点：即计算节点。集群内的容器实例均运行于 Node 节点之上。

如图 3-2 所示，在 Master 节点上运行了众多集群的服务组件：

- API Server。负责提供集群的 Web Console 以及 RESTful API 服务。集群内的所有 Node 节点都会访问 API Server 更新各节点的状态及其上运行的容器的状态。
- 数据源（Data Store）。集群所有动态的状态信息都会存储在后端的一个 etcd 分布式数据库中。默认的 etcd 实例安装在 Master 节点上。如有需要，也可以将 etcd 节点部署在集群之外。
- 调度控制器（Scheduler）。调度控制器在容器部署时负责按照用户输入的要求寻找合适的计算节点。例如，在前面章节我们部署的 Router 组件需要占用计算节点主机的 80、443 及 1936 端口。部署 Router 时，调度控制器会寻找端口没有被占用的计算节点并分配给 Router 进行部署。除了端口外，用户还能指定如 CPU、内存及标签匹配等多种调度条件。

- 复制控制器（Replication Controller）。对容器云而言，一个很重要的特性是异常自恢复。复制控制器负责监控当前容器实例的数量和用户部署指定的数量是否匹配。如果容器异常退出，复制控制器将会发现实际的容器实例数少于部署定义的数量，从而触发部署新的容器实例，以恢复原有的状态。

3.2.2 Node 节点

在 Node 节点上没有这么多系统组件，其主要职责就是接收 Master 节点的指令，运行和维护 Docker 容器。

这里要指出的是，Master 节点本身也是一个 Node 节点，只是在一般环境中会将其运行容器的功能关闭。但是在我们这个实验集群中，由于只有一个节点，所以这个 Master 节点也必须承担运行容器的责任。

通过执行 `oc get node` 命令可以查看系统中的所有节点。

```
[root@master ~]# oc get nodes
NAME                  STATUS    AGE
master.example.com    Ready     1d
```

 提示　查看集群信息需要集群管理员的权限，请先登录为 system:admin。具体方法请查看之前的章节介绍。

可以看到，目前集群中只有一个节点，状态是 Ready。通过 `oc describe node master.example.com` 命令查看节点的详细信息。

```
[root@master ~]# oc describe node master.example.com
Name:              master.example.com
Labels:            beta.kubernetes.io/arch=amd64
                   beta.kubernetes.io/os=linux
                   kubernetes.io/hostname=master.example.com
Taints:            <none>
CreationTimestamp: Sat, 17 Sep 2016 18:24:40 -0400
Phase:
Conditions:
  Type              Status  LastHeartbeatTime      LastTransitionTime     Reason               Message
  ----              ------  -----------------      ------------------     ------               -------
  OutOfDisk         False   Sat, 17 Sep 2016...    Sat, 17 Sep 2016...    KubeletHasSufficient...
  MemoryPressure    False   Sat, 17 Sep 2016...    Sat, 17 Sep 2016...    KubeletHasSufficient...
  Ready             True    Sat, 17 Sep 2016...    Sat, 17 Sep 2016...    KubeletReadykubelet...
Addresses:         192.168.172.167,192.168.172.167
Capacity:
 alpha.kubernetes.io/nvidia-gpu:    0
 cpu:                               1
 memory:                            1868664Ki
 pods:                              110
Allocatable:
```

```
alpha.kubernetes.io/nvidia-gpu:     0
cpu:                    1
memory:                 1868664Ki
pods:                   110
System Info:
 Machine ID:            68b21a5dd46c4a34a8b7f66cd66b3b73
 System UUID:           564D2779-5B04-6978-470E-5796F8DF3ECB
 Boot ID:               0b3c164b-6d0b-4082-b5da-bac31b8f61a2
 Kernel Version:        3.10.0-327.el7.x86_64
 OS Image:              CentOS Linux 7 (Core)
 Operating System:      linux
 Architecture:          amd64
 Container Runtime Version: docker://1.10.3
 Kubelet Version:       v1.3.0+52492b4
 Kube-Proxy Version:    v1.3.0+52492b4
 ExternalID:            master.example.com
......
```

从上面的输出可以看到该节点详细的系统信息、节点上运行的容器资源使用情况、网络地址等。

3.2.3 Project 与 Namespace

在 Kubernetes 中使用命名空间的概念来分隔资源。在同一个命名空间中，某一个对象的名称在其分类中必须是唯一的，但是分布在不同命名空间中的对象则可以同名。OpenShift 中继承了 Kubernetes 命名空间的概念，而且在其之上定义了 Project 对象的概念。每一个 Project 会和一个 Namespace 相关联，甚至可以简单地认为，Project 就是 Namespace。所以在 OpenShift 中进行操作时，首先要确认当前执行的上下文是哪一个 Project。

通过 `oc project` 命令可以查看用户当前所在的 Project。

```
[root@master ~]# oc project
Using project "default" on server "https://192.168.172.167:8443".
```

通过 `oc project <PROJECT-NAME>` 可以切换到指定的项目。现在请切换到上一章创建的 helloworld-php 项目，接下来我们会以这个项目为基础进行讲解。

```
[root@master ~]#  oc project hello-world-php
Now using project "hello-world-php" on server "https://192.168.172.167:8443".
```

3.2.4 Pod

在 OpenShift 上运行的容器会被一种叫 Pod 的对象所"包裹"，用户不会直接看到 Docker 容器本身。从技术上来说，Pod 其实也是一种特殊的容器。执行 `oc get pods` 命令可以看到当前所在项目的 Pod。

```
[root@master ~]# oc get pod
NAME                            READY     STATUS      RESTARTS   AGE
cakephp-mysql-example-1-build   0/1       Completed   0          1h
cakephp-mysql-example-1-u63y2   1/1       Running     0          1h
```

```
mysql-1-jovdm                    1/1         Running      0          1h
```

执行 `oc describe pod` 命令可以查看容器的详细信息,如 Pod 部署的 Node 节点名、所处的 Project、IP 地址等。

```
[root@master ~]# oc describe pod mysql-1-jovdm
Name:                   mysql-1-jovdm
Namespace:              hello-world-php
Security Policy:        restricted
Node:                   master.example.com/192.168.172.167
Start Time:             Sat, 17 Sep 2016 21:00:28 -0400
Labels:                 deployment=mysql-1
deploymentconfig=mysql
name=mysql
Status:                 Running
IP:             172.17.0.6
Controllers:            ReplicationController/mysql-1
......
```

用户可以近似认为实际部署的容器会运行在 Pod 内部。一个 Pod 内部可以运行一个或多个容器,运行在一个 Pod 内的多个容器共享这个 Pod 的网络及存储资源。从这个层面上,可以将 Pod 理解为一个虚拟主机,在这个虚拟主机中,用户可以运行一个或多个容器。虽然一个 Pod 内可以有多个容器,但是在绝大多数情况下,一个 Pod 内部只运行一个容器实例。Pod 其实也是一个 Docker 容器,通过 dockerps 命令可以查看 Pod 的实例信息。

> **提示** 因为大多数情况下都是一个容器运行在一个 Pod 内,很多时候可以将 Pod 等同于我们所要运行的容器本身。

```
[root@master ~]# dockerps |grep php
17c5e7154790            172.30.73.49:5000/hello-world-php/cakephp-mysql-
example@sha256:e3f4705aac3e718c22e4d8d1bf12ab3041d0f417752289ea132e503c
f5adc91d    "container-entrypoint"    About an hour ago    Up About an hour
k8s_cakephp-mysql-example.9fcda1c6_cakephp-mysql-example-1-u63y2_hello-world-
php_382e1e18-7d3c-11e6-a285-000c29df3ecb_ced53322
3eb08d061fa9            openshift/origin-pod:v1.3.0         "/pod"
About an hour ago    Up About an hour
......
```

上述代码是查找 PHP 的容器实例。一共有两个输出,一个是实际的 PHP 应用的容器实例,另一个是镜像类型为 `openshift/origin-pod:v1.3.0` 的容器,即 Pod 容器实例。

容器像盒子一样为应用提供一个独立的运行环境,但它并不是一个黑盒子。用户可以实时地查看容器的输出,也可以进入容器内部执行操作。

执行 `oc logs <POD NAME>` 命令,可以查看 Pod 的输出。

```
[root@master ~]# oc logs mysql-1-jovdm
```

```
---> 16:22:33      Processing MySQL configuration files ...
---> 16:22:33      Initializing database ...
......
```

执行 ocrsh<POD NAME> 命令，可以进入容器内部执行命令进行调试。

```
[root@master ~]# ocrsh mysql-1-jovdm
sh-4.2$ hostname
mysql-1-jovdm
sh-4.2$ ps ax
    PID TTY      STAT   TIME COMMAND
      1 ?Ssl     0:51 /opt/rh/rh-mysql56/root/usr/libexec/mysqld --default
  43096 ?Ss      0:00 /bin/sh
  43104 ?        R+     0:00 ps ax
```

oc logs 及 ocrsh 是两个非常有用的命令，是排查容器相关问题的重要手段。

3.2.5 Service

容器是一个一个非持久化的对象。所有对容器的更改在容器销毁后默认都会丢失。同一个 Docker 镜像实例化形成容器后，会恢复到这个镜像定义的状态，并且获取一个新的 IP 地址。容器的这种特性在某些场景下非常难能可贵，但是每个新容器的 IP 地址都在不断变化，这对应用来说不是一件好事。拿前文部署的 PHP 和 MySQL 应用来说，后端 MySQL 容器在重启后 IP 地址改变了，就意味着必须更新 PHP 应用的数据库地址指向。如果不修改应用地址指向，就需要有一种机制使得前端的 PHP 应用总是能连接到后端的 MySQL 数据库。

为了克服容器变化引发的连接信息的变化，Kubernetes 提供了一种叫 Service（服务）的组件。当部署某个应用时，我们会为该应用创建一个 Service 对象。Service 对象会与该应用的一个或多个 Pod 关联。同时每个 Service 会被分配到一个 IP 地址，这个 IP 地址是相对恒定的。通过访问这个 IP 地址及相应的端口，请求就会被转发到对应 Pod 的相应端口。这意味着，无论后端的 Pod 实例的数量或地址如何变化，前端的应用只需要访问 Service 的 IP 地址，就能连接到正确的后端容器实例。Service 起到了代理的作用，在相互依赖的容器应用之间实现了解耦。

通过 oc get svc 命令，可以获取当前项目下所有 Service 对象的列表。

```
[root@master ~]# oc get svc
NAME                     CLUSTER-IP      EXTERNAL-IP   PORT(S)    AGE
cakephp-mysql-example    172.30.1.84     <none>        8080/TCP   17h
mysql                    172.30.166.12   <none>        3306/TCP   17h
```

通过 CakePHP 的 Service 的 IP 地址加端口 172.30.1.84:8080，可以访问到 CakePHP 的服务。

```
[root@master ~]# curl -q  172.30.1.84:8080
```

提示 如果尝试 ping 一下 Service 的 IP 地址，结果是不会成功的。因为 Service 的 IP 地址是虚拟的 IP 地址，而且这个地址只有集群内的节点和容器可以识别。

除了通过 IP 地址访问 Service 所指向的服务外，还可以通过域名访问某一个 Service。监听在 Master 上的集群内置 DNS 服务器会负责解析这个 DNS 请求。Service 域名的格式是 `<SERVICE NAME>.<PROJECT NAME>.svc.cluster.local`。比如上面例子中的 PHP 应用的 Service 域名将会是 `cakephp-mysql-example.helloworld-ng.svc.cluster.local:8080`。可以在 Master 节点上用 ping 检查域名解析。

```
[root@master ~]# pingcakephp-mysql-example.helloworld-ng.svc.cluster.local
PING cakephp-mysql-example.helloworld-ng.svc.cluster.local (172.30.1.84) 56(84) bytes of data.
```

如果发现内部域名解析失败，可以在 /etc/resolve.conf 中添加一条指向本机的域名服务器的记录。

```
nameserver 127.0.0.1
```

3.2.6 Router 与 Route

Service 提供了一个通往后端 Pod 集群的稳定的入口，但是 Service 的 IP 地址只是集群内部的节点及容器可见。对于外部的应用或者用户来说，这个地址是不可达的。那么外面的用户想要访问 Service 指向的服务应该怎么办呢？ OpenShift 提供了 Router（路由器）来解决这个问题。上一章中介绍了 Router 组件的部署。其实 Router 组件就是一个运行在容器内的 Haproxy，是一个特殊定制的 Haproxy。用户可以创建一种叫 `Route` 的对象，笔者称为路由规则。一个 Route 会与一个 Service 相关联，并且绑定一个域名。Route 规则会被 Router 加载。当用户通过指定域名访问应用时，域名会被解析并指向 Router 所在的计算节点上。Router 获取这个请求，然后根据 Route 规则定义转发给与这个域名对应的 Service 后端所关联的 Pod 容器实例。在上一章部署 CakePHP 应用时，我们将 Route 域名修改为 php.apps.example.com。当访问域 php.apps.example.com 时，请求到达 Router，并由其向后端分发。当 Pod 的数量或者状态变化时，OpenShift 负责更新 Router 内的配置，确保请求总是能被正确路由到对应的 Pod。

通过命令 `oc get routes`，可以查看项目中的所有 Route。

```
[root@master ~]# oc get route -n hello-world-php
NAME                    HOST/PORT              PATH   SERVICES                PORT   TERMINATION
cakephp-mysql-example   php.apps.example.com          cakephp-mysql-example   <all>
```

提示 经常会有用户混淆了 Router 和 Service 的作用。Router 负责将集群外的请求转发到集群的容器。Service 则负责把来自集群内部的请求转发到指定的容器中。一个是对外，一个是对内。

3.2.7 Persistent Storage

容器默认是非持久化的，所有的修改在容器销毁时都会丢失。但现实是传统的应用大多都是有状态的，因此要求某些容器内的数据必须持久化，容器云平台必须为容器提供持久化储存（persistent storage）。Docker 本身提供了持久化卷挂载的能力。相对于单机容器的场景，在容器云集群的场景中，持久化的实现有更多细节需要考虑。OpenShift 除了支持 Docker 持久化卷的挂载方式外，还提供了一种持久化供给模型，即 Persistent Volume（持久化卷，PV）及 Persistent Volume Claim（持久化卷请求，PVC）模型。在 PV 和 PVC 模型中，集群管理员会创建大量不同大小和不同特性的 PV。用户在部署应用时，显式声明对持久化的需求，创建 PVC。用户在 PVC 中定义所需存储的大小、访问方式（只读或可读可写；独占或共享）。OpenShift 集群会自动寻找符合要求的 PV 与 PVC 自动对接。通过 PV 和 PVC 模型，OpenShift 为用户提供了一种灵活的方式来消费存储资源。

OpenShift 对持久化后端的支持比较广泛，除了 NFS 及 iSCSI 外，还支持如 Ceph、GluterFS 等的分布式储存，以及 Amazon WebService 和 Google Compute Engine 的云硬盘。关于存储相关的话题，在后续章节会有更详细的探讨。

3.2.8 Registry

OpenShift 提供了一个内部的 Docker 镜像仓库（Registry），该镜像仓库用于存放用户通过内置的 Source to Image 镜像构建流程所产生的镜像。Registry 组件默认以容器的方式提供，在上一章中，我们手工部署了 Registry 组件。

通过 `oc get pod -n default` 命令可以查看 Registry 容器的状态。

```
[root@master ~]# oc get pod -n default
NAME                        READY     STATUS    RESTARTS   AGE
docker-registry-1-xm3un     1/1       Running   1          7h
router-1-e95qa              1/1       Running   1          7h
```

通过 `oc get svc -n default` 命令可以查看 Registry 容器对应的 Service 信息。

```
[root@master ~]# oc get svc -n default
NAME              CLUSTER-IP      EXTERNAL-IP   PORT(S)                   AGE
docker-registry   172.30.73.49    <none>        5000/TCP                  7h
kubernetes        172.30.0.1      <none>        443/TCP,53/UDP,53/TCP     9h
router            172.30.58.19    <none>        80/TCP,443/TCP,1936/TCP   7h
```

每当 S2I 完成镜像构建，就会向内部的镜像仓库推送构建完成的镜像。在上面的输出示例中，镜像仓库的访问点为 172.30.73.49:5000。如果查看上一章 CakePHP 的 S2I 构建日志，就会看到最后有成功推送镜像的日志输出：`Push successful`。

```
[root@master ~]# oc logs cakephp-mysql-example-1-build -n hello-world-php
Cloning "https://github.com/openshift/cakephp-ex.git" ...
    Commit: 701d706b7f2b50ee972d0bf76990042f6c0cda5c (Merge pull request #42 from
bparees/recreate)
    Author: Ben Parees<bparees@users.noreply.github.com>
    Date:   Mon Aug 22 14:44:49 2016 -0400
---> Installing application source...
Pushing image 172.30.73.49:5000/hello-world-php/cakephp-mysql-example:latest ...
Pushed 0/10 layers, 1% complete
Pushed 1/10 layers, 50% complete
Pushed 2/10 layers, 50% complete
Pushed 3/10 layers, 50% complete
Pushed 4/10 layers, 50% complete
Pushed 5/10 layers, 50% complete
Pushed 6/10 layers, 61% complete
Pushed 7/10 layers, 71% complete
Pushed 7/10 layers, 78% complete
Pushed 8/10 layers, 85% complete
Pushed 8/10 layers, 91% complete
Pushed 8/10 layers, 97% complete
Pushed 9/10 layers, 99% complete
Pushed 10/10 layers, 100% complete
Push successful
```

 一个常见的疑问是"是不是 OpenShift 用到的镜像都要存放到内置的仓库?"答案是否定的。内部的镜像仓库存放的只是 S2I 产生的镜像。其他镜像可以存放在集群外部的镜像仓库,如企业的镜像仓库或社区的镜像仓库。只要保证 OpenShift 的节点可以访问到这些镜像所在的镜像仓库即可。

3.2.9 Source to Image

前文多次提及 Source to Image(S2I),因为 S2I 的确是 OpenShit 的一个重要功能。容器镜像是容器云的应用交付格式。容器镜像中包含了应用及其所依赖的运行环境。可以从社区或者第三方厂商获取基础的操作系统或者中间件的镜像。但是这些外部获取的操作系统或中间件的镜像并不包含企业内部开发和定制的应用。企业内部的开发人员必须自行基于外部的基础镜像构建包含企业自身开发的应用。这个镜像的构建过程是必须的,要么由企业的 IT 人员手工完成,要么使用某种工具实现自动化。

作为一个面向应用的平台,OpenShift 提供了 S2I 的流程,使得企业内容器的构建变得标准化和自动化,从而提高了软件从开发到上线的效率。一个典型的 S2I 流程包含了以下几个步骤。

1)用户输入源代码仓库的地址。

2)用户选择 S2I 构建的基础镜像(又称为 Builder 镜像)。Builder 镜像中包含了操作系统、编程语言、框架等应用所需的软件及配置。OpenShift 默认提供了多种编程语言的 Builder 镜像，如 Java、PHP、Ruby、Python、Perl 等。用户也可以根据自身需求定制自己的 Builder 镜像，并发布到服务目录中供用户选用。

3）用户或系统触发 S2I 构建。OpenShift 将实例化 S2I 构建执行器。

4）S2I 构建执行器将从用户指定的代码仓库下载源代码。

5）S2I 构建执行器实例化 Builder 镜像。代码将会被注入 Builder 镜像中。

6）Builder 镜像将根据预定义的逻辑执行源代码的编译、构建并完成部署。

7）S2I 构建执行器将完成操作的 Builder 镜像并生成新的 Docker 镜像。

8）S2I 构建执行器将新的镜像推送到 OpenShift 内部的镜像仓库。

9）S2I 构建执行器更新该次构建相关的 Image Stream 信息。

S2I 构建完成后，根据用户定义的部署逻辑，OpenShift 将把镜像实例化部署到集群中。

除了接受源代码仓库地址作为输入外，S2I 还接受 Dockerfile 以及二进制文件作为构建的输入。用户甚至可以完全自定义构建逻辑来满足特殊的需求。

3.2.10 开发及管理工具集

OpenShift 提供了不同的工具集为开发和运维的用户提供良好的体验，也为持续集成和打通 DevOps 流程提供便利。例如，OpenShift 提供了 Eclipse 插件，开发工程师可以在 Eclipse 中完成应用及服务的创建和部署、远程调试、实时日志查询等功能。

3.3 核心流程详解

OpenShift 容器云提供了众多基础设施和工具，承载了众多功能和特性，帮助用户通过这个平台提升企业 IT 的效率和敏捷度。纵观 OpenShift 容器云项目，其中最重要的核心流程是将应用从静态的源代码变成动态的应用服务的过程。前文介绍的 OpenShift 及 Kubernetes 的核心组件和概念都是为了支持和实现这个过程而引入的。

应用部署到应用上线响应用户请求的全流程如图 3-3 所示。这个流程涉及了多种不同类型的 OpenShift 对象。所有对象的信息最终都记录在 etcd 集群数据库中。

3.3.1 应用构建

- 第 1 步，部署应用。流程的开始是用户通过 OpenShift 的 Web 控制台或命令行 `oc new-app` 创建应用。根据用户提供的源代码仓库地址及 Builder 镜像，平台将生成构建配置（Build Config）、部署配置（Deployment Config）、Service 及 Route 等对象。
- 第 2 步，触发构建。应用相关的对象创建完毕后，平台将触发一次 S2I 构建。
- 第 3 步，实例化构建。平台依据应用的 Build Config 实例化一次构建，生成一个 Build 对象。Build 对象生成后，平台将执行具体的构建操作，包括下载源代码、实例化 Builder 镜像、执行编译和构建脚本等。

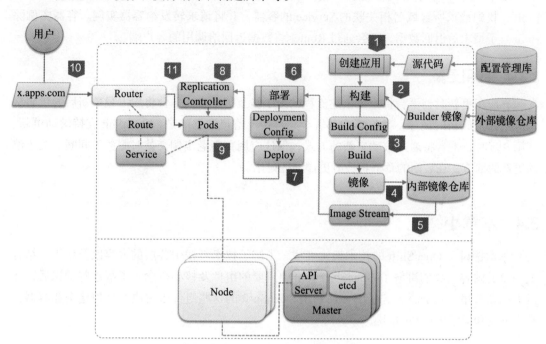

图 3-3　OpenShift 核心组件及流程

- 第 4 步，生成镜像。构建成功后将生成一个可供部署的应用容器镜像。平台将把此镜像推送到内部的镜像仓库组件 Registry 中。
- 第 5 步，更新 Image Stream。镜像推送至内部的仓库后，平台将创建或更新应用的 Image Stream 的镜像信息，使之指向最新的镜像。

3.3.2　应用部署

- 第 6 步，触发镜像部署。当 Image Stream 的镜像信息更新后，将触发平台部署 S2I 构建生成的镜像。
- 第 7 步，实例化镜像部署。Deployment Config 对象记录了部署的定义，平台将依据此配置实例化一次部署，生成一个 Deploy 对象跟踪当次部署的状态。
- 第 8 步，生成 Replication Controller。平台部署将实例化一个 Replication Controller，用以调度应用容器的部署。
- 第 9 步，部署容器。通过 Replication Controller，OpenShift 将 Pod 及应用容器部署到集群的计算节点中。

3.3.3　请求处理

- 第 10 步，用户访问。用户通过浏览器访问 Route 对象中定义的应用域名。

❑ 第11步，请求处理并返回。请求到Router组件后，Router根据Route定义的规则，找到请求所含域名相关联的Service的容器，并将请求转发给容器实例。容器实例除了请求后返回数据，还会通过Router将数据返回给调用的客户端。

3.3.4 应用更新

在应用更新时，平台将重复上述流程的第1步至第9步。平台将用下载更新后的代码构建应用，生成新的镜像，并将镜像部署至集群中。值得注意的是，OpenShit支持滚动更新。在第9步时，平台将通过滚动更新的方式，保证应用在新老实例交替时服务不间断。关于滚动更新的细节，在后面的章节将会有更详细的讨论。

3.4 本章小结

本章探讨了OpenShift的技术架构堆栈，了解了技术堆栈中各层的内容以及作用。结合上一章的内容，我们讲解了OpenShift集群中重要的组件及核心概念。了解这些知识后，在后面的章节里，我们将一起了解如何利用OpenShift的这些组件来解决实际构建企业容器云平台开发和运维中遇到的问题。

第 4 章 Chapter 4

OpenShift 企业部署

在生产环境中,一个容器云平台往往管理着数十台甚至上百台的主机作为集群的计算资源,承担容器计算的负载。因为各种原因,一个企业中往往存在不止一套的容器云集群实例。高效合理地对容器云平台的部署进行规划是容器云平台上线和成功的基础。

OpenShift 的部署架构非常灵活,用户可以根据实际环境的需要调整部署的架构。一个最小化的 OpenShift 集群可以只有一台主机,既是 Master 节点,又是 Node 节点。这种集群适合快速开发和测试使用。OpenShift 集群也可以是由一个 Master 节点搭配多个 Node 节点组成,作为一个开发团队的集成测试环境。又或者由多个 Master 节点搭配多个 Node 节点和外部的 etcd 集群组成,在企业的生产环境提供对外服务。这一章将探讨 OpenShift 的部署架构及多节点集群的安装部署方法。

4.1 部署架构

4.1.1 多环境单集群

多环境单集群的结构示意图如图 4-1 所示。企业内的不同开发和测试环境的主机都在一个数据中心,它们组成一个 OpenShift 集群。通过标签,我们将不同的计算节点进行分区和分组。部署应用时,通过标签选择器部署到目标环境中。这种部署方式的优点是简单高效,但是

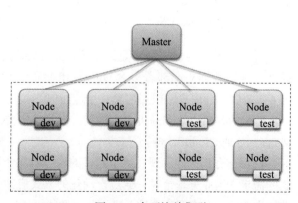

图 4-1 多环境单集群

缺点是隔离性低，各个环境的应用存在相互影响的可能。这种部署方式适合开发和测试环境使用。

4.1.2 多环境多集群

多集群的需求往往来源于两个方面，一是因为安全或管理的原因，企业内部往往需要在不同的环境或者为不同的团队部署不同的集群。二是企业内部对资源需求的不断增长，一个集群难以提供足够的计算能力。

图 4-2 为企业内一个典型的场景。开发、测试和生产分别有自己的环境，且这些环境相互隔离。集群之间互不通信，唯一的联系是开发测试镜像仓库中特定的镜像通过人工或自动的方式同步到生产环境中的镜像仓库。生产环境的 OpenShift 集群会从生产仓库中下载镜像进行部署。这种场景的多集群管理比较简单，每个环境的集群不相互影响，保证了生产环境的安全稳定。

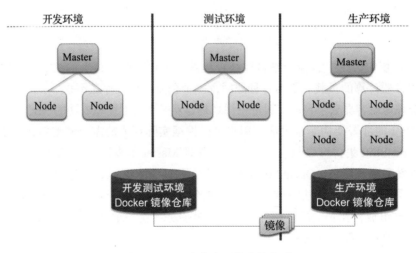

图 4-2　企业内多个环境中的集群

4.1.3 多个数据中心

另一种场景的部署需求是跨数据中心的部署，如图 4-3 所示。用户希望能在两个同城或者异地的数据中心部署多套 OpenShift 集群，而且在一个统一的入口管理多个集群。以图 4-3 为例子，用户希望在部署一个应用时，实现一次部署就可以在多个数据中心同时部署一定数量的容器以达到高可用。这种需求往往需要结合第三方的混合云管理工具来实现，如 ManageIQ 或 CloudForms。

随着公有云兴起，现在越来越多的客户考虑使用公有云的资源来满足对计算能力快速增长的需求。当业务繁忙时，通过自动化的方式启动公有云上的实例提供服务。这种方式和多数据中心的部署方案从本质上来说是一致的。

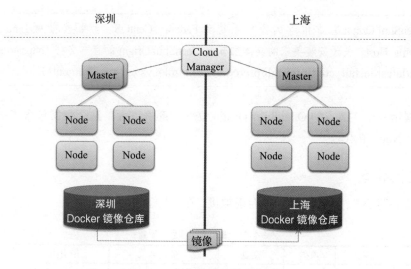

图 4-3　多个数据中心的集群

在讨论多数据中心部署时经常碰见的疑问是"多个数据中心能不能部署成一套大的集群"。在理论上是可行的，但是现实中往往无法保证数据中心之间网络的质量。因为网络的抖动和异常会极大影响集群的稳定性，所以要慎重考虑跨越数据中心的集群部署。

4.2　高级安装模式

前面章节提到 OpenShift Origin 的安装部署有多种方法，如通过二进制、Docker 容器或者 Ansible。在第 2 章中，我们使用二进制安装包通过手工的方式安装了一个 All-in-One 的 OpenShift 集群。但在实际的生产环境中，集群的规模往往比较庞大，不可能通过手工的方式安装部署。因此，实际上，OpenShift 的安装一般通过高级安装模式，即 Ansible 来完成。Ansible 是当前非常流行的一款运维自动化工具。Ansible 提供了非常丰富的模块，帮助用户快速对运维各个环节的操作进行标准化和自动化。OpenShift 项目在一开始就以 Ansible 为基础提供了 OpenShift 集群的自动化安装。

在高级安装模式下，OpenShift 集群的部署主要分为以下几个阶段：

1）**主机准备**。根据安装的要求准备 OpenShift 集群使用的主机。这些主机可以是物理机或者是在私有云以及公有云上的虚拟机。

2）**安装前预配置**。为 OpenShift 的安装准备相应的系统配置及软件依赖。

3）**执行安装**。执行 Ansible Playbook 进行自动化安装。这个过程是全自动的，用户基本无须干预。

4）**安装后配置**。OpenShift 安装完毕后，用户根据需要添加相应的组件及修改配置，如导入部署模板、镜像流、部署度量及日志收集组件等。

OpenShift Origin 官方推荐的操作系统为 Fedora、CentOS、红帽企业版 Linux 或者红帽 Atomic Host。关于安装要求的具体细节见 OpenShift Origin 的官方文档（https://docs.openshift.org/latest/install_config/install/prerequisites.html#system-requirements）。

下面展示一个 3 节点的 OpenShift Origin 集群的部署过程。这个集群包含了一个 Master 节点及两个 Node 节点。

4.2.1 主机准备

在本章的例子中，笔者准备了 3 台虚拟机，配置如表 4-1 所示。

表 4-1 集群节点硬件配置

类型	CPU	内存	硬盘	主机名	IP 地址	操作系统
Master 节点	1 CPU	1 GB	20 GB × 2	master.example.com	192.168.172.168	CentOS 7.2
Node 节点	1 CPU	4 GB	20 GB × 2	node1.example.com	192.168.172.169	CentOS 7.2
Node 节点	1 CPU	1 GB	20 GB × 2	node2.example.com	192.168.172.170	CentOS 7.2

OpenShift 集群节点数量的多少具有很大的弹性。在最小安装的情况下，可以将所有组件安装到一台集群上，形成一个单节点的集群，如本书前文搭建的 All-in-One 的实验环境。在实际的生产中，一个 OpenShift 集群可以有多达近 1000 个计算节点，同时可能有多个 OpenShfit 集群同时运行。

 在实际安装的过程中，请注意将域名和 IP 地址替换为实际环境中的域名和 IP 地址。

4.2.2 安装前预配置

本实验中的所有节点均安装了 CentOS 7.2，并选择了最小化安装。

1. 配置主机名

请确认各个主机的主机名已正确配置。如有需要，可以通过 `hostnamectl` 命令为各个主机设置主机名。

```
hostnamectl set-hostname master.example.com
```

此外必须保证主机名能解析到本机某一网卡上实际绑定的 IP 地址。可以通过 `ping $(hostname)` 检查主机名的解析。为了方便实验，本示例中直接在各个节点的 /etc/hosts 文件上添加静态的域名解析。在实际的生产环境中，请配置相关的域名解析服务器，以确保主机名能被正确解析。

```
192.168.172.168 master.example.com
```

```
192.168.172.169 node1.example.com
192.168.172.170 node2.example.com
```

 提示 CentOS 7 的网络默认是没有激活的，如需要激活，可以通过以下命令启用，或者使用 `nmtui` 命令在字符图形界面调整。

```
[root@所有节点 ~]# nmcli con show  # 查找 Connection Name
NAME              UUID                                    TYPE          DEVICE
eno16777736       f7074aa4-44e9-48ad-b775-3c429606329f    802-3-ethernet eno16777736
[root@所有节点 ~]# nmcli con up eno16777736
Connection successfully activated (D-Bus active path: /org/freedesktop/NetworkManager/ActiveConnection/1)
[root@所有节点 ~]# nmcli con mod eno16777736 connection.autoconnect yes
[root@所有节点 ~]# systemctl restart NetworkManager
```

2. 安装及配置软件包

在所有节点上执行以下命令安装 OpenShift 依赖的软件包。

```
[root@所有节点 ~]# yum install -y wgetgit net-tools bind-utilsiptables-services bridge-utils bash-completion
```

在所有节点上安装必不可少的容器引擎 Docker。

```
[root@所有节点 ~]# yum install -y docker
```

在所有节点上执行 `docker-storage-setup` 命令为 Docker 配置储存。在默认情况下，Docker 将使用一个文件作为后端的储存。因为性能的关系，在生产环境中不推荐使用。在实际的生产环境中，计算节点上一般会预留一块未分配空间的分区，或是一块未分配空间的硬盘作为 Docker 的数据存储区域。

编辑 `/etc/sysconfig/docker-storage-setup` 文件，指定用于 Docker 储存的设备路径。笔者实验主机上的硬盘为 `/dev/sdb`，配置如下：

```
DEVS=/dev/sdb
```

执行 `docker-storage-setup` 命令，根据指定的分区创建 Docker 使用的数据卷。

```
[root@所有节点 ~]# docker-storage-setup
```

命令执行完毕后，可以通过 `docker info` 命令查看当前 Docker 使用的后端储存的信息。

由于国内访问 DockerHub 下载镜像的速度过于缓慢，可以使用中国科技大学的 DockerHub 镜像服务器进行加速。具体请参见 2.1.4 节的相关内容。

由于 OpenShift 安装以 Ansible 为基础，所以需要启用 EPEL 仓库以安装 Ansible。在 `Master` 节点上执行以下命令。

```
[root@master ~]# yum -y install https://dl.fedoraproject.org/pub/epel/7/x86_64/
e/epel-release-7-8.noarch.rpm
[root@master ~]# sed -i -e "s/^enabled=1/enabled=0/" /etc/yum.repos.d/epel.repo
[root@master ~]# yum -y --enablerepo=epel install ansiblepyOpenSSL
```

在 Master 节点上生成 SSH 密钥。

```
[root@master ~]# ssh-keygen -f /root/.ssh/id_rsa -N ''
```

Ansible 是基于 Agentless 架构实现的，即不需要在远程的目标主机上预先安装 Agent 程序。Ansible 对远程主机命令的执行依赖于 SSH 等远程控制协议。因为将在 Master 上执行 Ansible Playbook 安装 OpenShift，所以需要配置 Master 节点到各个 Node 节点的互信。这里要注意的是，除了 Master 节点到 Node 节点的互信，还必须配置 Master 节点到 Master 节点自身的互信。在 Master 节点上执行以下命令：

```
[root@master ~]# for host in master.example.com \
    node1.example.com \
    node2.example.com; \
dossh-copy-id -i ~/.ssh/id_rsa.pub $host; \
done
```

在 Master 节点上下载安装 OpenShift 的 Ansible Playbook。Ansible Playbook 就是预定义好的一组 Ansible 执行逻辑。

```
[root@master ~]# wget https://github.com/openshift/openshift-ansible/archive/openshift-ansible-3.3.26-1.tar.gz
[root@master ~]# tar zxvf openshift-ansible-3.3.26-1.tar.gz
```

安装单 Master 的 OpenShift 集群可以不单独安装 etcd。但是这里选择单独安装一个单节点的 etcd 集群。在实际的生产环境中，请配置含有 3 个或以上成员的 etcd 集群以保证高可用。在 Master 节点上执行以下命令。

```
[root@master ~]# yum install -y etcd
[root@master ~]# systemctl enable etcd
[root@master ~]# systemctl start etcd
```

3. 配置 Ansible

配置 Ansible 的 hosts 配置文件。Ansible 的 hosts 配置文件也称为 Ansible 的 Inventory，其中记录了 Ansible 需要操作的目标主机的信息。先备份原有的 hosts 文件。

```
[root@master ~]# mv -f /etc/ansible/hosts /etc/ansible/hosts.org
```

创建 /etc/ansible/hosts 文件，添加下面的内容。下面的文本定义了需要安装的机器的列表、各个机器的角色以及相关的参数。这里要注意，Master 节点其实本身也是一个 Node 节点。不过它是一个特殊的 Node 节点，默认并不运行容器。

```
# Create an OSEv3 group that contains the masters and nodes groups
```

```
[OSEv3:children]
masters
nodes
etcd

# Set variables common for all OSEv3 hosts
[OSEv3:vars]
# SSH user, this user should allow ssh based auth without requiring a password
ansible_ssh_user=root
deployment_type=origin
openshift_release=1.3.0

# uncomment the following to enable htpasswd authentication; defaults to DenyAllPassword
IdentityProvider
openshift_master_identity_providers=[{'name': 'htpasswd_auth', 'login': 'true', 'challenge':
'true', 'kind': 'HTPasswdPasswordIdentityProvider', 'filename': '/etc/origin/master/htpasswd'}]

# host group for masters
[masters]
master.example.com

# host group for nodes, includes region info
[nodes]
master.example.com
node1.example.com
node2.example.com

[etcd]
master.example.com
```

4.2.3　执行安装

执行 `ansible-playbook` 命令并指定要执行的 Playbook，即可启动 OpenShift 集群的安装。

```
[root@master ~]# ansible-playbook ~/openshift-ansible-openshift-ansible-3.3.26-1/
playbooks/byo/config.yml
```

安装的过程是完全自动化的，无需手工干预。使用 Ansible 的一个优点是在多数情况下，Ansible 的脚本 Playbook 是可以反复执行的，因为 Ansible 的模块在设计时保证执行的结果具备幂等性，即多次执行结果一致。如果在安装 OpenShift 的过程中出错了，比如配置错误或者网络中断，修复问题后可以再次执行 Playbook，在之前的基础上继续安装的过程。

安装完成后，Ansible 会输出一个结果汇总信息。从汇总信息可以判断安装的执行结果。

```
PLAY RECAP *********************************************************************
localhost                  : ok=14   changed=8    unreachable=0    failed=0
master.example.com         : ok=427  changed=51   unreachable=0    failed=0
node1.example.com          : ok=144  changed=33   unreachable=0    failed=0
node2.example.com          : ok=144  changed=33   unreachable=0    failed=0
```

安装完毕后，执行 `oc get node` 命令，可以检查当前集群的成员列表以及它们的状态。通过下面的输出可以看到，当前集群中有 3 个节点。所有节点的状态都是 `Ready`，即就绪。Master 节点多了一个状态 `SchedulingDisabled`。这意味着 Master 节点不承担运行容器的任务。如果需要的话，可以通过设置更改。

```
[root@master ~]# oc get node
NAME                    STATUS                      AGE
master.example.comReady,SchedulingDisabled          5m
node1.example.com       Ready                       5m
node2.example.com       Ready                       5m
```

4.2.4 安装后配置

基础的安装完毕后，下一步就是要配置组件和功能。根据不同的需求，安装后配置内容会有很大的差别。常见的任务有：

- 对接用户身份信息库。
- 导入 Image Stream。
- 导入 Template。
- 部署 Router。
- 部署 Registry。
- 部署度量收集组件。
- 部署日志聚合组件。

1. 对接用户身份信息库

和大多数的企业系统一样，OpenShift 有认证和授权的概念。用户必须以有效的用户名和密码登录系统。不同的用户或组会被分配不同的角色，不同的角色有不同的权限。OpenShift 本身并不提供用户身份信息库，但是 OpenShift 可以通过不同的 `Provider` 连接不同的用户身份信息库，如 HTPasswd 文件、Lightweight Directory Access（LDAP）服务器、OpenStack Keystone 等。关于身份验证的详细内容，在后续章节会有详细的讨论。安装时，我们在 Ansible 的 hosts 文件中定义了 HTPasswd 文件作为后端的用户身份信息库。

```
openshift_master_identity_providers=[{'name': 'htpasswd_auth', 'login': 'true', 'challenge':
'true', 'kind': 'HTPasswdPasswordIdentityProvider', 'filename': '/etc/origin/master/htpasswd'}]
```

安装程序自动生成了数据文件 `/etc/origin/master/htpasswd`。但是此时这个文件还只是一个空文件，并没有任何用户信息，需要通过 `htpasswd` 命令来创建用户。这里创建一个用户 `dev`，其密码为 `dev`。

```
[root@master ~]# htpasswd -b /etc/origin/master/htpasswd dev dev
```

2. 导入 Image Stream

在前面章节的手工安装模式下，我们手工将 Image Stream 导入系统中。在高级安装模式中，Ansible 默认已经将 OpenShift 社区提供的 Image Stream 导入系统中。如果企业内部存在自定义的 Image Stream，可以在此时导入。

```
[root@master ~]# oc get is -n openshift
NAME              DOCKER REPO      TAGS                       UPDATED
jenkins                            1,latest                   10 hours ago
mariadb                            10.1,latest                10 hours ago
mongodb                            2.4,2.6,3.2 + 1 more...    10 hours ago
mysql                              5.6,latest,5.5             10 hours ago
nodejs                             0.10,4,latest              10 hours ago
perl                               5.16,5.20,latest           10 hours ago
php                                5.5,5.6,latest             10 hours ago
postgresql                         9.5,latest,9.2 + 1 more... 10 hours ago
python                             2.7,3.3,3.4 + 2 more...    10 hours ago
ruby                               2.2,2.3,latest + 1 more... 10 hours ago
wildfly                            10.0,8.1,9.0 + 1 more...   10 hours ago
```

3. 导入 Template

在高级安装模式中，Ansible 默认已经将 OpenShift 社区提供的 Template 导入系统中。执行 `oc get template` 命令可以查看系统中已经存在的 Template。

```
[root@master ~]# oc get template -n openshift
NAME                    DESCRIPTION                                              PARAMETERS      OBJECTS
cakephp-example         An example CakePHP application with no database          18 (9 blank)    5
cakephp-mysql-example   An example CakePHP application with a MySQL database     19 (4 blank)    7
dancer-example          An example Dancer application with no database           11 (5 blank)    5
dancer-mysql-example    An example Dancer application with a MySQL database      18 (5 blank)    7
dbconsole                                                                        0 (all set)     4
django-example          An example Django application with no database           16 (10 blank)   5
django-psql-example     An example Django application with a PostgreSQL database 17 (5 blank)    7
jenkins-ephemeral       Jenkins service, without persistent storage.
WARNING: Any data stored will be...                                              6 (1 generated) 6
jenkins-persistent      Jenkins service, with persistent storage.
You must have persistent volumes av...                                           7 (1 generated)
......
```

4. 部署 Router

在多节点的集群部署 Router 组件要注意预先规划好 Router 运行的目标节点。Router 组件是以容器的形式运行在 OpenShift 平台上。在多节点的集群中，默认情况下，我们并不知道 Router 容器最终会实际运行在哪一个 Node 节点上。OpenShift 平台上所有指向具体应用的域名最终都要指向 Router 所在 Node 节点的 IP 地址，如果无法确定 Router 所在的 Node 节点，也就无法创建相关的域名解析。在 OpenShift 中，可以为目标的 Node 打上标签（Label），然后在部署 Router 时，定义节点选择器（NodeSelector）。最终 Router 会被部署到带有和节点选择器相匹配的标签的 Node 节点上。

本例中，我们将把 Router 部署在 Node1 上，因此需要为 Node1 打上标签。

```
[root@master ~]# oc label node node1.example.com infra=yes
```

再次查看 Node 节点，可见 Node1 已经打上了 infra=yes 的标记。

```
[root@master ~]# oc get node --show-labels
NAME                  STATUS                       AGE   LABELS
master.example.comReady,SchedulingDisabled         10h   kubernetes.io/hostname=master.example.com
node1.example.com     Ready                        10h   infra=yes,kubernetes.io/hostname=node1.
                                                        example.com
node2.example.com     Ready                        10h   kubernetes.io/hostname=node2.example.com
```

为 Router 使用的 Service Account 赋权。

```
[root@master ~]# oadm policy add-scc-to-user privileged system:serviceaccount:d
efault:router
[root@master ~]# oadm policy add-cluster-role-to-user cluster-reader system:ser
viceaccount:default:router
```

接下来开始部署 Router。这里部署了一个名为 ose-router 的 Router，它有且只有一个实例。为了性能和负载均衡的考虑，一个 OpenShift 中可以部署多个 Router 实例。多个 Router 实例可以组成一个集群。

```
[root@master ~]# oadm router ose-router --replicas=1 --service-account=router
--selector='infra=yes'
```

部署 Router 需要到 DockerHub 上下载相关的镜像。国内访问 DockerHub 的速度比较缓慢，建议配置中国科技大学的 DockerHub 镜像加速镜像的下载。配置的方法请参考 2.1.4 节。

部署完毕后，请确认 Router 容器的状态正常。

```
[root@master ~]# oc get pod -n default |grep router
ose-router-1-v7sz5         1/1       Running     0          4m
```

5. 部署 Registry

Registry 的部署和 Router 类似，也是通过 oadm 命令完成。这里，同样把 Registry 部署到 Node1 上。

```
[root@master ~]# oadm registry --config='/etc/origin/master/admin.kubeconfig'
--service-account=registry --selector='infra=yes' -n default
```

部署完毕后，请确认 Registry 容器的状态正常。

```
[root@master ~]# oc get pod -n default |grep registry
docker-registry-1-e80zj    1/1       Running     0
```

默认情况下，Registry 组件是非持久化的。在实际的生产环境中，建议为 Registry 组件配置持久化的后端储存，配置的方式请参考第 8 章。

6. 完成配置

至此，一个基础的 OpenShift 集群配置完毕。根据实际需要，用户还可以部署 OpenShift 的其他组件，如负责容器性能指标采集的 Metric 组件和日志聚合管理组件等。这些内容将在后面的章节里详细讨论。

部署完毕后，可以通过浏览器或 oc 命令行登录 OpenShift，通过创建项目及部署应用测试安装配置完成的集群。

4.3 离线安装

在 OpenShift 集群的安装部署过程中，涉及众多的 RPM 软件包及 Docker 镜像的下载。这些资源默认是从互联网上的 yum 软件包仓库和 Docker 镜像仓库中下载。前文介绍的安装过程是基于可以连接互联网的情况下实现的。但是企业的内网往往与互联网隔离，在与互联网隔离的环境中的安装部署，称为离线安装（disconnected installation）。在企业内部署 OpenShfit 集群需要提前下载所需的 RPM 软件包及 Docker 镜像，并在企业内部搭建 yum 服务器及 Docker 镜像仓库。此外，还需要在 OpenShift 中将原有指向外部仓库的地址均修改为企业内部仓库的地址。

目前，到本书定稿为止，OpenShift Origin 的官方文档未提供离线安装的官方指引。但是 OpenShift 企业版 3.2 的版本中提供了相关的描述。OpenShift 企业版离线安装的思路同样适用于 OpenShift Origin。

离线安装主要包含以下几个阶段：

1）下载 RPM 软件包。通过 `reposync` 命令，将操作系统和 OpenShift 所依赖的 RPM 包同步到本地。

2）下载 Docker 镜像。下载所依赖的 Docker 镜像，通过 `docker save` 命令保存备用。

3）搭建企业内部 yum 服务器。为预先下载好的 RPM 包创建 yum 仓库，供安装过程下载安装。

4）搭建企业内部 Docker 镜像仓库。将预先下载好的 Docker 镜像推送到企业内部的 Docker 仓库。

5）安装前预配置。注意修改集群主机的 yum 和 Docker 的配置，指向企业内部仓库。

6）执行 OpenShift 高级安装。

7）执行安装后配置。注意替换 ImageStream 中所有外部镜像仓库的地址至企业内部的镜像仓库。

关于每一个阶段的详细操作步骤，请参考企业版的离线安装指南，本书就不再赘述了。

 提示　OpenShift 企业版离线安装指南：https://docs.openshift.com/enterprise/3.1/install_config/install/disconnected_install.html。

4.4 集群高可用

为了防止单点失效,在实际的生产部署中必须考虑集群的高可用。OpenShift 集群的高可用需要从四个方面考虑,下面将分别展开叙述。

4.4.1 主控节点的高可用

OpenShift 集群中的节点分为主控节点(Master 节点)以及受控节点(Node 节点)两类。主控节点承担了集群管理的工作,所有的计算节点和部分容器需要访问 Master 节点获取集群相关的信息。一旦 Master 节点停止了服务,OpenShift 集群的功能将受到很大影响。

> 常见的一个疑问是"如果 Master 节点停机了,OpenShift 平台上的容器会停止运行吗?"对于一般的容器应用而言,Master 节点的停机不会造成正在运行的容器停止运行。但是由于 Master 停机,调度器缺失,所以在 Master 节点恢复前都不会再产生新的容器。对于一些依赖 Master 节点的容器而言,由于 Master 节点停机导致调用 Master 节点上的接口失败,容器是否会停止运行取决于容器内应用的错误处理机制。

OpenShift 默认提供了 Master 高可用的方案:Native HA。在 OpenShift 的 Native HA 方案下,用户可以同时部署多个 Master 节点形成 Master 节点的多活集群,如图 4-4 所示。由于存在多个 Master 节点同时提供服务,在 Master 节点集群的前端需要挂载一个负载均衡器作为流量入口。这个负载均衡器可以是 Haproxy、LVS、F5 或者其他云平台提供的高可用负载均衡器。在默认情况下,OpenShift 使用 Haproxy 作为负载均衡器。Haproxy 可以配置成集群,防止单点失效。

etcd 是 OpenShift 集群底层的数据源。etcd 原生就是一个高可用的分布式键值对数据库。在 OpenShift 高可用的环境中,用户可以部署一个包含多个 etcd 节点的集群,OpenShift 可以配置连接到外部的 etcd 集群。

OpenShift 多主集群的安装和部署可以通过 Ansible 实现。在 Ansible Hosts 文件中定义涉及的主机及角色信息,然后安置自动化安装部署。下面是一个多主集群的 Ansible 配置示例。

```
# 主机组
[OSEv3:children]
masters
nodes
etcd
```

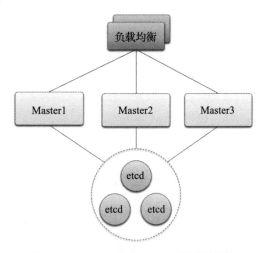

图 4-4 OpenShift 多 Master 高可用架构

```
# 主机参数
[OSEv3:vars]
ansible_ssh_user=root
deployment_type=origin

# Master 节点主机
[masters]
master.example.com

# etcd 主机
[etcd]
etcd1.example.com
etcd2.example.com
etcd3.example.com

# Node 节点主机
[nodes]
master.example.com openshift_node_labels="{'region': 'infra', 'zone': 'default'}"
node1.example.com openshift_node_labels="{'region': 'primary', 'zone': 'east'}"
node2.example.com openshift_node_labels="{'region': 'primary', 'zone': 'west'}"
```

 提示 OpenShift Origin 多主控节点配置：https://docs.openshift.org/latest/architecture/infrastructure_components/kubernetes_infrastructure.html#high-availability-masters。

4.4.2　计算节点的高可用

我们对计算节点高可用的着眼点更多在于其上运行的容器应用。在 OpenShift 集群中，计算节点往往存在多个实例。一个计算节点不幸异常停机后，其上的容器将会被逐步迁移到其他节点上，从而保证了高可用。

值得注意的是，可以通过标签的方式来管理计算节点，将不同的计算节点划分为不同的可用区或者组。在部署应用时，可以使用节点选择器将应用部署至带有指定标签的目标计算节点上。在规划计算节点标签时，要尽量保证用于节点选择器的标签组合的目标计算节点数大于 1。这样可以避免一台目标节点停机后，调度器找不到满足节点选择器要求的计算节点进行容器的部署。

4.4.3　组件的高可用

在 OpenShift 集群中的系统组件如 Router 及 Registry 的失效也会为系统和应用的运行带来风险。Router 和 Registry 是以容器的形式部署在集群中，它们都可以弹性扩展至多个实例。Router 和 Registry 容器都有相应的 Replication Controller 负责监控容器的状态，当容器实例意外退出后，新的容器实例将被启动。这里需要注意的是，用户要保证 Router 和 Registry 部署定义中的节点选择器能匹配上多个计算节点，以保证高可用。

Router 扩展至多个实例后，由于 Router 需要占用主机的物理端口（80、443 及 1936），所以一台计算节点上只能部署一个 Router 容器。当 Router 实现了多实例后，Router 前端需要挂接上负载均衡器作为流量入口。

在生产中，Registry 底层将挂载持久化存储。在储存类型的选择上要保证所选择的储存类型可以被多个节点挂载。这样即使 Registry 容器漂移到其他计算节点上，持久化储存也能被正确对接到容器中。

4.4.4 应用的高可用

要实现应用的高可用，可以在应用层面应用自身实现高可用的机制，也可以依赖于 OpenShift 平台的弹性扩张、自恢复、Service 及 Router 的负载均衡来实现。应用自身实现的高可用机制类型很多，这里聚焦在 OpenShift 提供的功能如何实现应用的高可用。

应用在 OpenShift 集群内通过弹性扩展的机制实现多实例的部署。Replication Controller 负责监控容器状态。当容器应用异常退出时，Replication Controller 负责启动新的应用容器填补空缺。多个容器实例前端可以定义 Service，Service 为集群内的访问提供了负载均衡。对于集群外的访问，由 Router 提供负载均衡。Router 和 Service 将会根据后端容器的情况实时调整负载均衡规则，保证用户请求转发到状态正常的容器进行处理。在利用 OpenShift 的容器调度实现应用高可用时，要注意提供满足调度规则的计算节点的数量是否存在冗余。

4.5 本章小结

本章介绍了 OpenShift 的集群部署架构及高级安装模式，并通过高级安装模式部署了一个 3 节点的 OpenShift 集群。以此为基础，可以创建更复杂的集群部署架构。本章还探讨了 OpenShift 集群高可用相关的话题。掌握这些内容，将使你在为企业规划 OpenShift 集群部署时更加自信。

开 发 篇

- 第 5 章 容器应用的构建与部署自动化
- 第 6 章 持续集成与部署
- 第 7 章 应用的微服务化
- 第 8 章 应用数据持久化
- 第 9 章 容器云上的应用开发

第 5 章

容器应用的构建与部署自动化

有人认为容器的世界非常美妙,一切都唾手可得。当我们需要一个 MySQL 时,只需要运行一个 MySQL 的镜像,稍等片刻,MySQL 的服务就可以使用了。当我们的项目需要持续集成服务时,只需要启动一个 Jenkins 镜像便万事大吉了。但是现实是,MySQL 和 Jenkins 都是"别人家的应用"。企业自身开发的应用并没有现成的镜像可以直接下载。用户必须自行负责应用的容器化,自行构建应用的镜像。接下来将通过对一个 Java 应用进行容器化,探究应用容器化的步骤和注意事项。

5.1 一个 Java 应用的容器化之旅

本节把一个简单的 Java Web 应用——MyBank 进行容器化。MyBank 是一个非常简单和典型的 Java Web 应用。

- 它包含了 Java 源代码、JSP 文件、图片和 CSS 等静态资源文件。
- MyBank 的项目结构是基于 Maven 的要求布置的,通过 Maven 可以编译和构建 MyBank 的部署包——WAR 包。
- 和其他的应用程序一样,MyBank 在开发过程中,它的所有源代码都被上传到了配置管理库进行版本控制。这里所用的配置管理服务器是 GitHub。

下面开始容器化这个应用。

1)首先安装源代码工具 Git。

```
[root@master ~]# yum install -y git
```

2)从 GitHub 上下载示例的 Java 应用源代码。

```
[root@master ~]# cd /opt
[root@master opt]# git clone https://github.com/nichochen/mybank-demo-maven
```

3）准备编译和构建环境。安装应用构建所需的 Java 开发工具包 JDK 及构建工具 Maven。

```
[root@master opt]# yum install -y maven
```

4）通过构建工具编译及构建应用。

```
[root@master opt]# cdmybank-demo-maven/
[root@mastermybank-demo-maven]# mvn package
```

构建完毕后，将在 target 目录下生成一个 WAR 包 ROOT.war。

```
[root@mastermybank-demo-maven]# ls target/
classes   maven-archiver   ROOT   ROOT.war   surefire
```

5）选择满足应用运行要求的基础容器镜像，或者从基础的操作系统镜像开始安装和构建。为了方便，这里选择 Tomcat 7 的官方镜像 tomcat:7.0.70-jre7-alpine。一般推荐预先把镜像下载到本地，以方便本地调试。

```
[root@mastermybank-demo-maven]# docker pull tomcat:7.0.70-jre7-alpine
```

6）编写 Dockerfile。这个例子中我们的逻辑比较简单，就是把构建好的应用部署包拷贝到发布目录。Dockerfile 示例如下。

```
[root@mastermybank-demo-maven]# catDockerfile
FROM tomcat:7.0.70-jre7-alpine
ADD ./target/ROOT.war /usr/local/tomcat/webapps/mybank.war
```

7）执行 Docker Build 构建镜像。把镜像命名为 mybank-tomcat。在没有指定镜像的 tag 的请求下，默认的标签为 latest。

```
[root@mastermybank-demo-maven]# docker build -t mybank-tomcat .
Sending build context to Docker daemon 4.194 MB
Step 1 : FROM tomcat:7.0.70-jre7-alpine
 ---> ffe5379d7563
Step 2 : ADD ./target/ROOT.war /usr/local/tomcat/webapps/mybank.war
 ---> 113cc34fc0e4
Removing intermediate container f04b6e3a9989
Successfully built 113cc34fc0e4
```

构建完毕后，可以看见刚才 Docker Build 生成的新镜像 09cf49110ce2。

```
[root@mastermybank-demo-maven]# dockerimages|grepmybank-tomcat
mybank-tomcat        latest        09cf49110ce2        2 minutes ago        149.4 MB
```

8）测试镜像。通过 docker run 命令测试新创建的镜像。这里通过参数 -p 8080:8080 把容器的 8080 端口映射到主机的 8080 端口，以方便测试。

```
[root@mastermybank-demo-maven]# docker run -it --rm -p 8080:8080 mybank-tomcat
```

容器启动完毕后，可以通过 curl 或浏览器测试应用是否工作正常。如果一起正常，通过浏览器访问 MyBank 的主页就会看到一只可爱的小猪储蓄罐了。

> **提示** 此时单击 MyBank 应用主页的服务网点按钮将会出现报错页面。请别惊慌，因为这个页面依赖的数据库目前还没有创建。后续的章节中会解决这个问题。

```
[root@mastermybank-demo-maven]# curl http://master.example.com:8080/mybank/
```

9）推送镜像。测试通过后，下一步将把镜像发布到相应的镜像仓库中。先通过 docker tag 创建指向目标镜像仓库的镜像名称，然后通过 docker push 推送镜像至目标仓库。

```
[root@master ~]# docker tag mybank-tomcat:latest registry.your-registry.com/mybank-tomcat:latest
[root@master ~]# docker push registry.your-registry.com/mybank-tomcat:latest
```

通过以上的步骤完成了一个简单应用的容器化。在没有特殊需求的情况下，容器化过程不算复杂。但是在现实中是，每次应用更新后，总是需要构建一次镜像。在当前应用变更及交付节奏如此迅速的年代，如果这个过程通过人工来完成的话，这将会是一个非常大的负担。

5.2 OpenShift 构建与部署自动化

在 OpenShift 上，应用的镜像构建和部署是自动化的。为了提升开发的效率，OpenShift 提供了 Source to Image（S2I）流程，帮助用户自动构建镜像。在 S2I 流程中，OpenShift 会下载应用的源代码，进行自动化的编译和构建，并将输出的应用部署包部署到容器中。最终 S2I 会输出一个包含应用和基础运行环境的崭新镜像。当 S2I 构建结束后，OpenShift 会自动触发一次部署，将 S2I 生成的镜像按一定的规则部署到集群中。

> **提示** S2I 和应用开发语言没有直接的绑定。无论是脚本型的语言，如 PHP、Ruby、Python 或 Perl 等，还是编译型的语言，如 Java、C、C++ 或 Go 等，都支持通过 S2I 构建镜像。

在应用更新的场景中，开发用户提交代码到配置管理库。通过配置管理库向 OpenShift 发送消息触发构建，构建会下载更新的代码，并进行构建。构建完毕后，新的镜像更新到内部镜像仓库。随后，OpenShift 将会进行更新部署，更新集群内的容器应用。

一个典型的 OpenShift 应用构建及部署的流程如图 5-1 所示。

1）开发工程师将应用源代码提交至配置管理库进行版本管理。

2）用户创建应用。输入源代码仓库的地址；选择 S2I 构建的基础镜像（又称 Builder 镜像）。Builder 镜像中包含了操作系统、编程语言、框架等应用所需的软件及配置。OpenShift

默认提供了多种编程语言的 Builder 镜像，如 Java、PHP、Ruby、Python、Perl 等。用户也可以根据自身的需求定制自己的 Builder 镜像，并发布到服务目录中供用户选用。

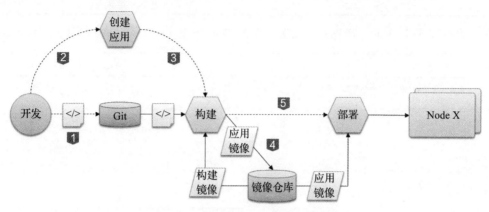

图 5-1　OpenShift 核心组件及流程

3）用户或系统触发 S2I 构建。OpenShift 将实例化 S2I 构建执行器。S2I 构建执行器将从用户指定的代码仓库下载源代码并实例化 Builder 镜像。源代码将会被注入实例化的 Builder 容器中。Builder 容器将根据预定义的逻辑执行源代码的编译、构建并完成部署。

4）S2I 构建执行器将完成操作的 Builder 镜像 commit 成新的 Docker 镜像。新的镜像被推送到 OpenShift 内部的镜像仓库。S2I 构建执行器更新该次构建相关的 Image Stream 信息。

5）OpenShift 感知到 Image Stream 的变化后触发一个部署。应用的镜像被分发到具体的 Node 节点，并实例化成容器。

5.2.1　快速构建部署一个应用

前面通过手工的方式容器化了 MyBank 应用。下面介绍如何通过 OpenShift 快速对 MyBank 应用进行容器化并部署。

1）以 dev 用户登录 OpenShift Web 控制台。创建一个名为 mybank 的项目，如图 5-2 所示。

图 5-2　创建项目

2）单击页面上方的 `Add to project` 按钮。在服务目录中选择 Wildfly 10 的 Builder 镜像，如图 5-3 所示。

> 提示　Wildfly 和 Tomcat 一样是 Java 应用服务器。Wildfly 是 JBoss 应用服务器社区版本的名称。

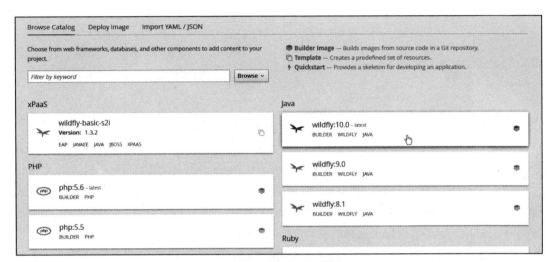

图 5-3　选择 Builder 镜像

3）在参数输入界面输入应用名称及目标应用的源代码地址，如图 5-4 所示。

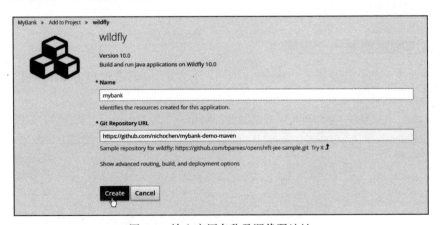

图 5-4　输入应用名称及源代码地址

https://github.com/nichochen/mybank-demo-maven

> 提示　针对 Java 应用，S2I 默认调用项目 Maven 的 package 动作进行编译、构建和打包。用户也可以用自定义的 S2I 构建脚本，执行自定义的构建逻辑。比如许多老的项目不用

Maven，而使用 Ant 进行构建。

4）单击参数输入界面的 `Create` 按钮后，OpenShift 就会创建一系列后台对象，进而触发 S2I 流程。单击部署完成页面的 `Continue to overview` 链接，如图 5-5 所示，转跳到项目主页。

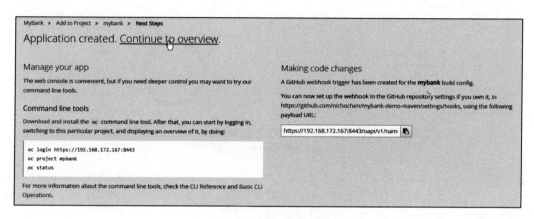

图 5-5　完成应用创建

在项目主页，可以看到 MyBank 应用已经成功创建，有一个构建正在执行，如图 5-6 所示。

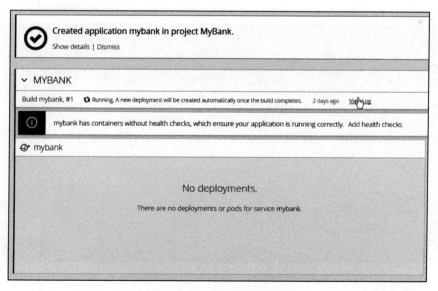

图 5-6　MyBank 应用成功创建

稍等片刻后，应用就会构建、部署完毕。

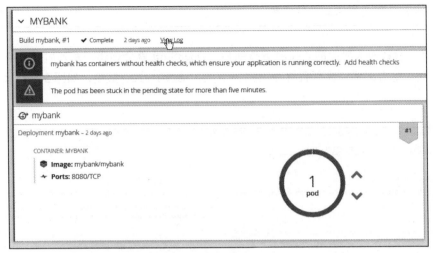

图 5-7　应用状态就绪

> **提示**　构建的过程需要连接互联网下载应用的源代码、Maven 构建所需的 Jar 包以及 Builder 镜像，请确保实验机器能连接上互联网。

5）单击界面上的 `View Log` 链接，转跳到此次构建的日志页面，可见 S2I 在后台进行的一系列操作，如图 5-8 所示。

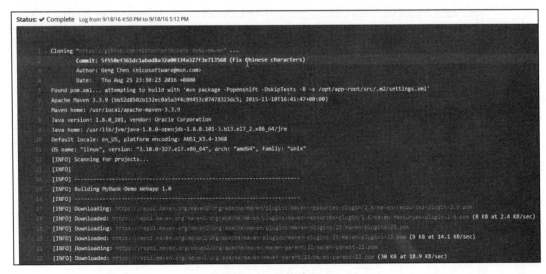

图 5-8　应用构建日志

在 S2I 构建日志页面的最底部，可以看到 S2I 构建的最后一步是将生成的镜像推送到内部的镜像仓库中，如图 5-9 所示。

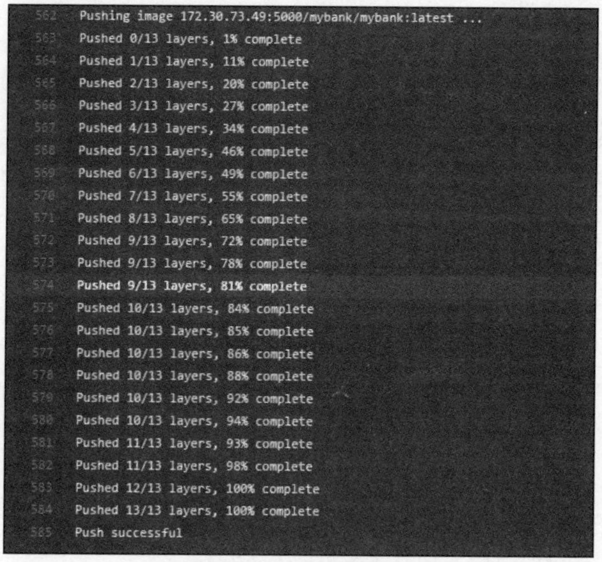

```
            Pushing image 172.30.73.49:5000/mybank/mybank:latest ...
            Pushed 0/13 layers, 1% complete
            Pushed 1/13 layers, 11% complete
            Pushed 2/13 layers, 20% complete
            Pushed 3/13 layers, 27% complete
            Pushed 4/13 layers, 34% complete
            Pushed 5/13 layers, 46% complete
            Pushed 6/13 layers, 49% complete
            Pushed 7/13 layers, 55% complete
            Pushed 8/13 layers, 65% complete
            Pushed 9/13 layers, 72% complete
            Pushed 9/13 layers, 78% complete
            Pushed 9/13 layers, 81% complete
            Pushed 10/13 layers, 84% complete
            Pushed 10/13 layers, 85% complete
            Pushed 10/13 layers, 86% complete
            Pushed 10/13 layers, 88% complete
            Pushed 10/13 layers, 92% complete
            Pushed 10/13 layers, 94% complete
            Pushed 11/13 layers, 93% complete
            Pushed 11/13 layers, 98% complete
            Pushed 12/13 layers, 100% complete
            Pushed 13/13 layers, 100% complete
            Push successful
```

图 5-9　S2I 构建日志

此时如果检查实验主机本地的 Docker 镜像列表，同样可以看见 MyBank 应用的镜像。

```
[root@master ~]# docker images |grepmybank
172.30.73.49:5000/mybank/mybank    latest    b4329595006c    10 minutes ago    1.084 GB
```

容器部署完毕，检查容器的状态，可以看见 MyBank 应用容器的状态为 Running。

```
[root@master ~]# oc get pod -n mybank
NAME                 READY     STATUS       RESTARTS    AGE
mybank-1-build       0/1       Completed    0           27m
mybank-1-qnpwj       1/1       Running      0           5m
```

5.2.2　镜像构建：Build Config 与 Build

在前文的示例中，用户只需要给出应用源代码的位置以及选定 Builder 镜像，即可快速将应用从代码变成运行的实例。这个应用部署的过程对于用户来说是非常精简的，在这背后 OpenShift 自动生成了相关的对象来支撑这个流程。

通过 oc 命令行客户端以 dev 用户登录到 OpenShift。

```
[root@master ~]# oc login -u dev
Logged into "https://192.168.172.167:8443" as "dev" using existing credentials.

Using project "mybank".
```

在上一个示例中，当用户在参数输入界面单击 Create 按钮后，OpenShift 会创建一个名为 Build Config（构建配置）的对象。通过 oc get bc 命令，用户可以看见 OpenShift 为 MyBank 应用创建的 Build Config。

```
[root@master ~]# oc get bc
NAME        TYPE      FROM         LATEST
mybank      Source    Git@master   1
```

通过输出可见项目中存在一个名为 mybank 的 Build Config。通过命令 `oc get bcmybank -o yaml`，可以进一步获取这个 Build Config 的具体配置信息。

```
[root@master ~]# oc get bcmybank -o yaml
apiVersion: v1
kind: BuildConfig
metadata:
  annotations:
    openshift.io/generated-by: OpenShiftWebConsole
  creationTimestamp: 2016-09-18T08:50:18Z
  labels:
    app: mybank
    name: mybank
  namespace: mybank
  resourceVersion: "8561"
  selfLink: /oapi/v1/namespaces/mybank/buildconfigs/mybank
  uid: ed213f48-7d7c-11e6-a2ff-000c29df3ecb
spec:
  output:
    to:
      kind: ImageStreamTag
      name: mybank:latest
  postCommit: {}
  resources: {}
  runPolicy: Serial
  source:
    git:
      ref: master
      uri: https://github.com/nichochen/mybank-demo-maven
    type: Git
  strategy:
    sourceStrategy:
      from:
        kind: ImageStreamTag
        name: wildfly:10.0
        namespace: openshift
    type: Source
  triggers:
  - generic:
      secret: 94d8038aa6eb80c9
    type: Generic
  - github:
      secret: 9e779e70235a2351
    type: GitHub
  - imageChange:
      lastTriggeredImageID: openshift/wildfly-100-centos7@sha256:4e31c78af492e4d38d30
```

```
1fc7df99f553b054b18c12b9428c19af740ad6225408
type: ImageChange
    - type: ConfigChange
status:
lastVersion: 1
```

通过输出，可见 Build config 中记录了前文示例引用的源代码地址和所选择的 Builder 镜像的信息。

源代码仓库信息如下：

```
source:
git:
ref: master
uri: https://github.com/nichochen/mybank-demo-maven
type: Git
```

前文选择的 Builder 镜像的信息如下：

```
sourceStrategy:
from:
kind: ImageStreamTag
name: wildfly:10.0
namespace: openshift
```

Builder 镜像没有直接指向某个实际的镜像地址，而是指向了一个 Image Stream。在前面的章节曾经提及，OpenShift 定义了 Image Stream 的概念来管理一组镜像的集合。在一个 Image Stream 中可以定义多个镜像名称和 Tag，然后再指向实际的 Docker 镜像。

`output` 属性定义了此次构建输出的镜像名。下面的配置定义了构建结果将会输出到一个名为 `mybank:latest` 的 Image Stream 标签所指向的地址。

```
output:
to:
kind: ImageStreamTag
name: mybank:latest
```

通过 `oc get is mybank`，可以查看到这个名为 mybank 的 Image Stream。这个 Image Stream 是在部署应用时，OpenShift 在后台自动创建的。

```
[root@master ~]# oc get is mybank
NAME      DOCKER REPO                         TAGS      UPDATED
mybank    172.30.73.49:5000/mybank/mybank     latest    8 minutes ago
```

通过 `oc describe is mybank`，可以查看该 Image Stream 的详细信息。通过输出可以看到 mybank:latest 这个 Image Stream 标签实际指向了镜像 `172.30.156.27:5000/mybank/mybank@sha256:93131da2912da8`。

```
[root@master ~]# oc describe is mybank
Name:           mybank
```

```
Namespace:           mybank
Created:             31 minutes ago
Labels:              app=mybank
Annotations:         openshift.io/generated-by=OpenShiftWebConsole
Docker Pull Spec:    172.30.73.49:5000/mybank/mybank
Unique Images:       1
Tags:                1

latest
  pushed image

   * 172.30.73.49:5000/mybank/mybank@sha256:80d3d83f3f7c6b1c220a0976d8a7b769a0
     3cf94dafceeca7b306fc1acc1e3527
       9 minutes ago
```

Build Config 只是静态的配置信息。OpenShift 根据这个静态的配置信息可以触发多次实际的构建实例，构建的实例称为 Build。一个 Build Config 可以被多次触发，生产多个 Build。通过 `oc get build` 命令，可以看到列表中已经有了一次构建记录，这是 OpenShift 在我们单击 `Create` 按钮后自动触发的。

```
[root@master ~]# oc get build
NAME        TYPE     FROM          STATUS      STARTED          DURATION
mybank-1    Source   Git@5f550ef   Complete    32 minutes ago   21m53s
```

执行 `oc logs build/mybank-1` 命令，用户可以查看此次构建的详细信息。这与在 Web 控制台看到的日志信息相同。

如果想执行一次新的部署，可以执行 `oc new-build mybank` 命令。

```
[root@master ~]# oc start-build mybank
mybank-2
```

再次查看 `oc get build` 的结果，将会发现多了一条 `mybank-2` 的构建记录。

```
[root@master ~]# oc get build
NAME        TYPE     FROM          STATUS      STARTED          DURATION
mybank-1    Source   Git@5f550ef   Complete    41 minutes ago   3m53s
mybank-2    Source   Git@5f550ef   Complete    7 minutes ago    3m55s
```

5.2.3　镜像部署：Deployment Config 与 Deploy

前文查看 Build Config 定义时，可以看到 output 部分定义了输出的镜像所指向的 Image Stream 的名字。这个 Build Config 指向的 Image Stream 是在创建部署时，OpenShift 为 MyBank 应用创建的。S2I 流程完成后，生成的应用镜像会被推送到内部镜像仓库。同时，更新相关的 Image Stream，把 `mybank:latest` 指向镜像所在镜像仓库的实际位置。

执行命令 `oc describe is mybank` 可以查看 Image Stream 标签的实际指向。因为之前触发了两次构建，所以在 latest 标签的历史记录中可以看到有两条镜像的信息。

```
[root@master ~]# oc describe is mybank
Name:                   mybank
Namespace:              mybank
Created:                42 minutes ago
Labels:                 app=mybank
Annotations:            openshift.io/generated-by=OpenShiftWebConsole
Docker Pull Spec:       172.30.73.49:5000/mybank/mybank
Unique Images:          2
Tags:                   1

latest
pushed image

  * 172.30.73.49:5000/mybank/mybank@sha256:7eabe04b4b8d409b8281f75e7f58ce9ad1
576175f6055bf43b67e63fbc55f20d
      About a minute ago
    172.30.73.49:5000/mybank/mybank@sha256:80d3d83f3f7c6b1c220a0976d8a7b769a03c
f94dafceeca7b306fc1acc1e3527
      20 minutes ago
```

当 Image Stream 的标签更新后，OpenShift 就会触发一次部署。和构建一样，部署也有配置定义对象：Deployment Config。Deployment Config 描述了镜像部署的参数和要求。通过 `oc get dc` 命令可以查看项目中的 Deployment Config 列表。

```
[root@master ~]# oc get dc
NAME      REVISION   DESIRED   CURRENT   TRIGGERED BY
mybank    2          1         1         config,image(mybank:latest)
```

执行 `oc get dc mybank -o yaml` 命令，可以查看该 Deployment Config 的详细定义。

```
[root@master ~]# oc get dc mybank -o yaml
apiVersion: v1
kind: DeploymentConfig
metadata:
  annotations:
    openshift.io/generated-by: OpenShiftWebConsole
  creationTimestamp: 2016-09-18T08:50:18Z
  generation: 3
  labels:
    app: mybank
  name: mybank
  namespace: mybank
  resourceVersion: "9261"
  selfLink: /oapi/v1/namespaces/mybank/deploymentconfigs/mybank
  uid: ed186eff-7d7c-11e6-a2ff-000c29df3ecb
spec:
  replicas: 1
  selector:
    deploymentconfig: mybank
  strategy:
    resources: {}
```

```
rollingParams:
    intervalSeconds: 1
    maxSurge: 25%
    maxUnavailable: 25%
    timeoutSeconds: 600
    updatePeriodSeconds: 1
  type: Rolling
template:
  metadata:
    creationTimestamp: null
    labels:
      app: mybank
      deploymentconfig: mybank
  spec:
    containers:
        - image: 172.30.73.49:5000/mybank/mybank@sha256:7eabe04b4b8d409b8281f75
e7f58ce9ad1576175f6055bf43b67e63fbc55f20d
          imagePullPolicy: Always
          name: mybank
          ports:
              - containerPort: 8080
                protocol: TCP
          resources: {}
          terminationMessagePath: /dev/termination-log
    dnsPolicy: ClusterFirst
    restartPolicy: Always
    securityContext: {}
    terminationGracePeriodSeconds: 30
test: false
triggers:
    - imageChangeParams:
        automatic: true
        containerNames:
            - mybank
        from:
          kind: ImageStreamTag
          name: mybank:latest
          namespace: mybank
        lastTriggeredImage: 172.30.73.49:5000/mybank/mybank@sha256:7eabe04b4b8d409b8281
f75e7f58ce9ad1576175f6055bf43b67e63fbc55f20d
      type: ImageChange
    - type: ConfigChange
status:
  availableReplicas: 1
  details:
    causes:
        - imageTrigger:
            from:
              kind: ImageStreamTag
              name: mybank:latest
              namespace: mybank
```

```
type: ImageChange
  message: caused by an image change
latestVersion: 2
observedGeneration: 3
replicas: 1
updatedReplicas: 1
```

在 Deployment Config 中，除了可以看见当前部署配置引用的镜像地址外，还可以看见该镜像部署传递的环境变量列表、容器对外暴露的端口等信息。以下为部署引用的镜像地址，与 Image Stream mybank 的 latest 标签指向的地址值相匹配。

```
image: 172.30.73.49:5000/mybank/mybank@sha256:7eabe04b4b8d409b8281f75e7f58ce9ad1576175f6055bf43b67e63fbc55f20d
```

在 DeployConfig 中会定义 Trigger（触发器），使部署在某些特定条件下自动触发，如 S2I 完成时。在 mybank 的 Deploy Config 中可以看见其中定义了一个 ImageChange 的触发器，这个触发器的类型为 `ImageStreamTag`，指向了 `mybank:latest`。所以当 MyBank 应用的 S2I 构建完成，Image Stream 中的 latest 标签更新至最新的镜像地址时，该触发器就会被触发，根据该 Deployment Config 的定义产生一次部署的实例。

```
triggers:
 - imageChangeParams:
automatic: true
containerNames:
            - mybank
from:
kind: ImageStreamTag
name: mybank:latest
namespace: mybank
lastTriggeredImage: 172.30.73.49:5000/mybank/mybank@sha256:7eabe04b4b8d409b8281f75e7f58ce9ad1576175f6055bf43b67e63fbc55f20d
type: ImageChange
       - type: ConfigChange
```

每个 Deployment Config 可以被多次触发，每一次触发称为一个 Deploy。每一次 Deploy 都会生成一个 Replication Controller 对象，用以监控容器的状态。Replication Contoller（复制控制器）是 Kubernetes 中的一个组件，其负责监控容器的实际数量，5.3.1 节会详细介绍。

执行命令 `oc get rc` 可以看到目前项目中有两个 Replication Controller 实例，因为执行了两次构建，部署了两次。可以注意到 Replication Controller mybank-1 的 DESIRED 和 CURRENT 属性的值都是 0，因为第一次部署的容器实例已经被第二次部署的实例替换了，所以当前没有实例在运行。

```
[root@master ~]# oc get rc
NAME      DESIRED   CURRENT   AGE
mybank-1  0         0         22m
mybank-2  1         1         3m
```

在 Deployment Config 中，可以定义容器运行的细节设置，如容器的启动命令、容器可用的 CPU 和内存配置、容器的 Liveness（检查容器是否在运行）及 Readyness（检查服务是否就绪）检查。

5.2.4 服务连通：Service 与 Route

在介绍 OpenShift 架构时曾经提及容器的 IP 地址在容器退出后就会释放，基于同一个镜像启动的新容器将会拥有一个新的 IP。为了避免容器的 IP 变化给第三方调用产生的影响，OpenShift 中使用了 Service 对象进行解耦。Service 将有一个相对恒定的 IP 地址。在部署 MyBank 应用时，OpenShift 会自动生成 Deployment Config 对应的 Service。通过 `oc describe svc mybank` 可以查看 MyBank 应用的 Service 信息。

```
[root@master ~]# oc describe svc mybank
Name:              mybank
Namespace:         mybank
Labels:            app=mybank
Selector:          deploymentconfig=mybank
Type:              ClusterIP
IP:                172.30.126.99
Port:              8080-tcp    8080/TCP
Endpoints:         172.17.0.7:8080
Session Affinity:  None
No events.
```

基于 Service，OpenShift 同时也自动创建了对应的 Route。执行 `oc get route mybank` 命令，可以查看 MyBank 应用的 Route 的详情。

```
[root@master ~]# oc describe route mybank
Name:                   mybank
Namespace:              mybank
Created:                45 minutes ago
Labels:                 app=mybank
Annotations:            openshift.io/generated-by=OpenShiftWebConsole
                        openshift.io/host.generated=true
Requested Host:         mybank-mybank.router.default.svc.cluster.local
  exposed on router router 45 minutes ago
Path:                   <none>
TLS Termination:        <none>
Insecure Policy:        <none>
Endpoint Port:          8080-tcp

Service:                mybank
Weight:                 100 (100%)
Endpoints:              172.17.0.7:8080
```

OpenShift 自动生成一个域名 mybank-mybank.router.default.svc.cluster.local，可以通过 `oc edit route` 将其修改为用户希望使用的域名，如 mybank.apps.example.com。

5.3 弹性伸缩

容器的一个很大的特点就是，其能较好地保证应用运行的一致性。相对于物理机部署和虚拟机部署，容器应用的启动速度较快，启动的成本较低。容器云平台上实现容器的弹性伸缩可以有效保证应用服务质量，也提高了数据中心资源的利用率。

5.3.1 Replication Controller

在 OpenShift 中，每一个部署的应用的容器实例数量在其 Deployment Config 中定义。实际部署时，OpenShift 为每次的部署实例化一个 Replication Controller，并将该数值传递给相关联的 Replication Controller。Replication Controller 是 Kubernetes 的一个组件，其负责维护容器实例的数量。

通过 `oc get pod` 命令，可以看到当前 MyBank 应用的活动实例数为 1。

```
[root@master ~]# oc get pod
NAME                READY   STATUS      RESTARTS   AGE
mybank-1-build      0/1     Completed   0          59m
mybank-2-build      0/1     Completed   0          26m
mybank-2-nlrws      1/1     Running     0          18m
```

 mybank-*-build 的容器状态为 Completed，实际上已经不再运行了，可以忽略。

5.3.2 扩展容器实例

通过 Replication Controller，可以快速控制容器实例的数量，调整容器集群的大小。

执行 `oc scale dc mybank --replicas=2` 命令可以将 MyBank 应用弹性伸缩至 2 个实例。

```
[root@master ~]# oc scale dc mybank --replicas=2
deploymentconfig "mybank" scaled
```

片刻后再检查容器数量，会发现容器的数量已经从 1 增加为 2 了。

```
[root@master ~]# oc get pod
NAME                READY   STATUS      RESTARTS   AGE
mybank-1-build      0/1     Completed   0          1h
mybank-2-build      0/1     Completed   0          26m
mybank-2-nlrws      1/1     Running     0          19m
mybank-2-nxsiy      1/1     Running     0          7s
```

查看 Replication Controller 的状态，可以看到当前的容器数量已经被更新为 2。

```
[root@master ~]# oc get rc
NAME        DESIRED   CURRENT   AGE
mybank-1    0         0         38m
mybank-2    2         2         20m
```

5.3.3 状态自恢复

前面提到，Replication Controller 负责监控运行中容器的状态和数量。当实际运行的容器数量与部署定义的容器数量不同时，Replication Controller 将负责还原容器集群的状态至用户定义的状态。如当容器集群中的某个容器意外退出时，Replication Controller 将会启动一个新的容器实例以替代异常退出的容器实例。

删除运行中的 Pod，让其中一个容器做出意外退出的假象，Replication Controller 将检测到这个问题，并自动启动一个新的容器实例以填补缺失。

```
[root@master ~]# oc delete pod mybank-2-nlrws &&oc get pod
pod "mybank-2-nlrws" deleted
NAME                READY     STATUS              RESTARTS    AGE
mybank-1-build      0/1       Completed           0           1h
mybank-2-build      0/1       Completed           0           27m
mybank-2-nlrws      1/1       Terminating         0           20m
mybank-2-nxsiy      1/1       Running             0           1m
mybank-2-v5851      0/1       ContainerCreating   0           4s
```

通过上面一串组合的命令，查看到了 Pod `mybank-2-nlrws` 被删除的瞬间，一个新的 Pod `mybank-2-v5851` 就被创建了。

值得指出的是，在 OpenShift 上部署容器，不一定要定义 Replication Controller。可以直接部署一个 Pod，但是没有 Replication Controller 监控的部署，在当前的 Pod 退出后不会有新的 Pod 启动来补充缺失。

5.4 应用更新发布

应用上线以后，事情还没有结束。市场的需求是永不停滞的，这意味着应用的更新也是无休止的。应用的更新部署和以往相比变得更加频繁。在容器时代，应用的更新也意味着镜像更新。通过人工方式完成应用镜像的构建和部署流程，效率低下，而且容易出错。因此，构建一个自动化的镜像和制定部署流程就变得尤为需要。

5.4.1 触发更新构建

OpenShift 通过 S2I 自动构建应用容器镜像。完成应用更新的修改，将变更提交至代码配置库后，便可在 OpenShift 触发一次构建。构建完成后便可触发一次部署，最终将当前在运行的容器实例更新为新的容器实例。在 OpenShift 中触发一个部署有两种方式：手动触发及 Web Hook 触发。

用户可以选择在 OpenShift 的 Web Console 中单击项目概览页面侧栏菜单中的 `Builds>Builds`，选择相应的 Build Config 条目进入详情页面，单击页面右上角的 `Start Build` 按钮触发一次部署，也可以执行命令 `oc start-build <BUILD CONFIG NAME>` 触发。

此外，每个 Build Config 都定义了两个 WebHook 触发器。一个是 GitHubWebHook，一个是 Generic WebHook。在 MyBank 应用的 Build Config 中，可以看到如下的 GitHubWebHook 和 Generic WebHook 的触发器配置。

```
"spec": {
    "triggers": [
        {
            "type": "Generic",
            "generic": {
                "secret": "94d8038aa6eb80c9"
            }
        },
        {
            "type": "GitHub",
            "github": {
                "secret": "9e779e70235a2351"
            }
        },
```

这两个 Webhook 的调用地址格式为：

https://`<MASTER 节点地址：端口 >`/oapi/v1/namespaces/`< 项目名 >`/buildconfigs/`<Build Config 名 >`/webhooks/`< 密码 >`/`< 类型 >`

我们的例子中，MyBank 应用的 GitHub Webhook 的调用地址为：

https://192.168.172.167:8443/oapi/v1/namespaces/mybank/buildconfigs/mybank/webhooks/9e779e70235a2351/github

Generic WebHook 的调用地址为：

https://192.168.172.167:8443/oapi/v1/namespaces/mybank/buildconfigs/mybank/webhooks/94d8038aa6eb80c9/generic

 提示　登录 Web 控制台，在 MyBank 的 Build Config 的详情页面的 Configuration 页签中也可以看到 GitHubWebhook 和 Generic Webhook 的地址。

Generic Webhook 的使用很简单，只需要向调用地址发送 POST 请求即可触发，十分适合与第三方系统集成。下面是通过 curl 触发构建的一个例子。

```
[root@master ~]# curl -k -X POST https://192.168.172.167:8443/oapi/v1/namespaces/mybank/buildconfigs/mybank/webhooks/94d8038aa6eb80c9/genericwebhooks/264e578a06ec4c58/generic
[root@master ~]# oc get build
NAME        TYPE     FROM           STATUS      STARTED             DURATION
mybank-1    Source   Git@5f550ef    Complete    About an hour ago   21m53s
mybank-2    Source   Git@5f550ef    Complete    35 minutes ago      6m55s
mybank-3    Source   Git@master     Running     13 seconds ago      12s
[root@master ~]# oc get pod
```

```
NAME              READY    STATUS       RESTARTS    AGE
mybank-1-build    0/1      Completed    0           1h
mybank-2-build    0/1      Completed    0           35m
mybank-2-nxsiy    1/1      Running      0           9m
mybank-2-v5851    1/1      Running      0           8m
mybank-3-build    1/1      Running      0           22s
```

从输出可以看到，curl 的请求发送到 OpenShift 后，一个新的 Build 就产生并开始执行了。GitHubWebhook 需要用户登录到 GitHub，然后将 GitHubWebhook 的地址配置到 GitHub 的仓库中。在企业的私有容器云中，由于环境安全隔离限制，企业内部使用 GitHubWebHook 的做法不常见，Generic Webhook 更有现实的意义。

5.4.2 更新部署

构建结束后，更新部署被触发。OpenShift 的更新部署策略有 Rolling 和 Recreate 两种。

Rolling（滚动更新）是指 OpenShift 在部署时，会等一定数量的新版本容器实例启动完毕后，再终结一定数量的老版本容器实例，通过这种方式对容器集群中的实例进行逐一替换更新。滚动更新是 OpenShift 的默认更新方式，这种方式可以保证应用在更新发布的过程中不会出现服务中断。以下是 MyBank 应用的 Deployment Config 中关于更新策略的定义。可以看到，MyBank 应用使用的是滚动更新的方式。用户可以通过参数控制滚动更新的行为。

```
strategy:
  resources: {}
  rollingParams:
    intervalSeconds: 1
    maxSurge: 25%
    maxUnavailable: 25%
    timeoutSeconds: 600
    updatePeriodSeconds: 1
  type: Rolling
```

OpenShift 提供的另一种部署方式为 Recreate（重新创建）。这种方式在更新时会将所有的老容器应用先停止，然后再启动一批新版本的容器实例。

5.5 本章小结

本章围绕 OpenShift 容器云的核心功能应用的构建和部署进行了详细的讨论。本章通过手工的方式容器化了一个 Java 应用 MyBank，然后通过 OpenShift 完成了一次部署以进行对比。通过介绍后台对象 Build Config、Build、Deployment Config、Deploy、Service 及 Route，了解了 OpenShift 自动化构建及部署背后的细节。在讨论应用更新的环节，了解了两种构建触发器 GitHubWebhook 和 GericeWebhook，以及 Rolling 和 Recreate 两种部署策略。

本章的内容为后续使用 OpenShift 容器平台解决实际工作中遇到的问题打下了基础。

第 6 章

持续集成与部署

持续集成（continuous integration）已经成为现代化软件开发流程中不可缺少的一个环节。持续集成的理念其实并不复杂，就是要对开发出的一个或多个模块的代码频繁地进行编译、构建、集成、测试，尽早发现产品存在的潜在问题，从而减少修复的成本，降低项目的风险。在实践持续集成的过程中往往需要实现软件编译、构建和测试的自动化，这减少了软件研发中手工重复的工作，节省了时间，提升了软件开发的效率。

企业构建容器云的一个重要目的就是提升产品开发的效率和质量。因此，容器云平台在设计时必须考虑如何为应用开发提供持续集成支持。让应用开发团队能更容易实现持续集成，提升开发效率和产品质量。

Jenkins 是目前最流行的持续集成平台。在 Jenkins 平台上，用户可以通过定时构建、事件触发式构建、自定义构建等方式快速实现持续集成流程。OpenShift 提供了定制的 Jenkins 镜像。这个镜像中的 Jenkins 默认集成了 OpenShift 插件，通过该插件，Jenkins 的构建步骤编排中可以加入 OpenShift 平台的调用，实现 OpenShift 与 Jenkins 的集成。

6.1 部署 Jenkins 服务

OpenShift 项目提供了集成 OpenShfit 插件的 Jenkins 容器镜像及部署模板。通过部署 Jenkins 的部署模板，用户可以方便快速地部署 Jenkins 服务。

OpenShift 项目默认提供了两个 Jenkins 部署模板：`jenkins-ephemeral` 和 `jenkins-persistent`。`jenkins-persistent` 模板部署需要持久化卷的支持，其部署的 Jenkins 服务的数据可以被持久化。`jenkins-ephemeral` 模板部署的 Jenkins 服务的数据在容器退出后将丢失，适合测试使用。本章的关注点为 Jenkins 及支持集成，因此本章均以非持久化的 Jenkins 服务为例，而持久化的相关内容将在后面的章节讨论。

以 dev 用户登录 OpenShift。

```
[root@master ~]# oc login -u dev
```

创建一个名为 ci 的新项目部署 Jenkins 服务。

```
[root@master ~]# oc new-project ci
```

下载并导入 OpenShift 提供的 Jenkins 模板 jenkins-ephemeral。

```
[root@master ~]# oc create -f https://raw.githubusercontent.com/openshift/origin/v1.3.0/examples/jenkins/jenkins-ephemeral-template.json
template "jenkins-ephemeral" created
```

模板导入完毕后，可以看到 Jenkins 模板出现在了 ci 项目中。

```
[root@master ~]# oc get template
NAME                                             DESCRIPTION                      PARAMETERS       OBJECTS
jenkins-ephemeral                                Jenkins service, without persistent storage.
                                                 WARNING: Any data stored will be...  6 (1 generated)      6
```

为默认的 Service Account 用户添加权限，使 Jenkins 容器具有足够的权限操作项目的配置及执行部署。

```
[root@master ~]# oc policy add-role-to-user edit -z default
```

通过 Jennkins 模板部署 Jenkins 服务。前面章节提到应用部署模板 Template，用户可以实现应用的一键式部署。这里指定 Jenkins 默认管理员的密码为 welcome1。

```
[root@master ~]# oc new-app --template=jenkins-ephemeral --param=JENKINS_PASSWORD=welcome1
--> Deploying template jenkins-ephemeral for "jenkins-ephemeral"
    With parameters:
        Memory Limit=512Mi
        Namespace=openshift
        Jenkins Service Name=jenkins
        Jenkins Password=welcome1
--> Creating resources ...
service "jenkins" created
route "jenkins" created
deploymentconfig "jenkins" created
--> Success
    Run 'oc status' to view your app.
```

部署完毕后查看 Pod 的状态，可以看见系统正在创建 Jenkins 容器。

```
[root@master ~]# oc get pod
NAME                   READY     STATUS              RESTARTS   AGE
jenkins-1-deploy       1/1       Running             0          13s
jenkins-1-jhph0        0/1       ContainerCreating   0          3s
```

部署需要从网上下载 Jenkins 镜像,这个过程将需要一些时间。可以通过 `oc describe pod` 命令观察容器的事件输出。

```
[root@master ~]# oc describe pod jenkins-1-jhph0
```

Jenkins 模板中定义了一个 Route,通过 Route 中指定的主机名,可以访问部署完毕的 Jenkins 服务。

```
[root@master ~]# oc get route
NAME     HOST/PORT                                          PATH   SERVICES    PORT    TERMINATION
jenkins  jenkins-ci.router.default.svc.cluster.local        jenkins  <all>    edge/Redirect
```

 请在主机的 hosts 文件中添加一条 `jenkins-ci.router.default.svc.cluster.local` 的域名解析,指向实验用的主机。

当日志显示 Jenkins 启动完毕后,打开浏览器访问网址 `jenkins-ci.router.default.svc.cluster.local`,便可以访问 Jenkins 服务的登录页面。

使用用户名 `admin` 及之前定义的密码 `welcome1` 登录 Jenkins。登录之后可以看到在 Jenkins 主页上已经有一个示例项目 `OpenShift Sample`,如图 6-1 所示。

图 6-1　Jenkins 用户主页

6.2　触发项目构建

OpenShift 提供的 Jenkins 镜像已经默认安装了 OpenShift 的插件,下面将通过一个简单例子介绍 Jenkinks 如何与 OpenShift 联动。这个例子将会在 Jenkins 中触发上一章部署的项目

MyBank 的 S2I 构建。

6.2.1 创建 Jenkins 项目

首先为 Jenkins 授权,让其可以在 MyBank 项目中执行操作。

```
[root@master ~]# oc policy add-role-to-user edit system:serviceaccount:ci:default -n mybank
```

登录 Jenkins 控制台,单击左边菜单中的 `New Item` 链接创建一个项目。输入项目名称 `MyBank CI`,选择类型为 `Freestyle project`,确认并创建该条目,如图 6-2 所示。

6.2.2 添加构建步骤

在详细配置页面,单击页面下方的 `Add build step` 按钮,选择添加类型为 `Trigger OpenShift Build` 的条目,如图 6-3 所示。

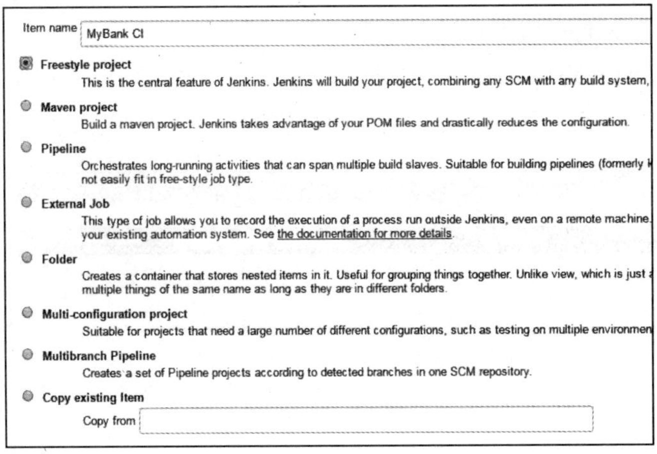

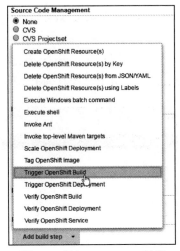

图 6-2 创建 Jenkins 项目 MyBank CI

图 6-3 添加 Build Step 触发 OpenShift S2I 构建

此时,出现相关的参数列表。按表 6-1 所示输入相关的参数值。完成后保存并回到 Jenkins 控制台主页。

表 6-1 Trigger OpenShift Build 参数配置

参数名	参数值	释义
URL of the OpenShiftapi endpoint	https://openshift.default.svc.cluster.local	OpenShift 集群地址
The name of the BuildConfig to trigger	mybank	Build Config 的名称
The name of the project the BuildConfig is stored in	mybank	项目名称
Pipe the build logs from OpenShift to the Jenkins console	Yes	是否在 Jenkins 中输出 OpenShift 构建日志

6.2.3 触发构建

在 Jenkins 控制台首页，将鼠标指针移动到右边列表的 `MyBank CI` 条目，单击浮动菜单上的 `Build Now` 链接，触发一次构建。当 Jenkins 的构建触发后，注意观察 OpenShift 的容器列表。

```
[root@master ~]# oc get build -n mybank|grep Running
mybank-15      Source    Git@master    Running    11 seconds ago    11s
```

在 `MyBank CI` 构建实例的详细页面，单击左边的 Console Output 链接，可以看到详细的构建日志，如图 6-4 所示。

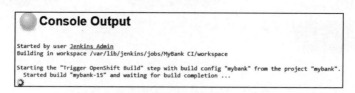

图 6-4　MyBank CI 构建实例日志输出

通过输出可以看到 Jenkins 触发了 `MyBank` 项目的一次构建。除了触发 OpenShift 的构建，Jenkins 还能触发 OpenShift 项目的部署、资源的创建以及项目的配置等功能。通过不同的 Build Step 设计，如添加不同的 Jenkins 触发器，用户可以灵活设计项目所需的持续集成流程，满足项目持续集成的需要。

6.3　构建部署流水线

一个典型的应用开发场景将经历开发、测试及生产这三个不同的阶段，在不同的环境执行部署和相应的测试。这个从开发到上线的部署流水线，并没有统一的标准，也不是一成不变的。不同的企业、团队，不同阶段定义的过程阶段的数量和内容都可能有所不同。用户可以根据实际需求结合 OpenShift 及 Jenkins 构建满足当前项目的部署流水线。

一个精简的从开发到上线的流程示例如图 6-5 所示。MyBank 应用的源代码存放在 GitHub 中，通过 OpenShift 提供的 S2I 自动化构建镜像，并自动化部署到开发测试环境中。开发环境部署完毕后，触发开发环境自动化测试。自动化测试成功后，Jenkins 把开发环境构建的应用镜像告知集成测试环境，并进行自动化的部署和测试。集成测试完成后，Jenkins 更新开发环境的 Image Stream 的镜像指向，并执行生产环境的部署。

6.3.1 创建开发测试环境项目

创建开发测试环境项目的流程如下。

1）以 Dev 用户登录 OpenShift。

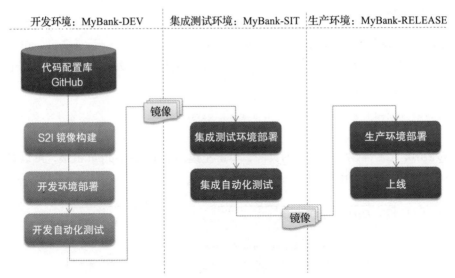

图 6-5　MyBank 应用的部署流水线

```
[root@master ~]# oc login -u dev
```

2）删除前面章节创建的项目 MyBank 以节省系统资源。

```
[root@master ~]# oc delete project mybank
project "mybank" deleted
```

3）创建项目 MyBank DEV 作为 MyBank 应用的开发测试环境。

```
[root@master ~]# oc new-project mybank-dev --display-name="MyBank DEV" --description="MyBank 开发环境"
```

4）在 MyBank DEV 项目部署 MyBank 应用。

```
[root@master ~]# oc new-app openshift/wildfly-100-centos7~https://github.com/nichochen/mybank-demo-maven
```

5）稍等片刻，待构建和部署完成后，为这个应用创建一个 Route，指定一个域名 mybank-dev.apps.example.com。

```
[root@master ~]# oc expose svc mybank-demo-maven --hostname=mybank-dev.apps.example.com
route "mybank-demo-maven" exposed
```

6）待应用完全启动后，通过 curl 后浏览器访问 http://mybank-dev.apps.example.com 以测试应用运行正常。编辑实验主机及浏览器所在主机的 hosts 文件，使该域名指向实验主机的 IP 地址。

6.3.2　创建集成测试环境项目

创建集成测试环境项目 MyBank SIT。

```
[root@master ~]# oc new-project mybank-sit --display-name="MyBank SIT" --description=
"MyBank 集成测试环境"
```

6.3.3 创建生产环境项目

创建生产环境项目 MyBank RELEASE。

```
[root@master ~]# oc new-project mybank-release --display-name="MyBank RELEASE" --description=
"MyBank 生产环境"
```

6.3.4 配置访问权限

Jenkins 需要一些权限来读取和操作 OpenShift 中的配置。执行下面的命令赋权。

```
[root@master ~]# oc policy add-role-to-user edit system:serviceaccount:ci:defau
lt -n mybank-dev
[root@master ~]# oc policy add-role-to-user edit system:serviceaccount:ci:defau
lt -n mybank-sit
[root@master ~]# oc policy add-role-to-user edit system:serviceaccount:ci:defau
lt -n mybank-release
```

因为生产环境 MyBank RELEASE 和集成测试环境 MyBank SIT 部署时，需要拉取 MyBankDev 项目的镜像，所以需要赋予相关的权限。在实际的环境中，各个环境可能会有各自的 Docker 镜像仓库。各个环境的部署会从各自的仓库中下载镜像。

```
[root@master ~]# oc policy add-role-to-user edit system:image-puller system:serviceaccount:
mybank-sit:default -n mybank-dev
[root@master ~]# oc policy add-role-to-user edit system:image-puller system:serviceaccount:
mybank-release:default -n mybank-dev
```

6.3.5 创建集成测试环境部署配置

引用开发测试环境 MyBank DEV 项目的镜像，在集成开发环境 MyBank SIT 项目中创建 Image Stream。

```
[root@master ~]# oc tag mybank-dev/mybank-demo-maven:latest mybank-sit/mybank-
demo-maven:latest
```

切换到集成测试环境 MyBank SIT 项目。

```
[root@master ~]# oc project mybank-sit
Now using project "mybank-sit" on server "https://192.168.172.167:8443".
```

为刚才创建的 Image Stream 的镜像 mybank-demo-maven:latest 创建一个 Deployment Config。这个 Deployment Config 后续会被 Jenkins 引用。

```
[root@master ~]# oc new-app -i mybank-demo-maven:latest
--> Found image 5ff53c8 (9 minutes old) in image stream mybank-demo-maven under
    tag "latest" for "mybank-demo-maven:latest"
```

```
mybank-dev/mybank-demo-maven-2:9e38d11c
    --------------------------------------
    Platform for building and running JEE applications on WildFly 10.0.0.Final

    Tags: builder, wildfly, wildfly10

    * This image will be deployed in deployment config "mybank-demo-maven"
    * Port 8080/tcp will be load balanced by service "mybank-demo-maven"
        * Other containers can access this service through the hostname "mybank-demo-maven"

--> Creating resources with label app=mybank-demo-maven ...
    deploymentconfig "mybank-demo-maven" created
    service "mybank-demo-maven" created
--> Success
    Run 'oc status' to view your app.
```

6.3.6 创建生产环境部署配置

切换到生产环境 MyBank RELEASE 项目。

```
[root@master ~]# oc project mybank-release
```

创建指向 MyBank SIT 的镜像流，并创建相应的 Deployment Config。

```
[root@master ~]# oc tag mybank-sit/mybank-demo-maven:latestmybank-release/
mybank-demo-maven:stage
[root@master ~]# oc new-app -imybank-demo-maven:stage -n mybank-release
```

6.3.7 创建 DEV 构建配置

配置完 OpenShift 中各个环境的项目后，下一步要在 Jenkins 中创建构建的节点以及将它们串联成部署水流线。

1）登录 Jenkins 控制台，单击欢迎页面左边的 `New Item` 链接。输入名称 MyBank DEV，选择类型 `Freestyle project`，确认并创建该条目。

2）跳转到配置页面后，单击页面下方的 `Add build step` 按钮。选择添加类型为 `Trigger OpenShift Build` 的条目。此时，出现相关的参数列表。按如表 6-2 输入相关的参数值。这一 Build Step 的作用是触发 OpenShift 中 `MyBank DEV` 项目的 S2I 构建。

表 6-2 Trigger OpenShift Build 参数配置

参数名	参数值	释义
URL of the OpenShiftapi endpoint	https://openshift.default.svc.cluster.local	OpenShift 集群地址
The name of the BuildConfig to trigger	mybank-demo-maven	Build Config 的名称
The name of the project the BuildConfig is stored in	mybank-dev	项目名称
Pipe the build logs from Open-Shift to the Jenkins console	Yes	是否在 Jenkins 中输出 OpenShift 构建日志

3）再次单击 `Add build step` 按钮。选择添加类型为 `Execute Shell` 的条目。在 `Command` 文本框中输入以下代码。当上一个 Build Step 完成后，这个 Build Step 将被触发执行。用户可以在这个执行脚本的 Build Step 中加入自定义的逻辑，执行测试，如图 6-6 所示。这里简单用 curl 测试了应用服务的访问。

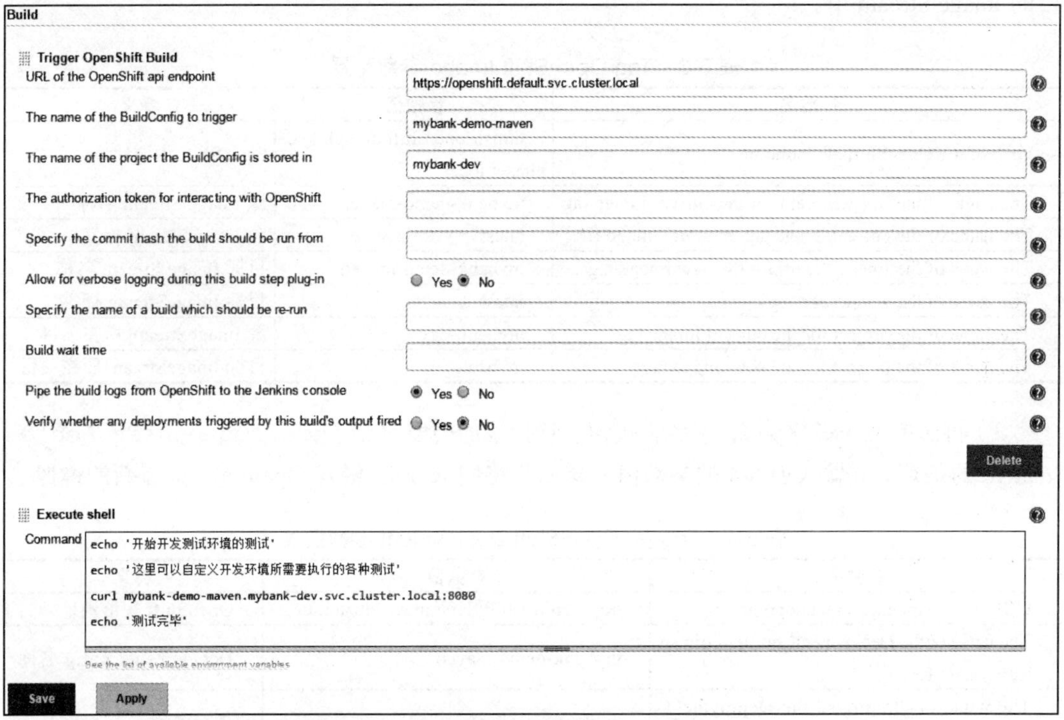

图 6-6　MyBank DEV 项目的 Build Step 配置

```
echo '开始开发测试环境的测试'
echo '这里可以自定义开发环境所需要执行的各种测试'
sleep 20s
curl mybank-demo-maven.mybank-dev.svc.cluster.local:8080
echo '测试完毕'
```

4）完成编辑后，单击 `Save` 按钮保存并回到 Jenkins 主页，如图 6-6 所示。将鼠标指针移动到右边列表的 `MyBank DEV` 条目，单击浮动菜单上的 `Build Now` 链接，触发一次构建进行测试。单击页面左下方的构建实例的名称，进入构建详情页面，单击左边的 `Console Output` 链接可以看见构建的详细日志输出。如果一切顺利的话，构建将成功完成。构建日志的最后可以看到前文输入的 Shell 命令被成功执行了。

6.3.8　创建 SIT 构建配置

创建 SIT 构建配置的流程如下。

1）登录 Jenkins 控制台，单击欢迎页面左边的 `New Item` 链接。输入名称 `MyBank SIT`，

选择类型 `Freestyle project`，确认并创建该条目。

2）跳转到配置页面后，单击页面下方的 `Add build step` 按钮。选择添加类型为 `Tag OpenShift Image` 的条目。此时，出现相关的参数列表。按表 6-3 输入相关的参数值。通过这个 Build Step，Jenkins 把最新成功构建和测试的开发镜像的指向更新到 MyBank SIT 项目的 Image Stream 中。

表 6-3　Tag OpenShift Image 参数配置

参数名	参数值	释义
URL of the OpenShiftapi endpoint	https://openshift.default.svc.cluster.local	OpenShift 集群地址
The name of the ImageStream for the current image tag	mybank-demo-maven	源 Image Stream 名称
The name of the current image tag or actual image ID	latest	源 ImageStream 标签
The name of the ImageStream for the new image tag	mybank-demo-maven	目标 Image Stream 名称
The name of the new image tag	latest	目标 ImageStream 标签
The name of the project for the current image tag	mybank-dev	源 ImageStream 所在项目
The name of the project for the new image tag	mybank-sit	目标 ImageStream 所在项目

3）再次单击 `Add build step` 按钮。选择添加类型为 `Trigger OpenShift Deployment` 的条目，并输入表 6-4 的参数值。这一步将使 Jenkins 触发 OpenShift 部署新的镜像。

表 6-4　Trigger OpenShift Deployment 参数配置

参数名	参数值	释义
URL of the OpenShiftapi endpoint	https://openshift.default.svc.cluster.local	OpenShift 集群地址
The name of the DeploymentConfig to trigger a deployment for	mybank-demo-maven	Deployment Config 名称
The name of the project the DeploymentConfig is stored in	mybank-sit	项目名称

4）再次单击 `Add build step` 按钮。选择添加类型为 `Execute Shell` 的条目，如图 6-7 所示。在 `Command` 文本框中输入以下代码。

```
echo '开始集成测试环境测试'
echo '这里可以定义自定义的测试逻辑'
sleep 20s
curl mybank-demo-maven.mybank-sit.svc.cluster.local:8080
echo '测试结束'
```

5）完成编辑后，单击 `Save` 按钮保存并回到 Jenkins 主页，如图 6-7 所示。可以尝试触发一次构建，检查配置是否正确。

6.3.9　创建 RELEASE 构建配置

使用前面介绍的方法，创建一个新的构建项目 `MyBank RELEASE`，如图 6-8 所示。按如下要求添加两个 Build Step。

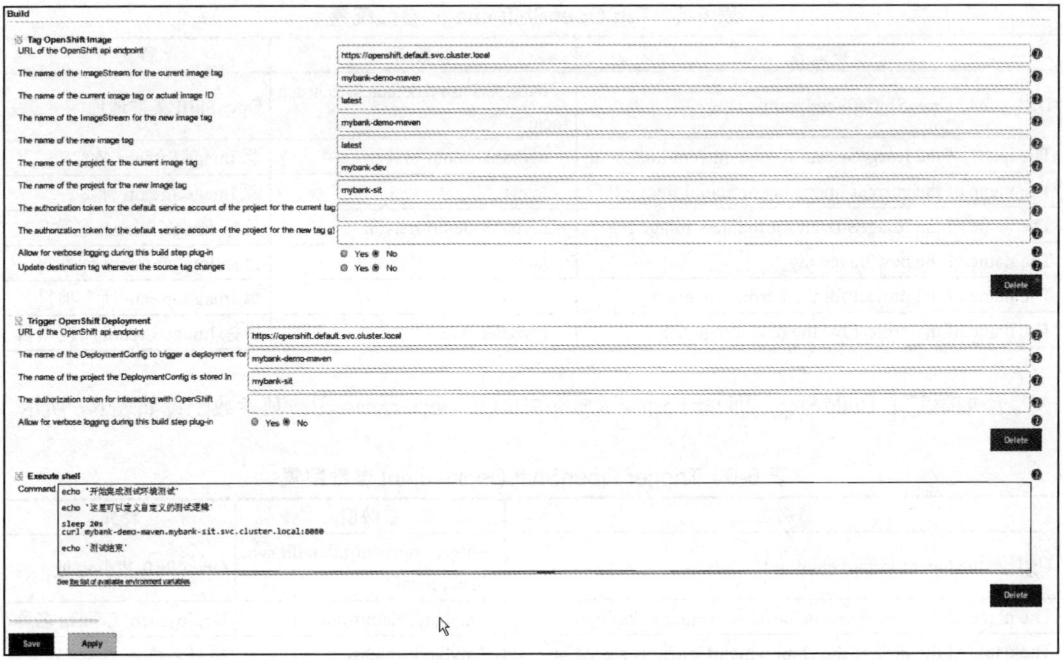

图 6-7　MyBank SIT 项目的 Build Step 配置

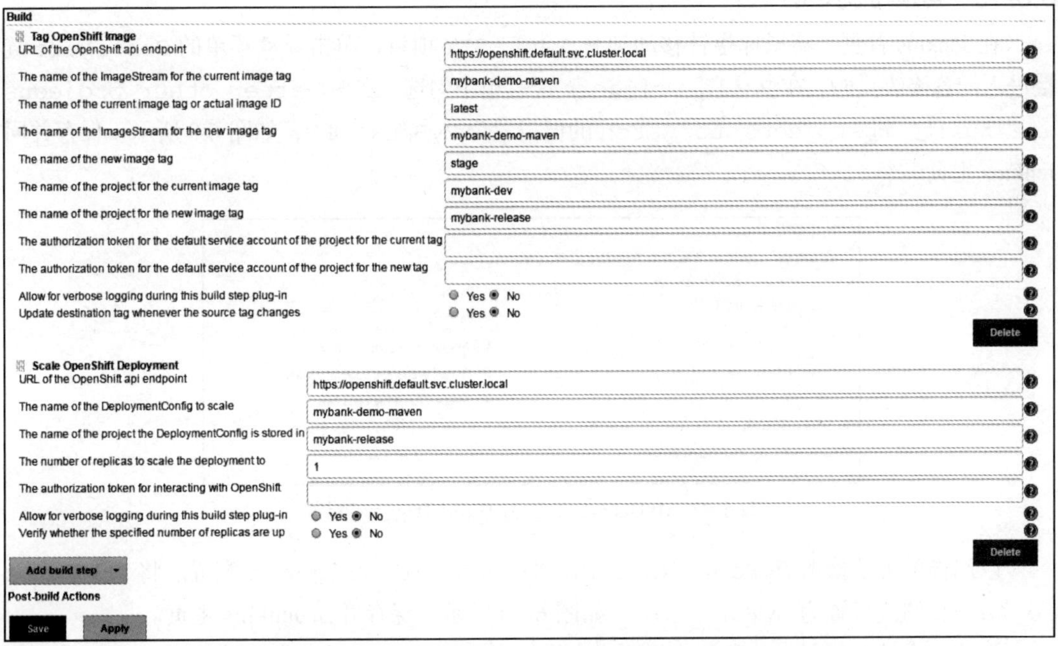

图 6-8　MyBank RELEASE 项目的 Build Step 配置

添加第一个 Build Step，即 `Tag OpenShift Image`，其参数配置如表 6-5 所示。

表 6-5　Tag OpenShift Image 参数配置

参数名	参数值	释义
URL of the OpenShiftapi endpoint	https://openshift.default.svc.cluster.local	OpenShift 集群地址
The name of the ImageStream for the current image tag	mybank-demo-maven	源 Image Stream 名称
The name of the current image tag or actual image ID	latest	源 ImageStream 标签
The name of the ImageStream for the new image tag	mybank-demo-maven	目标 Image Stream 名称
The name of the new image tag	latest	目标 ImageStream 标签
The name of the project for the current image tag	mybank-sit	源 ImageStream 所在项目
The name of the project for the new image tag	mybank-release	目标 ImageStream 所在项目

添加第二个 Build Step，即 `Trigger OpenShift Deployment`，其参数配置如表 6-6 所示。

表 6-6　Trigger OpenShift Deployment 参数配置

参数名	参数值	释义
URL of the OpenShiftapi endpoint	https://openshift.default.svc.cluster.local	OpenShift 集群地址
The name of the DeploymentConfig to trigger a deployment for	mybank-demo-maven	Deployment Config 名称
The name of the project the DeploymentConfig is stored in	mybank-release	项目名称

6.3.10　配置流水线

在 Jenkins 首页，将鼠标指针移动到 `MyBank SIT` 项目，单击浮动菜单的 `Configure` 链接进入配置修改页面。在 Build Triggers 配置组中勾选 `Build after other projects are built`。将 `Projects to watch` 的值设置为 `MyBank DEV`，如图 6-9 所示。保存并回 Jenkins 主页。

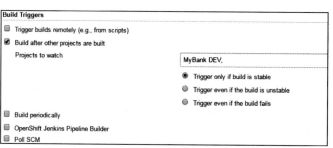

图 6-9　MyBank SIT 项目 Build Triggers 配置

以同样的方法修改 `MyBank RELEASE` 项目的 `Build Triggers` 配置。将 `Projects to watch` 的值设置为 `MyBank SIT`，如图 6-10 所示。保存并回 Jenkins 主页。

至此，成功构建了一条完整的部署流水线。当 Jenkins 触发的开发测试环境 `MyBank DEV` 的构建、测试成功完成之后，将自动触发集成测试环境 `MyBank SIT` 的镜像指向更新及部署、测试。`MyBank SIT` 测试成功完成后，生产环境 `MyBank RELEASE` 的部署将会被触发，生产环境的容器实例将会被更新。完成配置后的 Jenkins 控制台首页如图 6-11 所示。

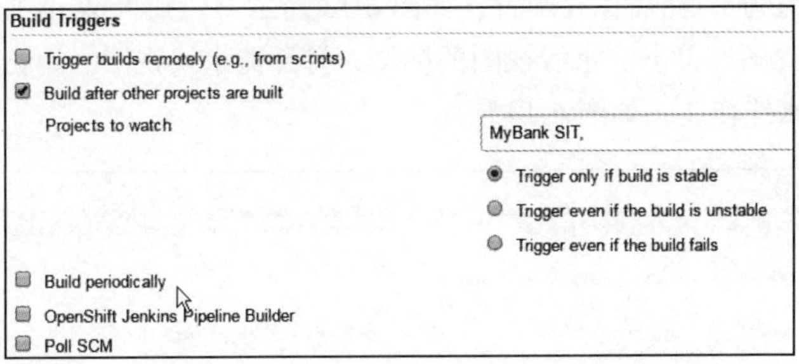

图 6-10　MyBank RELEASE 项目 Build Triggers 配置

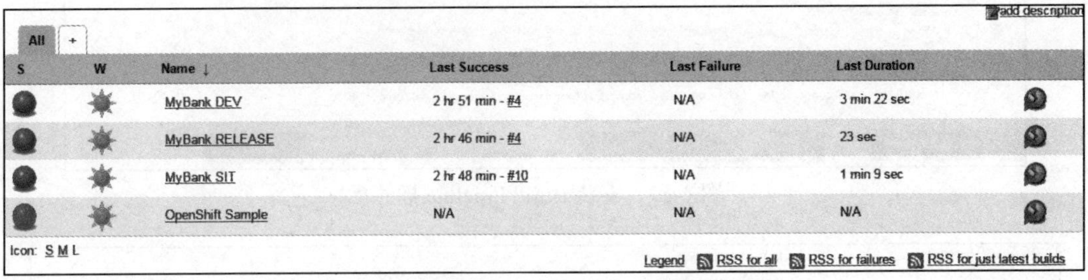

图 6-11　完成配置后的 Jenkins 控制台首页

现在可以在 Jenkins 中触发 `MyBank DEV` 项目的构建，注意观察 OpenShift 中各个项目的变化。

6.4　流水线可视化

通过 Jenkins 的插件 `Build Pipeline Plugin`，可以将前文构建的流水线进行可视化。使用 Build Pipeline 提供一个的图形界面，用户可以直观地了解流水线中构建的状态。在 OpenShift Origin 1.3 以后，OpenShift 与 Jenkins 的集成将更进一步，用户可以在 OpenShift 的界面上直观地查看 Jenkins 流水线的状态。

6.4.1　安装流水线插件

要启动流水线可视化视图，需要安装 Build Pipeline 插件。单击 `Manage Jenkins > Manage Plugins` 进入插件管理页面。单击 `Available` 页签，查找 `Build Pipeline Plugin`。选中 `Build Pipeline Plugin`，然后单击 `Install without restart` 按钮安装插件，如图 6-12 所示。

6.4.2　创建流水线视图

插件安装完毕后，回到 Jenkins 控制台首页，单击右边列表标题旁边的加号 + 按钮，添加一个新的视图。选择视图的类型为 Build Pipeline。在配置界面，选择 MyBank DEV 为 Initial Job（起始任务），然后保存配置，如图 6-13 所示。回到 Jenkins 控制台首页，即可看见新添加的流水线视图。单击流水线视图的标题，打开流水线视图。单击流水线界面的 Run 按钮，可以启动流水线作业，如图 6-14 所示。

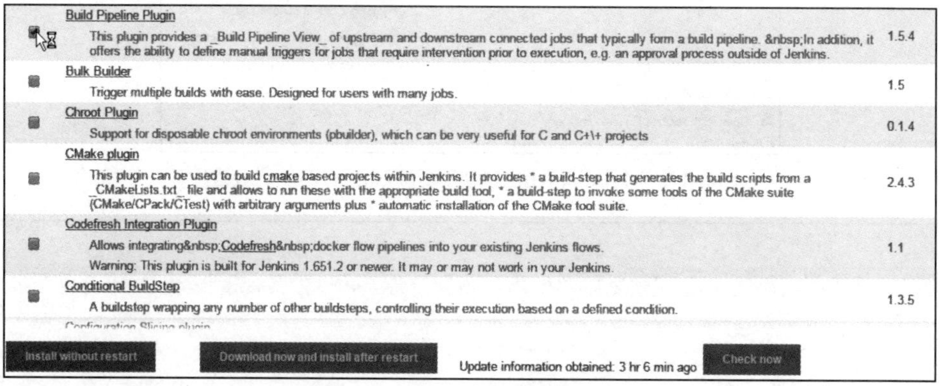

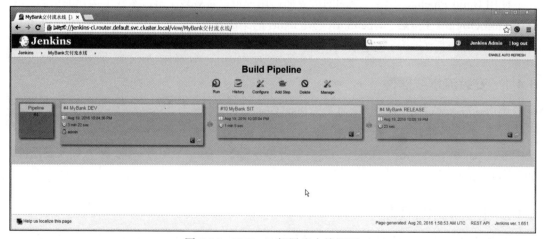

图 6-12　安装 Build Pipeline 插件

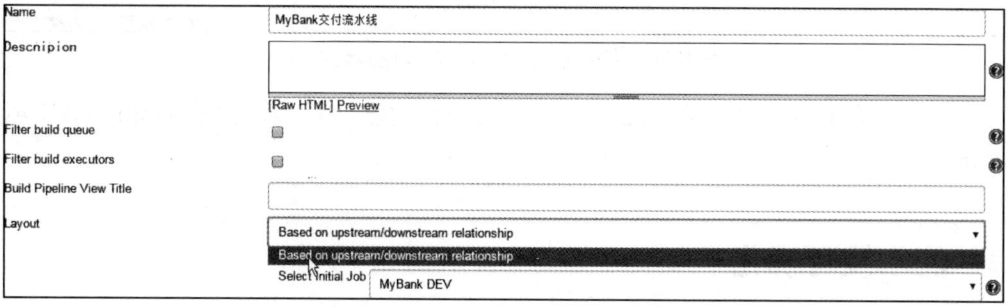

图 6-13　MyBank 部署流水线配置

图 6-14　MyBank 部署流水线视图

6.5 OpenShift 流水线

前面介绍了使用 Jenkins 将 OpenShift 中的项目编排成 Jenkins 的流水线，实现持续集成和部署。OpenShift Origin 1.3.0 引入了一种全新的构建类型：流水线（Pipeline）。创建 Pipeline 类型的构建，用户可以定义和管理在软件开发、测试和部署过程中涉及的流水线，并在 OpenShift 的界面中查看和管理它们。

下面通过部署一个 OpenShift 流水线的示例，让读者掌握 OpenShift 流水线的基本使用。

6.5.1 部署 Jenkins 实例

1）以集群管理员身份登录 OpenShift。

```
[root@master ~]# oc login -u system:admin
```

2）在 openshift 项目中创建一个 Jenkins 的 Template。这样其他所有的项目都能引用到这个模板。

```
[root@master ~]# oc create -f https://raw.githubusercontent.com/openshift/origin/master/examples/jenkins/jenkins-ephemeral-template.json -n openshift
    template "jenkins-ephemeral" created
```

3）切换至普通用户 dev 登录系统。

```
[root@master ~]# oc login -u dev
```

4）创建一个 Pipeline 的演示项目 pipeline-demo。

```
[root@master ~]# oc new-project pipeline-demo
```

5）在 pipeline-demo 项目中部署一个 Jenkins 实例。

```
[root@master ~]# oc new-app jenkins-ephemeral --param=JENKINS_PASSWORD=welcome1
```

6.5.2 部署示例应用

创建一个 Pipeline 的示例应用。通过部署日志，可以看到这个应用中定义了一个 Pipeline 类型的 Build Config 以及一个基于 MySQL 的 Ruby 应用。

```
[root@master ~]# oc new-app -f https://raw.githubusercontent.com/openshift/origin/master/examples/jenkins/pipeline/samplepipeline.json
--> Deploying template jenkins-pipeline-example for "https://raw.githubusercontent.com/openshift/origin/master/examples/jenkins/pipeline/samplepipeline.json"

    jenkins-pipeline-example
    ---------
    This example showcases the new Jenkins Pipeline integration in OpenShift,
    which performs continuous integration and deployment right on the platform.
    The template contains a Jenkinsfile - a definition of a multi-stage CI process -
```

```
      that leverages the underlying OpenShift platform for dynamic and scalable
      builds. OpenShift integrates the status of your pipeline builds into the web
      console allowing you to see your entire application lifecycle in a single view.

      The Jenkins server is not currently automatically instantiated for you.
      Please instantiate one of the Jenkins templates to create a Jenkins server
      for managing your pipeline build configurations.

         * With parameters:
            * ADMIN_USERNAME=adminTIW # generated
            * ADMIN_PASSWORD=uaocwYMm # generated
            * MYSQL_USER=userFP0 # generated
            * MYSQL_PASSWORD=RwQEqAvA # generated
            * MYSQL_DATABASE=root

--> Creating resources with label app=jenkins-pipeline-example ...
buildconfig "sample-pipeline" created
service "frontend" created
route "frontend" created
imagestream "origin-ruby-sample" created
buildconfig "ruby-sample-build" created
deploymentconfig "frontend" created
service "database" created
deploymentconfig "database" created
--> Success
    Use 'oc start-build sample-pipeline' to start a build.
    Use 'oc start-build ruby-sample-build' to start a build.
    Run 'oc status' to view your app.
```

通过 `oc get pod` 可以查看当前项目的容器列表，可以看到一个 MySQL 和一个 Jenkins 容器正在运行。

```
[root@master ~]# oc get pod
NAME                    READY    STATUS    RESTARTS    AGE
database-1-jg302        1/1      Running   0           5m
jenkins-1-638qw         1/1      Running   0           7m
```

6.5.3 查看流水线定义

查看 Build Config 定义。项目中定义了两个 Build Config：一个是类型为 `Source` 的 Ruby 应用；另一个是类型为 `JenkinsPipeline` 的流水线。

```
[root@master ~]# oc get bc
NAME                  TYPE              FROM      LATEST
ruby-sample-build     Source            Git       1
sample-pipeline       JenkinsPipeline             1
```

通过 `oc describe bc` 命令查看 `sample-pipeline` 流水线对象的详细信息。

```
[root@master ~]# oc describe bc sample-pipeline
```

```
Name:           sample-pipeline
Namespace:      pipeline-demo
Created:        12 minutes ago
Labels:         app=jenkins-pipeline-example
name=sample-pipeline
template=application-template-sample-pipeline
Annotations:    openshift.io/generated-by=OpenShiftNewApp
        pipeline.alpha.openshift.io/uses=[{"name": "frontend", "namespace": "",
        "kind": "DeploymentConfig"}]
Latest Version: 1

Strategy:    JenkinsPipeline
Jenkinsfile contents:
node('maven') {
stage 'build'
openshiftBuild(buildConfig: 'ruby-sample-build', showBuildLogs: 'true')
stage 'deploy'
openshiftDeploy(deploymentConfig: 'frontend')
    }
Empty Source:   no input source provided

Build Run Policy:   Serial
Triggered by:       <none>
WebhookGitHub:
    URL:    https://192.168.172.167:8443/oapi/v1/namespaces/pipeline-demo/buildconfigs/
    sample-pipeline/webhooks/secret101/github
Webhook Generic:
    URL:        https://192.168.172.167:8443/oapi/v1/namespaces/pipeline-demo/buildconfigs/
    sample-pipeline/webhooks/secret101/generic
AllowEnv:    false

Build           Status      Duration        Creation Time
```

通过上面的输出可以看到该 Build Config 的 Strategy 类型为 `JenkinsPipeline`。Pipeline 构建类型是基于 Jenkins 的 Pipeline 插件实现的，在输出中可以看到 JenkinsPipeline 的定义。

```
node('maven') {
stage 'build'
openshiftBuild(buildConfig: 'ruby-sample-build', showBuildLogs: 'true')
stage 'deploy'
openshiftDeploy(deploymentConfig: 'frontend')
    }
```

上面的定义中定义了一个有两个节点的流水线：一个节点是 `build`，其触发了一个 OpenShift 的构建；另一个节点是 `deploy`，其触发了一个 OpenShift 的构建。和其他的构建类型一样，Pipeline 构建类型也具有 GitHub Hook 及 Generic Hook。

6.5.4 触发流水线构建

通过 `oc start-build` 命令启动一次 Pipeline 构建。

```
[root@master ~]# oc start-build sample-pipeline
build "sample-pipeline-1" started
```

查看项目中的容器列表，可以看到构建启动后，相应的容器被启动并运行。

```
[root@master ~]# oc get pod
NAME                          READY     STATUS     RESTARTS    AGE
database-1-jg302              1/1       Running    0           5m
jenkins-1-638qw               1/1       Running    0           8m
maven-43d40c24748             1/1       Running    0           47s
ruby-sample-build-1-build     1/1       Running    0           29s
```

可以在 Web 控制台上查看流水线的进度。单击界面上的 View log 连接，如图 6-15 所示可以在 Jenkins 中查看详细的日志信息，如图 6-16 所示。

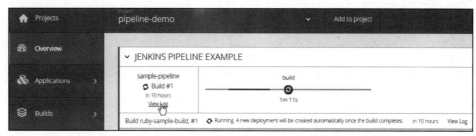

图 6-15　OpenShift Web 控制台中查看流水线状态

图 6-16　在 Jenkins 中查看流水线日志

单击项目概览页面上 Pipeline 构建的名字 sample-pipeline，可以查看该流水线的执行历史记录，如图 6-17 所示。当执行的次数达到一定数量后，OpenShift 还会显示过往构建的统计图表。

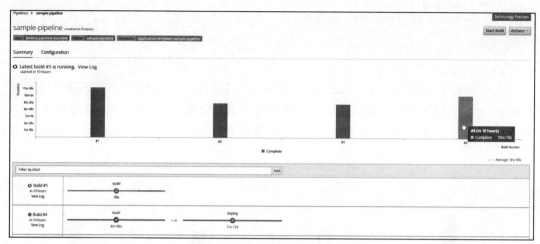

图 6-17　流水线执行历史记录

6.5.5　修改流水线配置

OpenShift Pipeline 的实现基于 Jenkins Pipeline，Jenkins Pipeline 的定义脚本其实是一段 Groovy 脚本。因此，流水线的定义有很大的灵活性。用户可以在其中添加自定义的逻辑和流水线步骤。将 `sample-pipeline` 的流水线定义修改为如图 6-18 所示，添加一个名为 `testing` 的步骤。

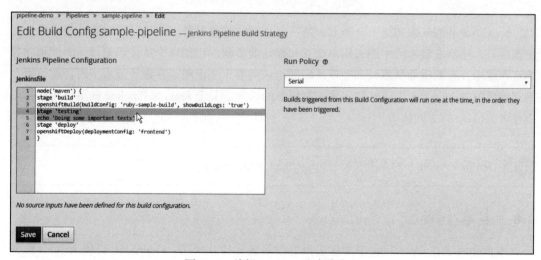

图 6-18　编辑 Pipeline 流水线定义

修改后流水线的定义如下：

```
node('maven') {
stage 'build'
```

```
openshiftBuild(buildConfig: 'ruby-sample-build', showBuildLogs: 'true')
stage 'testing'
echo 'Doing some important tests'
stage 'deploy'
openshiftDeploy(deploymentConfig: 'frontend')
}
```

单击 `Save` 按钮保存，回到 `sample-pipeline` 执行历史展示页面，单击页面右上方的 `Start Build` 按钮启动一次新的构建，此时将会发现该流水线构建步骤从两步变成了三步。构建完成后，在构建日志中可以看到新添加的步骤输出的字符串 `Doing some important tests`。

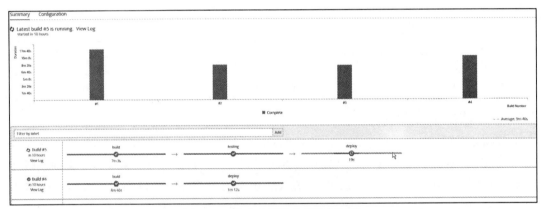

图 6-19 修改后的流水线执行效果

Jenkins Pipeline 的功能十分强大，是一个小型的流程引擎。除了可以构建自动化的执行流水线外，还能在流水线中加入用户交互和确认的步骤。比如一个从代码编译、测试到部署的流水线中，容器镜像从测试到生产环境的推送需要人工审核。在设计流水线时，就可以在推送镜像前加入一个人工审核的步骤获取用户的输入。关于 Jenkins Pipeline 的更多用法，可以参考 Jenkins 官方网站。

 提示　Jenkins Pipeline 的参考文档：https://jenkins.io/doc/pipeline/。

6.6　本章小结

本章介绍了在 OpenShift 中如何实现持续集成和持续部署。OpenShift 提供 Jenkins 服务满足用户对持续集成、交付和部署的需求。通过简单的配置，可以快速搭建出满足项目需要的持续集成和部署环境。此外，OpenShift Pipeline 为用户流水线的创建和管理提供了一种直观和方便的管理途径。通过 OpenShift Pipeline，用户可以感受到 OpenShift 在 Docker 与 Kubernetes 的基础上，极大地提升了用户体验，让用户可以提升从开发到生产的工作效率。

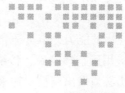

第 7 章 Chapter 7
应用的微服务化

7.1 容器与微服务

当前在讨论容器和容器云话题时,微服务也成为一个热门的讨论点。在一些人看来微服务和容器是密不可分的。

7.1.1 微服务概述

微服务(microservice)的核心理念就是将大的单体应用(monolithic application)拆散,形成多个相对较小的单体应用。这些单体应用可以独立进行开发、测试和部署,通过对这些单体应用的编排和组合最终提供完整的服务,如图 7-1 所示。微服务将传统的应用架构化整为零,目的是提高应用开发和交付的效率。在传统的单体应用时代,虽然有模块的概念,但是在构建时,众多的模块往往会被构建成一个单一的、庞大的部署包。单体应用的更新往往导致整个系统的所有服务都中断。而在微服务的场景中,所有的功能都是由一个或多个服务提供的,当某个微服务进行更新和维护时,只会影响该服务涉及的业务,其他模块可以正常对外提供服务。微服务之间相对独立,它们各自可以有各自的开发周期,相互间不会有过强的捆绑关系,这样有助于加快系统整体迭代更新的节奏。从团队组织上来说,微服务的划分颗粒度较细,可以形成更有针对性的权责关系。

7.1.2 微服务与容器

目前常见的一种迷思是"要使用微服务架构就要使用容器",或者"使用容器就必须实现微服务架构"。其实微服务和容器两者并没有强的捆绑关系。微服务和具体的语言和技术也没有直接的绑定关系。要实现微服务，不一定要使用容器。应用的微服务化，除了技术层面，还需要从开发团队的文化、组织架构着手。从技术层面看，容器具备在大规模云环境中快速部署复杂应用的能力，十分适合应用在微服务架构的场景中。反过来看，容器在未来成为云上的主流应用运行环境后，传统的大型单体应用运行在容器中并不是一个很好的选择。未来的应用架构必须做出调整，让未来的应用更适合在容器内运行，在云上运行，甚至最终变成云的原生应用（cloud native application）。微服务和容器是两个相辅相成的概念，它们的最终目的都是一致的，那就是提高应用开发、测试和部署的效率，让IT变得更敏捷。

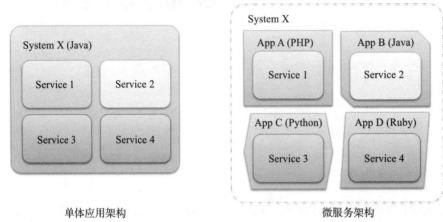

图 7-1　单体应用架构与微服务架构

关于微服务的细节，完全足够再编写一本书来详细讨论，这里不过度展开。本章的焦点是在 OpenShift 容器云上部署运行微服务应用。我们会通过一些简单的微服务例子来探讨 OpenShift 如何有效地支持微服务架构落地。

 提示　关于微服务的详细介绍，推荐参考 Nginx 博客出品的系列文章：https://www.nginx.com/blog/introduction-to-microservices/。

7.2　微服务容器化

微服务落实到最实处，其实就是应用。一个微服务可以用任何的编程语言实现。但是不管它是用哪种编程语言实现，最终都还是需要一个运行环境，如一个操作系统、一个 Web 服务器、一个脚本解析器或者一个类似 JVM 的虚拟机。微服务享用容器和容器云提供的种种便利的一个前提条件就是，微服务需要被容器化。关于应用的容器化，在前面的章节进行了专门的讨论。虽然可以手工实现微服务的容器化，但是这样做是低效和不现实的。在企业大规模使用容器的场景中，企业必须建立一套微服务及应用容器化的自动化流程，通过自动化流程来规范应用容器化的过程以及提高应用容器化流程的效率和质量。

7.2.1 基于现有的构建系统容器化微服务

实现微服务应用容器化的自动化有多种途径。在前面的章节介绍了如何通过编写 Dockerfile 将一个 Java 应用程序进行容器化。编写 Dockerfile，其实就已经将应用容器化的过程进行了固化。对于已经有构建自动化系统的用户，下一步往往是对其自动化构建系统稍作改造，在构建出原有的构建交付件后再接着触发一次 Docker 构建，产生相应的微服务应用的容器镜像，并将镜像发布至相应的镜像仓库备用。例如，如果用户的团队现在已经在用 Jenkins 进行代码的持续集成和部署，就可以在现有的基础上修改 Jenkins 的配置，让 Jenkins 构建及发布应用的镜像。

7.2.2 基于 S2I 容器化微服务

1. 基于 S2I 容器化微服务原理

Source to Image（S2I）是 OpenShift 中应用容器化的标准流程。通过 S2I 流程，用户可以很方便地把各种语言实现的微服务应用通过一个标准化的流程进行容器化。和其他应用的容器化一样，在微服务容器化过程中，S2I 需要的最基本的输入只有两个：一个是微服务的源代码仓库地址，另一个就是合适的 Builder 镜像。S2I 的自动化流程将负责微服务应用代码的编译、构建和部署，并最终生成可部署的微服务应用镜像。

与基于传统构建系统进行应用容器化相比，使用 S2I 能更好地和 OpenShift 平台整合，实现起来也更加简洁。此外，更重要的是 S2I 的构建是在容器化的环境中进行的。每一次构建 S2I 都将实例化 S2I Builder 镜像作为构建环境。通过 S2I 的 Builder 容器镜像，用户可以精细化地控制构建的环境，而且每次构建的环境可以保证高度一致。再者，每一次的构建都是在容器中进行，这些容器都将运行在 OpenShift 容器云平台之上，受到容器云平台的调度和管理，用户可以弹性地控制构建所需的计算资源。

许多团队都会有团队的构建服务器，多人共用的环境难免产生资源的冲突和争抢。目前有一些企业也在探索提供个人的构建和测试空间。即为面向所有的开发用户提供私有的隔离的应用构建和测试环境。作为一种轻量化的虚拟化技术，容器是实现个人级构建和测试空间的一个可行之选。

2. 基于 S2I 容器化微服务实例

图 7-2 是本节将要部署的微服务例子的架构图。这个例子一共部署三个服务：`Caller Service`、`Hello Service` 和 `Goodbye Service`。通过传递不同的参数调用 Caller Service，Caller Service 会分别调用 Hello Service 或 Goodbye Service，并返回结果。

在 OpenShift 中创建一个名为 `microservices` 的项目。

```
[root@master /]# oc new-project microservices --display-name='Microservices'
```

部署 Hello Service 与 Goodbye Service 应用。Hello 和 Goodbye Service 是两个由 NodeJS 实现的微服务应用。它们接受用户的请求，返回相应的字符串。

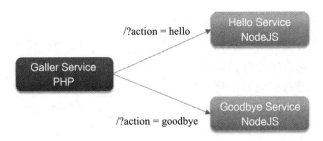

图 7-2 微服务架构示例

```
[root@master /]# oc new-app nodejs:0.10~https://github.com/nichochen/OpenShift-book-hello-service#1.0 --name=service-hello
[root@master /]# oc new-app nodejs:0.10~https://github.com/nichochen/OpenShift-book-goodbye-service --name=service-goodbye
```

 提示 如果用户足够细心，就会发现在部署 Hello Service 时，源代码仓库地址的末尾带有 #1.0。这是指定部署 Hello Service 的 1.0 版本，从而为后面章节的讨论埋下伏笔。

部署 Caller Service。Caller Service 是一个 PHP 应用。它会根据用户的输入调用 Hello Service 或 Goodbye Service，并把结果返回给用户。

```
[root@master /]#  oc new-app php:5.6~https://github.com/nichochen/OpenShift-book-caller-service/ --name=service-caller
```

`oc new-app` 为微服务应用创建了相应的 BulidConfig、Deployment Config 和 Service。通过 `oc get svc`，可以看到 Service 的相关信息。

```
[root@master /]# oc get svc
NAME              CLUSTER-IP       EXTERNAL-IP   PORT(S)     AGE
service-caller    172.30.235.172   <none>        8080/TCP    2m
service-goodbye   172.30.128.106   <none>        8080/TCP    13m
service-hello     172.30.222.70    <none>        8080/TCP    14m
```

当所有的微服务容器启动完毕后就可以进行简单测试了。通过调用 Caller Service 的地址加上 URL 参数 `action=hello`，Caller Service 将调用 Hello Service 并返回字符串"Hello and welcome!"。

```
[root@master /]# curl 172.30.235.172:8080/?action=hello
Response from remote service:
{'message':'Hello and welcome!'}
```

 提示 请注意替换下面的 IP 地址至用户环境中的实际地址。

通过调用 Caller Service 的地址加上参数 `action=goodbye`，Caller Service 将调用 Goodbye

Service 并返回字符串"Goodbye and see you next time！"。

```
[root@master /]# curl 172.30.235.172:8080/?action=goodbye
Response from remote service:
{'message':'Goodbye and see you next time!'}
```

微服务的实现可能涉及多种不同的技术和编程语言。OpenShift S2I 可以快速为不同编程平台实现的微服务提供标准化的容器镜像构建流程。

7.3 服务部署

关于微服务的部署，要着眼于两个层面：单个微服务的部署和微服务群的部署。在微服务架构中，完整的系统是由多个微服务的组合构成的。这意味着完成一次完整的系统部署，涉及多个微服务的部署。一般而言，每个微服务提供不同的功能，完成不同的任务。因此，不同微服务的部署配置是不尽相同的。因为部署的复杂性，微服务的部署应以自动化为手段。在完成单个微服务部署的基础上，还需要进一步考虑如何高效地完成多个微服务的部署，使一个个单独的微服务有机地构成一个完整的系统并对外提供服务。

7.3.1 单个微服务的部署

在 OpenShift 中，用户通过 Deployment Config 作为容器部署定义描述对象，定义部署的容器的行为特性。通过 Deployment Config，用户可以定义单个微服务的部署要求，如微服务的镜像、启动命令、系统环境变量、资源配额、数据持久化、健康检查、实例数量、所运行目标计算节点等。通过创建 Deployment Config，OpenShift 将根据要求容器化微服务并部署到集群中。

举一个常见的例子，每个微服务对资源的需求往往是不尽相同的。有的微服务属于联机事务处理型的应用，对内存的资源消耗会比较大，有的则可能属于联机事务分析型的应用，对 CPU 的消耗比较大。在部署各种微服务时，应该根据当前微服务应用的特性，部署至合适的集群节点上。可以在 Deployment Config 中定义 NodeSelector（节点选择器），将相关微服务的容器实例调度到集群中内存资源比较充裕的计算节点上。

7.3.2 多个微服务的部署

Deployment Config 可以灵活满足单个微服务的部署需求。对于多个微服务的部署，可以通过 OpenShift 的 Template（模板）来实现。如前文通过 Template 一键部署了 CakePHP 及 MySQL 应用。在 Template 中，可以为不同的微服务定义各自的 Deployment Config、Service 及 Route 等资源对象。再者，通过 Template 的参数功能，为服务的部署提供配置的途径。通过 Template，用户可以实现"一键式"部署，极大提高了工作效率。

在前面的例子中，我们部署了三个微服务应用。下面为这三个微服务应用创建一个模板，并将这个模板加入 OpenShift 的服务目录中。最终的结果是系统中的用户可以通过选择模板实现这个三个微服务的 "一键式" 部署。

通过 `oc export` 命令，可以导出 OpenShift 中指定的对象。加上 `--as-template` 参数使导出的内容以模板的形式展现。命令执行完成后将在 /tmp 目录下生成一个文件 my-system.json。

```
[root@master /]# oc export bc,dc,svc,is -o json --as-template='my-system' > /tmp/my-system.json
```

切换账户至集群管理员，并执行 `oc create` 命令创建模板。注意模板要创建在 `openshift` 项目中，这样才可以被所有用户引用。

```
[root@master /]# oc login -u system:admin
[root@master ~]# oc create -f /tmp/my-system.json -n openshift
template "my-system" created
```

此时，以 dev 用户或其他用户登录 Web 控制台，创建一个新的项目。单击 `Add to project` 按钮，搜索 `my-system`，可以看到刚刚创建的模板。选择该模板可以实现一键部署前文部署的三个微服务。在实际的项目中，用户可以对模板进行更细致的定制，如图 7-3 所示，满足更复杂的部署需求。关于模板定制的详细内容，请参考第 14 章。

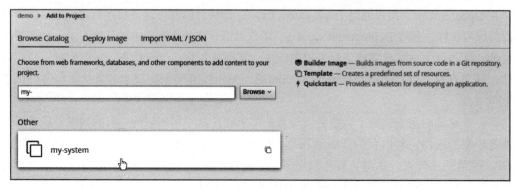

图 7-3　用户自定义的模板

7.4　服务发现

在微服务架构中的微服务并不是孤立的个体，服务之间是相互依赖的。A 服务可能会调用 B 和 C 服务的接口，C 服务又可能依赖于 D 服务。在传统的服务依赖模型中，各个服务的调用地址，如域名、IP 和端口在服务部署前就已经明确了。一般远程被调用的服务的调用地址会被写入调用方的配置文件中。和传统的模型不同，在云的环境中，所有的资源都是按需创建的，服务的域名、IP 和端口在服务创建时才会被分配，因此依赖信息不能事先写入配置文件中。这意味着应用要以一种全新的方式获取所依赖的服务的调用信息。

在前面的章节中介绍过 OpenShift 中一个重要的组件 Service。一个 Service 具有一个相对恒定的 IP 地址，能为后端的一组 Pod 容器分发流量。在 OpenShift 中，一般会为每个需要被调用的应用关联一个或多个 Service 对象。在同一个 OpenShift 的项目中定义的所有 Service 的访问信息，会被自动注入这个项目中的所有容器中。容器中的应用，只需通过所需调用的服务的名称，就可以从上下文环境变量中获取目标 Service 的 IP 地址和服务端口，从而避免手工修改服务连接信息。

7.4.1 通过 Service 进行服务发现

在本章的例子中，Caller Service 会调用到 Hello Service 及 Goodbye Service。但是 Caller Service 事先并不知道后端的服务地址。查看 Caller Service 主页 index.php 的代码，就可以看到 Caller Service 是通过环境变量 SERVICE_HELLO_SERVICE_HOST 及 SERVICE_GOODBYE_SERVICE_HOST 获取后端服务的地址。

```
<?php
$hello_service = getenv('SERVICE_HELLO_SERVICE_HOST');
$goodbye_service = getenv('SERVICE_GOODBYE_SERVICE_HOST');

if ($_GET['action'] == 'hello')
    $url = $hello_service;
else if ($_GET['action'] == 'goodbye')
    $url = $goodbye_service;
else
    $url = '';

if ($url != '' ){
        $ch = curl_init();
curl_setopt($ch, CURLOPT_URL, $url . ":8080");
        $response = curl_exec($ch);
curl_close($ch);
}else{
echo 'Invalid action.';
}

?>
```

SERVICE_HELLO_SERVICE_HOST 及 SERVICE_GOODBYE_SERVICE_HOST 这两个环境变量是 OpenShift 根据当前项目的 Service 信息自动生成并注入 Caller Service 的容器中的。登录到容器内部，可以查看 Service 相关的环境变量。通过这些环境变量，应用可以获取后端服务的相关连接信息。

```
[root@master ~]# ocrsh service-caller-1-q733i
sh-4.2$ env|grep SERVICE
SERVICE_GOODBYE_SERVICE_PORT_8080_TCP=8080
```

```
SERVICE_HELLO_PORT_8080_TCP_ADDR=172.30.222.70
SERVICE_GOODBYE_PORT=tcp://172.30.128.106:8080
SERVICE_CALLER_SERVICE_PORT_8080_TCP=8080
SERVICE_HELLO_PORT=tcp://172.30.222.70:8080
SERVICE_HELLO_PORT_8080_TCP_PORT=8080
KUBERNETES_SERVICE_PORT=443
SERVICE_HELLO_SERVICE_PORT=8080
KUBERNETES_SERVICE_HOST=172.30.0.1
SERVICE_HELLO_SERVICE_HOST=172.30.222.70
SERVICE_GOODBYE_PORT_8080_TCP_PORT=8080
SERVICE_CALLER_SERVICE_PORT=8080
KUBERNETES_SERVICE_PORT_DNS=53
SERVICE_HELLO_PORT_8080_TCP_PROTO=tcp
SERVICE_GOODBYE_PORT_8080_TCP=tcp://172.30.128.106:8080
SERVICE_CALLER_PORT=tcp://172.30.235.172:8080
SERVICE_GOODBYE_PORT_8080_TCP_PROTO=tcp
SERVICE_HELLO_SERVICE_PORT_8080_TCP=8080
SERVICE_GOODBYE_SERVICE_PORT=8080
SERVICE_CALLER_PORT_8080_TCP_PORT=8080
SERVICE_CALLER_PORT_8080_TCP_ADDR=172.30.235.172
SERVICE_CALLER_PORT_8080_TCP=tcp://172.30.235.172:8080
SERVICE_GOODBYE_SERVICE_HOST=172.30.128.106
SERVICE_CALLER_PORT_8080_TCP_PROTO=tcp
SERVICE_CALLER_SERVICE_HOST=172.30.235.172
KUBERNETES_SERVICE_PORT_HTTPS=443
SERVICE_GOODBYE_PORT_8080_TCP_ADDR=172.30.128.106
SERVICE_HELLO_PORT_8080_TCP=tcp://172.30.222.70:8080
KUBERNETES_SERVICE_PORT_DNS_TCP=53
```

7.4.2 服务目录与链接

在 OpenShift 的项目路线图中，将会实现 Service Catalog（服务目录）和 Service Linking （服务链接）功能，进一步加强集群内 Service 的发现和调用。简单来说，通过 Service Catalog 实现全局的服务目录，可以在这个全局的目录发布服务和选取服务。通过 Service Linking 功能，可以将需要的服务和容器应用对接。

7.5 健康检查

因为每个微服务必须为它自身的状态负责，所以每个微服务都应提供一个健康检查的接口。通过调用这个健康检查接口，外界可以判断这个服务当前的状态。一般情况下，并不是容器启动后容器中的应用就马上就绪了，应用一般还有一个启动或初始化的过程。因此，必须有一种手段让平台检查微服务应用的就绪状态。

7.5.1 Readniess 与 Liveness

在 OpenShift 的 Deployment Config 中，用户可以定义两种检查：Readiness Probe 检查应用

是否已经就绪；Liveness Probe 检查容器是否在正常运行。OpenShift 通过检查 Readiness Probe 接口，只有在确认服务就绪后，才会将外界的流量转发至服务。如果一个服务的 Liveness Probe 探测结果返回失败，平台就会判定这个容器实例出现了问题，相应的容器会被停止。下面是一个 Readiness Probe 及 Liveness Probe 示例定义。`initialDelaySeconds` 参数指定了容器启动后多久开始启动相关的检查。`timeoutSeconds` 指定了相关检查的超时时间。

```
"livenessProbe": {
    "httpGet": {
        "path": "/?action=hello",
        "port": 8080,
        "scheme": "HTTP"
    },
    "initialDelaySeconds": 10,
    "timeoutSeconds": 2,
    "periodSeconds": 10,
    "successThreshold": 1,
    "failureThreshold": 3
},
"readinessProbe": {
    "httpGet": {
        "path": "/?action=hello",
        "port": 8080,
        "scheme": "HTTP"
    },
    "initialDelaySeconds": 10,
    "timeoutSeconds": 2,
    "periodSeconds": 10,
    "successThreshold": 1,
    "failureThreshold": 3
},
```

7.5.2 健康检查类型

OpenShift 默认支持三种类型的健康检查接口：HTTP GET 请求、执行容器命令及 TCP Socker，用户可以按需选择配置。

1. HTTP GET 请求

HTTP GET 请求类型的检查通过调用用户指定的 URL 判别容器应用的状态。如果返回值为 200 或 399，则表示成功，否则认为失败。

下面是一 HTTP GET 请求检查的示例，该检查调用容器的 8080 端口上的路径 "/health.php" 来检查容器的状态。

```
......
    "readinessProbe": {
        "timeoutSeconds": 3,
        "initialDelaySeconds": 3,
        "httpGet": {
```

```
            "path": "/health.php",
            "port": 8080
        }
    },
......
```

2．执行容器命令

用户可以通过自行容器中的某个命令来确认容器的状态。如果程序的返回值为 0 则表示成功，否则认定为失败。在下面的例子中，检查调用 MySQL 客户端执行查询，以检查 MySQL 服务的状态。

```
......
    "readinessProbe": {
        "timeoutSeconds": 1,
        "initialDelaySeconds": 5,
        "exec": {
            "command": [ "/bin/sh", "-i", "-c",
            "MYSQL_PWD=\"$MYSQL_PASSWORD\" mysql -h 127.0.0.1 -u $MYSQL_USER
             -D $MYSQL_DATABASE -e 'SELECT 1'"]
        }
    },
......
```

3．TCP Socket

TCP Socket 检查访问容器的某一 TCP 端口，如果成功建立连接，则认为检查成功，否则认为是失败。在下面的例子中，检查尝试与容器的 3306 端口进行连接，从而判断容器中应用的状态是否正常。

```
......
    "livenessProbe": {
        "timeoutSeconds": 1,
        "initialDelaySeconds": 30,
        "tcpSocket": {
            "port": 3306
        }
    },
......
```

7.6 更新发布

完成上述一系列准备工作后，下面介绍应用更新发布的相关内容。

7.6.1 滚动更新

将单体应用转化成一组微服务的一个优点是，每个微服务都可以有自己的生命周期。每个微服务开发团队可以有自己相对独立的版本节奏，各个团队可以根据自己的节奏发布版本。这也意味着应用的更新发布会变得更加频繁。微服务架构从架构上减少了系统整体服务停机的风险。每个微服务更新时，系统只有部分相关的功能受影响。

对于单个微服务而言，OpenShift提供了滚动更新（rolling update）的机制，保证在服务更新的过程中服务不受影响。在滚动更新的过程中，OpenShift先启动一定数量新版本的容器，在容器确认就绪后，再将老版本一定数量的容器停止。通过这个过程，OpenShift逐一替换和淘汰老版本的应用，从而实现更新的过程中服务不中断。

要观察滚动更新，首先需要将Hello Service扩展至5个实例以便观察。

```
[root@master ~]# oc scale dc service-hello --replicas=5
deploymentconfig "service-hello" scaled
```

接下来更新Hello Service的Build Config的源代码指向，将其指向版本2.0。执行`oc edit bc service-hello`命令。将ref的属性值从`1.0`修改为`2.0`，保存并退出。

```
source:
git:
ref: "2.0"
uri: https://github.com/nichochen/OpenShift-book-hello-service
```

执行一次新的构建。新的构建将下载Hello Service 2.0版本的代码、产生新的镜像，并进行滚动更新部署。

```
[root@master ~]# oc start-build service-hello
service-hello-2
```

OpenShift每次部署都会产生一个Kubernetes的Replication Controller对象。通过观察Replication Controller对象，可以观察到OpenShift滚动更新的过程。通过下面的输出可以看到`service-hello-1`的Replication Controller的容器实例数量在不断下降，与此同时`service-hello-2`的Replication Controller的容器实例数量在不断上升。在这个版本交替的过程中，OpenShift会保证总是有容器实例在对外提供服务，保证服务不间断。

```
[root@master ~]# oc get rc |egrep "hello|NAME"
NAME              DESIRED   CURRENT   AGE
service-hello-1   5         5         1h
service-hello-2   0         0         1s
...数秒后...
NAME              DESIRED   CURRENT   AGE
service-hello-1   4         4         1h
service-hello-2   2         2         12s
...数秒后...
NAME              DESIRED   CURRENT   AGE
service-hello-1   2         2         1h
service-hello-2   3         3         19s
...数秒后...
```

```
NAME                 DESIRED      CURRENT     AGE
service-hello-1      1            1           1h
service-hello-2      5            5           24s
... 数秒后 ...
NAME                 DESIRED      CURRENT     AGE
service-hello-1      0            0           1h
service-hello-2      5            5           31s
```

当部署结束后再次触发 Caller Service 访问 Hello Service。可以看到 Hello Service 返回值中的字符串 Welcome 变成了新版本中的返回值字符串 WELCOME。

```
[root@master ~]# curl 172.30.235.172:8080/?action=hello
Response from remote service:
{'message':'Hello and WELCOME!'}
```

7.6.2　发布回滚

不一定每一次的发布都是顺利的，如果发布失败或者发布异常，必须有一套机制让用户可以快速回滚操作。发布的回滚是一项很实用的功能。OpenShift 中每次部署都有相关的版本记录，用户可以快速回退到某一次的部署配置。

尝试回滚 Hello Service，将其回退到上一次的部署版本：版本 1.0。

```
[root@master ~]# oc rollback service-hello -to-version=1
#3 rolled back to service-hello-1
Warning: the following images triggers were disabled: service-hello:latest
    You can re-enable them with: oc deploy service-hello --enable-triggers -n microservices
```

执行完毕后，再次触发 Hello Service。通过返回的消息可以看见，Hello Service 已经回到了 1.0 了。用户会发现回退部署操作比较迅速，因为上一次部署的 Hello Service 版本 1.0 的镜像已经存在于内部镜像仓库中，无须再次构建。

```
[root@master ~]# curl 172.30.235.172:8080/?action=hello
Response from remote service:
{'message':'Hello and welcome!'}
```

7.6.3　灰度发布

灰度发布是当前非常流行的一种发布方式。用户在发布一个新版本应用服务时，并不完全替换所有老版本的应用服务实例，而是只替换一定的比例。这样避免因为新版本存在缺陷而导致所有的用户都受到影响。

1. 基于 Service 的灰度发布

在 OpenShift 中部署应用服务，一般会创建 Service。Service 将关联这个服务的所有容器实例。从原理上来说，在 OpenShift 的 Service 是通过标签（Label）的方式与后端的 Pod 相关联的。通过控制标签，可以控制 Service 中老版本和新版本容器实例数量，从而实现灰度发布。

查看 Hello Service 的 Service 定义，可以看见 Service 的 Selector 定义如下：

```
selector:
app: service-hello
deploymentconfig: service-hello
```

上面定义了 Service 将会关联到拥有 `app: service-hello` 及 `deploymentconfig: service-hello` 标签的 Pod。将这个 Selector 定义修改为：

```
selector:
svc: hello
```

再次触发调用 Hello Service 将会得不到返回值。因为目前系统中并没有带有 `svc: hello` 标签的 Pod 存在。所以没有容器实例会响应处理这个请求。

```
[root@master ~]# curl 172.30.235.172:8080/?action=hello
Response from remote service:
```

执行 `oc get endpoint` 命令可以看到 Hello Service 的 Service 没有关联任何 Endpoint。在下面命令的返回中，ENDPOINTS 的值为 `<none>`，即表示该 Service 没有关联到任何容器。

```
[root@master ~]# oc get endpoint service-hello
NAME                ENDPOINTS   AGE
service-hello<none>             2h
```

为了方便实验，删除原有 Hello Service 的 Deployment Configuration，与该 DeploymentConfig 相关的 Pod 也会被随之删除。

```
[root@master ~]# oc delete dc service service-hello
```

然后重新创建版本 1.0 的 Hello Service。

```
[root@master ~]# oc new-app nodejs:0.10~https://github.com/nichochen/OpenShift-book-hello-service#1.0 --name=service-hello-v1
```

通过 `oc edit dc service-hello-v1` 修改 Deployment Config。在容器定义的标签定义部分，增加 `svc: hello` 标签。保存并退出后，OpenShift 将自动重新部署，生成新的容器。

```
labels:
svc: hello
app: service-hello-v1
deploymentconfig: service-hello-v1
```

这时候再次查看 Service 的 Endpoint 信息时，可以看见 service-hello-v1 的 Pod 已经与 Service 关联起来了。

```
[root@master ~]# oc get ep service-hello
NAME            ENDPOINTS           AGE
service-hello   172.17.0.12:8080    2h
```

再次测试，可以发现目前请求返回的为 Hello Service 1.0 版本的返回。

```
[root@master ~]# curl 172.30.235.172:8080/?action=hello
Response from remote service:
{'message':'Hello and welcome!'}
```

接着开始灰度发布的关键步骤。创建一个 Hello Service 2.0 版本的部署。

```
[root@master ~]# oc new-app nodejs:0.10~https://github.com/nichochen/OpenShift-book-hello-service#2.0 --name=service-hello-v2
```

修改 service-hello-v2 的 Deployment Config，为 Pod 的定义添加 svc：hello 标签。

```
labels:
svc: hello
app: service-hello-v2
deploymentconfig: service-hello-v2
```

待容器启动后，执行 oc get ep 命令可以看到当前 Service 相关的 Pod 数量变为了 2。

```
[root@master ~]# oc get ep service-hello
NAME            ENDPOINTS                            AGE
service-hello   172.17.0.12:8080,172.17.0.13:8080    2h
```

多次执行测试，可以发现返回值在版本 1.0 及版本 2.0 之间来回抖动。

```
[root@master ~]# for i in $(seq 1 10) ; do curl 172.30.235.172:8080/?action=hello; done;
Response from remote service:
{'message':'Hello and welcome!'}
Response from remote service:
{'message':'Hello and welcome!'}
Response from remote service:
{'message':'Hello and welcome!'}
Response from remote service:
{'message':'Hello and WELCOME!'}
Response from remote service:
{'message':'Hello and welcome!'}
Response from remote service:
{'message':'Hello and WELCOME!'}
Response from remote service:
{'message':'Hello and welcome!'}
Response from remote service:
{'message':'Hello and welcome!'}
Response from remote service:
{'message':'Hello and WELCOME!'}
Response from remote service:
{'message':'Hello and WELCOME!'}
```

通过 oc scale 命令对版本 1.0 及版本 2.0 的应用服务的容器实例的数量进行调整，从而实现版本 1.0 的应用和版本 2.0 的应用在对外提供服务时的比例。当版本 1.0 的容器数量为 0 时，即表示版本 1.0 已经下线。通过下面的命令将版本 1.0 的容器数量设置为 8，版本 2.0 的容器数量设置为 2。

```
[root@master ~]# oc scale dc service-hello-v1 --replicas=8
deploymentconfig "service-hello-v1" scaled
[root@master ~]# oc scale dc service-hello-v2 --replicas=2
deploymentconfig "service-hello-v2" scaled
```

再次执行测试，可以看到版本 1.0 的命中率将明显高于版本 2.0 的命中率。

```
[root@master ~]# fori in $(seq 1 10) ; do curl 172.30.235.172:8080/?action=hello; done;
Response from remote service:
{'message':'Hello and welcome!'}
Response from remote service:
{'message':'Hello and welcome!'}
Response from remote service:
{'message':'Hello and welcome!'}
Response from remote service:
{'message':'Hello and WELCOME!'}
Response from remote service:
{'message':'Hello and welcome!'}
Response from remote service:
{'message':'Hello and welcome!'}
Response from remote service:
{'message':'Hello and welcome!'}
Response from remote service:
{'message':'Hello and welcome!'}
Response from remote service:
{'message':'Hello and welcome!'}
Response from remote service:
{'message':'Hello and WELCOME!'}
```

通过上面例子可以看到，在 OpenShift 容器云这个平台上实现灰度发布的版本切换是非常方便和迅速的。这比传统在虚拟化平台上操作要简单和快速。在上面例子的基础上，用户还可以实现蓝绿发布或者是更复杂的灰度发布，比如基于 IP 或用户信息进行 AB 测试。

2．基于 Route 的灰度发布

前面的例子通过将一个 Service 关联多个 Deployment Config 的容器实现了灰度发布。通过不同 Deployment Config 的容器数量来控制 Service 中不同版本服务的占比。

基于 Service 的灰度发布使用了 Kubernetes 的 Service 实现。在 OpenShift 中，用户还可以基于 Route 对象实现应用的灰度发布。在 OpenShift Origin 1.3.0，企业版 OpenShift 3.3 以后支持一个 Route 条目关联多个后端 Service，并为每个 Service 设置分发的权重。这大大简化了灰度发布的实现。

比如在项目中创建两个不同版本的 Hello Service 微服务。

```
[root@master ~]# oc new-app nodejs:0.10~https://github.com/nichochen/OpenShift-book-hello-service#1.0 --name=service-hello-v1
```

```
[root@master ~]# oc new-app nodejs:0.10~https://github.com/nichochen/OpenShift-book-hello-service#2.0 --name=service-hello-v2
```

为这个两个 Service 创建一个 Route。如图 7-4 所示，这个 Route 关联了两个 Services，分别是 `service-hello-v1` 和 `service-hello-v2`。两个服务的分发权重分别是 70% 及 30%。

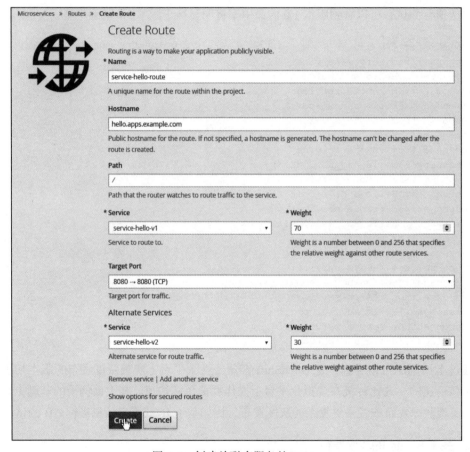

图 7-4　创建关联多服务的 Route

Route 创建成功后，在项目主页上 `service-hello-v1` 和 `service-hello-v2` 两个服务被组合在一起。如图 7-5 所示，界面上显示了它们的分发权重比。用户通过 Route 定义的域名即可访问服务，Router 将会根据用户定义的权重将访问的流量分发给后端服务的容器。

Router 支持多种分发策略，用户可通过为 Route 添加注解指定分发策略。下面的例子中，Route 的转发规则被设备为轮询分发。

```
[root@master ~]# oc annotate route mybank "haproxy.router.openshift.io/balance=roundrobin"
```

图 7-5 关联多服务的 Route

7.7 服务治理

大家对微服务的一个很大的关注点在于微服务的治理。用户希望能够清晰地掌握微服务的性能、调用分析及依赖关系等数据。这些数据的获取一般有两种方式：一种通过设置 API 网关（API Gateway）进行微服务访问的转发，实现对调用的度量统计、流量控制和安全管控；另一种方式是借助微服务框架，在应用服务的代码或运行环境中加入探针，进行度量收集和行为控制。这两种方式前者是非入侵性的，后者则是入侵性的。

7.7.1 API 网关

目前市场上有不少 API 网关的选择，有开源的，也有商用的。许多 API 网关平台也提供了容器镜像，这些镜像可以运行在容器云平台上，并被纳管起来。这里推荐一个开源的 API 网关 APIMan。APIMan 是 JBoss 开源社区的应用性能管理平台，同时也是一款出色的 API Gateway。APIMan 可以有效地对 API 进行管理、度量采集、安全管控。APIMan 项目默认提供官方的容器镜像，可以以容器的方式快速部署到 OpenShift 平台之上。通过 `oc new-app` 命令，用户可以快速地部署 APIMan。

```
oc new-app apiman/on-wildfly10:1.2.7.Final
```

此外 Red Hat 收购了 APM 管理云平台 3Scale，相信很快 3Scale 也会成为开源的产品和 APIMan 项目进行整合。

7.7.2 微服务框架

微服务框架和应用的耦合比较紧密，往往和开发平台有较强的相关性。就 Java 平台而言，Netflix OSS 的微服务框架是当前比较流行的微服务框架之一。

基于 Netflix OSS，目前社区存在一个名为 KubeFlix 的项目。KubeFlix 项目提供了 Netflix OSS 中 Hystrix、Turbine 和 Ribbon 的镜像以及与 Kubernetes 的服务发现的集成。KubeFlix 项目适用于运行在 OpenShift 上的 Java 容器应用，其为应用提供了熔断器、流量控制、超时保护、度量采集和客户端负载均衡等特性。更多的信息和例子请访问 Kubeflix 的官方主页：

https://github.com/fabric8io/kubeflix

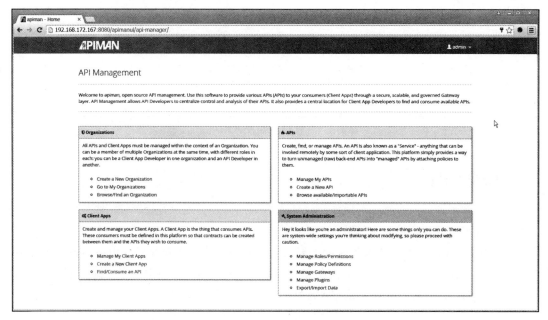

图 7-6　APIMan 控制台首页

7.8　本章小结

　　本章探讨了微服务应用在 OpenShift 平台上的部署、运行和管理相关的话题。通过 OpenShift 提供的基础设施，微服务应用的容器构建、部署以及治理变得更加高效和有效。微服务的理念目前业界还在不断地丰富和完善，OpenShift 对微服务的支持也在不断地完善当中。

第 8 章

应用数据持久化

8.1 无状态应用与有状态应用

应用的有状态和无状态是根据应用是否有持久化保存数据的需求而言的,即持久化保存数据的应用为有状态的应用,反之则为无状态的应用。常见的系统往往是有状态的应用,比如对于微博和微信这类应用,所有用户发布的内容和留言都是要保存记录的。但是一个系统往往是由众多微服务或更小的应用模块构成的。有的微服务或模块其实并没有数据持久化的需求。例如,搭建一个 Wordpress 博客系统需要部署一个前端的 PHP 应用,以及一个后端的 MySQL 数据库。虽然整个博客系统有持久化的需求,是一个有状态的系统,但是其子模块前端 PHP 应用并没有将数据保存在本地,而是存放到 MySQL 数据库中。所以一个 Wordpress 系统可以拆解成一个无状态的前端以及一个有状态的后端。有状态和无状态的应用在现实当中比比皆是。从实例数量上来说,无状态的应用应该会更多一些,因为对大多数的系统而言,读请求的数量往往远远高于写请求的数量。

8.1.1 非持久化的容器

容器的一个特点是当容器退出后,其内部所有的数据和状态就会丢失。同样的镜像再次启动一个新的容器实例,该实例默认不会继承之前实例的状态。这对无状态应用来说不是问题,相反是一个很好的特性,可以很好地保证无状态应用的一致性。但是对于有状态的应用来说则是很大的障碍。试想一下,如果你的 MySQL 容器每次重启后,之前所有的数据都丢失了,那将会是怎样一种灾难!

8.1.2 容器数据持久化

不可避免地用户会在容器中运行有状态的应用，因此，在容器引擎的层面必须满足数据持久化的需求。Docker 在容器引擎的层面提供了卷（Volume）的概念。用户可以建立数据卷容器来为容器提供持久化的支持。容器实例需要将持久化的数据写入数据卷容器中保存。当应用容器退出时，数据仍然安然地在储存于数据卷容器当中。

此外 Docker 以插件的形式支持多种存储方式。通过卷插件（Volume Plugin），目前 Docker 容器可以对接主机的目录、软件定义存储（如 GlusterFS 及 Ceph）、云存储（如 AWS 及 GCE 等公有云提供的云储存）及储存管理解决方案（如 Flocker 等）。

 提示　详细的 Docker Volume Plugin 列表请参考：https://docs.docker.com/engine/extend/plugins/。

8.2　持久化卷与持久化卷请求

Docker 在容器引擎的层面提供了卷的机制来满足容器数据持久化的需求。在多主机的环境下，容器云的场景中需要考虑的细节会更多。比如一个有状态应用的容器实例从一个主机漂移到另一台主机上时，如何保证其所挂载的卷仍然可以被正确对接。此外，在云平台上，用户需要以一种简单方式获取和消费存储这一资源，而无须过度关心底层的实现细节。比如用户有一个应用，需要一个 100GB 的高速存储空间储存大量的零碎文件。用户需要做的是向云平台提交资源申请，然后获取并消费这个储存资源，而不需要操心底层这个存储究竟是具体来自哪一台储存服务器的哪一块磁盘。

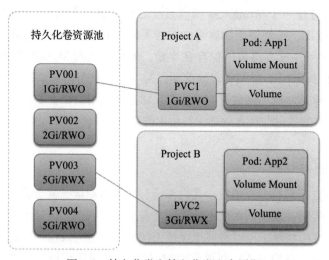

图 8-1　持久化卷和持久化卷生命周期

为了满足容器用户在云环境储存的需求，Kubernetes 在容器编排的层面提供了持久化卷

（Persistent Volume，PV）及持久化卷请求（Persistent Volume Claim，PVC）的概念。持久化卷定义了具体的储存的连接信息，如 NFS 服务器的地址和端口、卷的位置、卷的大小及访问方式。在 OpenShift 中，集群管理员会定义一系列的持久化卷，形成一个持久化卷的资源池。当用户部署有持久化需求的容器应用时，用户需要创建一个持久化卷请求。在这个请求中，用户申明所需储存的大小及访问方式。Kubernetes 将负责根据用户的持久化卷请求找到匹配需求的持久化卷进行对接。最终的结果是容器启动后，持久化卷定义的后端储存将会被挂载到容器的指定目录。OpenShift 在架构上基于 Kubernetes，因此用户可以在 OpenShift 中使用 Kubernetes 的持久化卷与持久化卷请求的储存供给模型，以满足数据持久化的需求。

持久化卷的生命周期

图 8-2 所示的持久化卷的生命周期一共分为"供给""绑定""使用""回收"及"释放"五个阶段。

1．供给

在 Kubernetes 中，储存资源的供给分为两种类型：静态供给和动态供给。对于静态供给，集群管理员会创建一些列的持久化卷，形成一个持久化卷的资源池。动态供给是集群所在的基础设施云根据需求动态地创建出持久化卷，如 OpenStack、Amazon WebService。

这些资源池中的持久化卷将会在后续与具体的持久化卷请求进行对接。下面是一个持久化卷的定义示例，其定义了一个 NFS 的存储后端，其大小为 1GB，访问方式为 ReadWriteOnce，即独占读写。

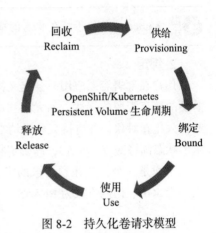

图 8-2　持久化卷请求模型

```
{
    "apiVersion": "v1",
    "kind": "PersistentVolume",
    "metadata": {
        "name": "1Gi"
    },
    "spec": {
        "capacity": {
            "storage": "1Gi"
        },
        "accessModes": [ "ReadWriteOnce" ],
        "nfs": {
            "path": "/var/export/pvs/${volume}",
            "server": "192.168.0.254"
        },
        "persistentVolumeReclaimPolicy": "Retain"
    }
}
```

访问方式是描述持久化卷的访问特性，比如是只读还是可读可写。是只能被一个 Node 节点挂载，还是可以被多个 Node 节点使用。目前有三种访问方式可供选择。

- `ReadWriteOnce`：可读可写，只能被一个 Node 节点挂载。
- `ReadWriteMany`：可读可写，可以被多个 Node 节点挂载。
- `ReadOnlyMany`：只读，能被多个 Node 节点挂载。

这里要注意的是，访问方式和后端使用的储存有很大的关系，并不是将一个持久化卷设置为 `ReadWriteMany`，这个持久化卷就可以被多个 Node 节点挂载。比如 OpenStack 的 Cinder 和 Ceph RDB 这些块设备就不支持 `ReadWriteMany` 这种模式。在 Kubernetes 的官方文档中对各种后端存储的访问方式有详细的描述。

提示　Kubernetes 关于持久化卷的描述：http://kubernetes.io/docs/user-guide/persistent-volumes/

2. 绑定

用户在部署容器应用时会定义持久化卷请求持久化卷请求。用户在持久化卷请求中声明需要的储存资源的特性，如大小和访问方式。Kubernetes 负责在持久化卷的资源池中寻找配的持久化卷对象，并将持久化卷请求与目标持久化卷进行对接。这时持久化卷和持久化卷请求的状态都将变成 `Bound`，即绑定状态。

下面是一个持久化卷请求的定义示例。在这个例子中，用户定义了一个名为 `claim1`、大小为 5GB、访问方式为 `ReadWriteOnce` 的持久化卷请求。

```
{
    "apiVersion": "v1",
    "kind": "PersistentVolumeClaim",
    "apiVersion": "v1",
    "metadata": {
        "name": "claim1"
    },
    "spec": {
        "accessModes": [
            "ReadWriteOnce"
        ],
        "resources": {
            "requests": {
                "storage": "5Gi"
            }
        }
    }
}
```

3. 使用

在用户部署容器时会在 Deployment Config 的容器定义中指定 Volume 的挂载点，并将这个挂载点和持久化卷请求关联。当容器启动时，持久化卷指定的后端储存被挂载到容器定义的挂载点上。应用在容器内部运行，数据通过挂载点最终写入后端储存中，从而实现持久化。下面是一个容器定义的例子。可以看到这个容器定义的名为 www 的 volumeMounts 挂载点指向 /var/www/html 目录。同时，www 这个挂载点指向了持久化卷请求 claim1。

```
spec:
    containers:
        - name: webserver
          image: httpd
volumeMounts:
        - mountPath: "/var/www/html"
          name: www
    volumes:
        - name: www
persistentVolumeClaim:
claimName: claim1
```

4．释放

当应用下线不再使用储存时，可以删除相关的持久化卷请求，这样持久化卷的状态就会变成 `released`，即释放。

5．回收

当持久化卷的状态变为 `released` 后，Kubernetes 将根据持久化卷定义的回收策略回收持久化卷。当前支持的回收策略有三种：

- `Retian`：保留数据，人工回收持久化卷。
- `Recycle`：通过执行 rm -rf 删除卷上的所有数据。目前只有 NFS 及 Host Path 支持这种方式。
- `Delete`：动态地删除后端储存。该模式需要下层 IaaS 的支持，目前 AWS EBS、GCE PD 及 OpenStack Cinder 支持这种模式。

Kubernetes 通过持久化卷及持久化卷请求这一供给模型为用户提供容器云上的储存消费的途径。在这个模型下，用户可以简单快速地构建出满足应用需要的容器云上的储存解决方案。在 Kubernetes 1.3 中，持久化卷和持久化卷请求引入了标签的概念，这了给用户更大的灵活性。例如，我们可以为不同类型的持久化卷贴上不同的标签，如"SSD""RAID 0""Ceph""深圳机房"或"美国机房"等。用户在持久化卷请求中可以定义相应的标签选择器，从而获取更精确匹配应用需求的后端持久化卷。

8.3 持久化卷与储存

Kubernetes 的持久化卷支持的后端储存的类型很多，包括宿主机的本地目录（Host Path）、网络文件系统（NFS）、OpenStack Cinder 分布式储存（如 GlusterFS、Ceph RBD 及 CephFS）及云储存（如 AWS Elastic Block Store 或 GCE Persistent Disk）等。一个常见的困惑是"我应

该选择哪一种储存？"不同的储存后端有不同特性，并不存在一种满足所有场景的储存。用户应该根据当前容器应用的需求，选择满足需求的储存。

8.3.1 Host Path

Host Path 类型的储存是指容器挂载所在的计算机点主机上的目录。这种方式只适合用于以测试为目的的场景中。允许容器挂载主机目录引入了安全风险。依赖于某一节点上的数据也使得容器和某一计算节点产生了较强的绑定关系性，引入了单点失效的风险。

8.3.2 NFS

NFS 是一种常用的储存类型。NFS 已经存在了很长一段时间，在 UNIX 和 Linux 上被广泛应用，所有的 Linux 系统管理员对它都不会感到陌生。因为系统支持比较广泛，NFS 目前是较为常见的持久化卷的储存后端。下面是 NFS 持久化卷的一个示例。

```
apiVersion: v1
kind: PersistentVolume
metadata:
    name: pv0001
spec:
    capacity:
        storage: 5Gi
    accessModes:
      - ReadWriteOnce
    nfs:
        path: /tmp
        server: 172.17.0.2
    persistentVolumeReclaimPolicy: Recycle
```

8.3.3 GlusterFS

GlusterFS 是一个开源的分布式文件系统。GlusterFS 具有很强的弹性扩展能力，用户可以在通用的计算机硬件上使用 GlusterFS 构建出 PB 级别的储存集群用于储存如视频、图片及资料等多种类型的数据。GlusterFS 的主要特点是：

- 完全基于软件实现。完全不依赖于特定的主机、储存、网络硬件。
- 高度弹性扩展。用户可以构建储存的容量从 GB 到 PB 级的储存。
- 高可用。数据可以在储存集成中保留多个副本，防止单点失效。
- 兼容 POSIX 文件系统标准。基于标准，因此对上层应用进行改造。
- 支持多种不同种类的卷。如复制卷、分布式卷及条带卷，满足不同场景的需求。

 GlusterFS 项目主页：http://www.gluster.org/。

在 OpenShift 中使用 GlusterFS，首先需要创建一个端点（Endpoint），描述 GlusterFS 的

服务器所在的信息。例如：

```
apiVersion: v1
kind: Endpoints
metadata:
    name: glusterfs-cluster
subsets:
  - addresses:
      - ip: 192.168.122.221
    ports:
      - port: 1
  - addresses:
      - ip: 192.168.122.222
    ports:
      - port: 1
```

建立 Endpoint 后，再创建持久化卷，并引用前文定义的 Endpoint。例如：

```
apiVersion: v1
kind: PersistentVolume
metadata:
    name: gluster-default-volume
spec:
    capacity:
        storage: 2Gi
    accessModes:
        - ReadWriteMany
    glusterfs:
        endpoints: glusterfs-cluster
        path: myVol1
    readOnly: false
    persistentVolumeReclaimPolicy: Retain
```

8.3.4 Ceph

Ceph 是当前非常流行的开源分布式储存解决方案。和 GlusterFS 类似，Ceph 也是一个完全基于软件实现的分布式储存。Ceph 的一个特点是，其原生提供了多种接口方式，如基于 RESTful 的对象、块（Block）和文件系统。GlusterFS 和 Ceph 都是非常优秀的分布式储存，很多人喜欢将它们进行比较。应该说 GlusterFS 和 Ceph 各有优劣，在伯仲之间，青菜萝卜各有所爱。

 提示　Ceph 主页：http://ceph.com/。

Kubernetes 的持久化卷支持两种方式挂载 Ceph 储存: 块设备（RBD）及文件系统（CephFS）。目前，由于 Ceph 官方认为 CephFS 尚未完全成熟以达到企业生产使用的标准，因此虽然 Kubernetes 和 OpenShift 的代码中已经存在 CephFS 的支持，但是并不推荐在生产中使用。

在挂接 Ceph 的块设备 RBD 前，需要先创建一个 Secret 对象储存访问 Ceph 服务器所需的密钥。例如：

```
apiVersion: v1
kind: Secret
metadata:
    name: ceph-secret
data:
    key: QVFBOFF2SlZheUJQRVJBQWgvS2cwT1laQUhPQno3akZwekxxdGc9PQ==
```

Ceph 持久化卷的定义示例如下。

```
apiVersion: v1
kind: PersistentVolume
metadata:
    name: ceph-pv
spec:
    capacity:
        storage: 2Gi
accessModes:
        - ReadWriteOnce
rbd:
        monitors:
            - 192.168.122.133:6789
        pool: rbd
        image: ceph-image
        user: admin
secretRef:
            name: ceph-secret
fsType: ext4
readOnly: false
persistentVolumeReclaimPolicy: Recycle
```

8.3.5　OpenStack Cinder

Cinder 是 OpenStack 块储存服务，负责为 OpenStack 上的主机实例提供灵活的储存支持。对于运行在 OpenStack 上的 OpenShift 集群，用户可以定义基于 OpenStack Cinder 的持久化卷。Cinder 持久化卷的定义示例如下。`volumeID` 属性指向了管理员在 Cinder 创建的数据卷的唯一标识。

```
apiVersion: "v1"
kind: "PersistentVolume"
metadata:
    name: "pv0001"
spec:
    capacity:
        storage: "5Gi"
accessModes:
        - "ReadWriteOnce"
```

```
      cinder:
        fsType: "ext3"
        volumeID: "f37a03aa-6212-4c62-a805-9ce139fab180"
```

> **注意** 在使用 Cinder 持久化卷前，OpenShift 必须通过配置与底层的 OpenStack 整合。详细的配置方法请参考 OpenShift 的官方文档：
> https://docs.openshift.org/latest/install_config/configuring_openstack.html#install-config-configuring-openstack

8.4 存储资源定向匹配

不同用户对储存的需求不尽相同，除了大小和访问方式外，可能还有对磁盘的速度、储存所在的数据中心等有特殊的要求。为了灵活满足储存需求和储存资源的对接，Kubernetes 支持为持久化卷打上不同的标签（Label），在持久化卷请求侧则通过定义标签选择器来申明该持久化卷请求具体需要与什么样的持久化卷匹配。通过标签和标签选择器（Selector），Kubernetes 为持久化卷与持久化卷请求实现了定向匹配。

8.4.1 创建持久化卷

创建如下例子中的两个持久化卷 pv0001 及 pv0002。这两个持久化卷具有相同的大小和访问方式，且都没有任何标签。

```
[root@master ~]# oc get pv --show-labels
NAME      CAPACITY   ACCESSMODES   STATUS      CLAIM     REASON    AGE       LABELS
pv0001    1Gi        RWO           Available                       1m        <none>
pv0002    1Gi        RWO           Available                       1m        <none>
```

8.4.2 标记标签

通过 `oc label` 命令为持久化卷 pv0002 打上标签 `disktype=ssd`。

```
[root@master ~]# oc label pv pv0002 disktype=ssd
persistentvolume "pv0002" labeled
```

再次查看持久化卷的标签，可以看到 pv0002 已经打上了 `disktype=ssd` 的标签。pv0001 仍然没有任何标签。

```
[root@master ~]# oc get pv --show-labels
NAME      CAPACITY   ACCESSMODES   STATUS      CLAIM     REASON    AGE       LABELS
pv0001    1Gi        RWO           Available                       2m        <none>
pv0002    1Gi        RWO           Available                       2m        disktype=ssd
```

8.4.3 创建持久化卷请求

创建一个带标签选择器的持久化卷请求。如下面的定义所示，这个持久化卷请求的储存空间大小为 1Gi，访问方式是只读共享 RWO。标签选择器的类型为 matchLabels，定义值为 "disktype": "ssd"，即表示与该持久化卷请求匹配的持久化卷必须要带有 "disktype": "ssd" 标签。

```
[root@master ~]# cat pvc0001.json
{
    "kind": "PersistentVolumeClaim",
    "apiVersion": "v1",
    "metadata": {
        "name": "pvc0001",
        "creationTimestamp": null
    },
    "spec": {
        "accessModes": [
            "ReadWriteOnce"
        ],
        "selector": {
            "matchLabels": {
                "disktype": "ssd"
            }
        },
        "resources": {
            "requests": {
                "storage": "1Gi"
            }
        }
    },
    "status": {}
}
[root@master ~]# oc create -f pvc0001.json
persistentvolumeclaim "pvc0001" created
```

8.4.4　请求与资源定向匹配

持久化卷请求创建完后，查看持久化卷的状态，可以看到虽然 pv0001 和 pv0002 在空间大小和访问方式上都满足了 pvc0001 的要求，但是 pvc0001 最终匹配上的是带有目标标签的 pv0002。

```
[root@master ~]# oc get pv --show-labels
NAME      CAPACITY   ACCESSMODES   STATUS      CLAIM                    REASON    AGE    LABELS
pv0001    1Gi        RWO           Available                                      13m    <none>
pv0002    1Gi        RWO           Bound       microservices/pvc0001              13m    disktype=ssd
```

8.4.5　标签选择器

目前，持久化卷请求支持两种标签选择器：matchLabels 及 matchExpressions。matchLabels 选择器可以精确匹配一个或多个标签。例如：

……

```
    "selector": {
       "matchLabels": {
          "disktype": "ssd"
       }
    },
......
```

matchExpressions 选择器支持标签的模糊匹配。用户可以使用操作符 `In` 或者 `NotIn` 对标签的值进行模糊匹配。

```
......
matchExpressions:
   - {key: region, operator: In, values: [shenzhen]}
   - {key: env, operator: NotIn, values: [testing]}
......
```

8.5 实战：持久化的镜像仓库

前面几章的示例中部署了不少有状态的应用，比如 OpenShift 的内部镜像仓库、Jenkins 和 MySQL。但是我们并没有为这些应用服务配置持久化卷，这样的结果是如果容器一旦意外退出，那么在容器内部的所有镜像、配置和数据都将消失殆尽。本节将为 OpenShift 的内部仓库 Registry 组件添加一个持久化的后端，实践容器应用的持久化。

8.5.1 检查挂载点

首先，以集群管理员的身份登录 OpenShift。

```
[root@master ~]# oc login -u system:admin
```

切换到 default 项目，查看 Registry 的容器状态。通过输出可以看到 Registry 组件的容器正在运行。

```
[root@master ~]# oc project default
Now using project "default" on server "https://192.168.172.167:8443".
[root@master ~]# oc get pod
NAME                       READY     STATUS     RESTARTS     AGE
docker-registry-1-b1par    1/1       Running    12           9d
ose-router-1-03uqr         1/1       Running    11           9d
```

通过 `oc volume` 命令可以查看系统对象关于 Volume 的相关定义。执行 `oc volumes` 命令查看 Registry 组件的 Deployment Config 关于 Volume 的定义。可以看见 Registry 组件的定义中已经创建了一个 Volume Mounts 对象 `registry-storage`，这个挂载点指向了 /registry 目录。当前这个 Volume Mounts 使用的 `empty directory` 的卷，即数据保存在计算节点上。我们需要做的就是给 `registry-storage` 这个挂载点挂上一个持久化后端。

```
[root@master ~]# oc volumes dc/docker-registry --all
deploymentconfigs/docker-registry
    empty directory as registry-storage
        mounted at /registry
```

8.5.2 备份数据

在前面章节的示例中已经向 Registry 推送过不少镜像，所以当前容器内的 /registry 目录下已经有不少镜像相关的文件。

```
[root@master ~]# ocrsh docker-registry-1-blpar 'du' '-sh' '/registry'
1.2G    /registry
```

需要先备份这些文件。通过 ocrsync 命令，可以将容器中某个目录的数据同步到宿主机上。

```
[root@master ~]# mkdir /root/backup
[root@master ~]# cd /root/backup/
[root@master backup]# oc rsync docker-registry-1-blpar:/registry .
...输出忽略...
sent 13921 bytes  received 1271378066 bytes  14870081.72 bytes/sec
total size is 1271108863  speedup is 1.00
```

提示 oc rsync 是一个很方便实用的命令，它可以双向同步容器和宿主机上的文件。要使用这个命令，目标容器内部必须有 rync 或者 tar 这两个应用中的一个。

8.5.3 创建存储

为了方便实验，本例选用 NFS 作为后端的储存。在实际的生产中使用 GlusterFS、Ceph 或其他储存后端的配置过程和步骤也类似。

执行以下命令创建一个 NFS 的共享目录。

```
[root@master backup]# mkdir -p  /exports/pv0001
[root@master backup]# yum -y install nfs-utils rpcbind
[root@master backup]# chown nfsnobody:nfsnobody /exports/ -R
[root@master backup]# echo "/exports/pv0001  *(rw,sync,all_squash)" >> /etc/exports
[root@master backup]# systemctl start rpcbind
[root@master backup]# exportfs -r
[root@master backup]# systemctl start nfs-server
```

为了测试方便，暂时先关闭 SELinux。

```
[root@master backup]# setenforce 0
```

测试挂载该 NFS 共享目录，并尝试创建一个文件。

```
[root@master ~]# mount 192.168.172.167:/exports/pv0001 /mnt/
```

```
[root@master ~]# touch /mnt/test
[root@master ~]# ls /mnt
[root@master ~]# rm -f /mnt/test
[root@master ~]# umount /mnt/
```

8.5.4 创建持久化卷

根据上面创建的 NFS 的信息,创建持久化卷。在实验主机上将如下 JSON 保存成文件 `pv.json`。

```
{
    "apiVersion": "v1",
    "kind": "PersistentVolume",
    "metadata": {
        "name": "pv0001"
    },
    "spec": {
        "capacity": {
            "storage": "5Gi"
        },
        "accessModes": [ "ReadWriteOnce" ],
        "nfs": {
            "path": "/exports/pv0001",
            "server": "192.168.172.167"
        },
        "persistentVolumeReclaimPolicy": "Retain"
    }
}
```

执行 `oc create` 创建持久化卷。

```
[root@master ~]# oc create -f pv.json
persistentvolume "pv0001" created
```

创建完毕后,通过 `oc get pv` 可以查看到刚创建成功的持久化卷,此时它的状态为 `Available`,即可用。

```
[root@master ~]# oc get pv
NAME      CAPACITY   ACCESSMODES   STATUS      CLAIM     REASON    AGE
pv0001    5Gi        RWO           Available                       13s
```

8.5.5 创建持久化卷请求

下面将创建持久化卷请求,声明应用的储存需求。在实验主机上将如下 JSON 保存成文件 `pvc.json`。这里声明了需要 3GB 的后端储存,访问方式为 `ReadWriteOnce`。

```
{
    "apiVersion": "v1",
    "kind": "PersistentVolumeClaim",
    "apiVersion": "v1",
```

```
    "metadata": {
        "name": "docker-registry-claim"
    },
    "spec": {
        "accessModes": [
            "ReadWriteOnce"
        ],
        "resources": {
            "requests": {
                "storage": "3Gi"
            }
        }
    }
}
```

执行 `oc create` 创建持久化卷请求。

```
[root@master ~]# oc create -f pvc.json
persistentvolumeclaim "docker-registry-claim" created
```

查看持久化卷请求和持久化卷的状态，会发现系统已经将它们连接起来了。持久化卷和持久化卷请求的状态都已经变成 Bound。

```
[root@master ~]# oc get pvc
NAME                    STATUS    VOLUME    CAPACITY   ACCESSMODES   AGE
docker-registry-claim   Bound     pv0001    5Gi        RWO           18s
[root@master ~]# oc get pv
NAME     CAPACITY   ACCESSMODES   STATUS    CLAIM                            REASON    AGE
pv0001   5Gi        RWO           Bound     default/docker-registry-claim              5m
```

8.5.6 关联持久化卷请求

将备份的数据恢复到前文创建的 NFS 目录中。

```
[root@master ~]# mv /root/backup/registry/* /exports/pv0001/
[root@master ~]# chown nfsnobody:nfsnobody /exports/ -R
```

此时，可以测试删除 Registry 容器，Replication Controller 将重新创建它。

```
[root@master ~]# oc delete pod docker-registry-1-blpar
pod "docker-registry-1-blpar" deleted
[root@master ~]# oc get pod
NAME                       READY     STATUS              RESTARTS   AGE
docker-registry-1-48j36    0/1       ContainerCreating   0          3s
ose-router-1-03uqr         1/1       Running             11         9d
```

容器启动后，再次检查容器 /registry 目录，会发现目录的数据应消失。因为容器默认是不持久化数据的。

```
[root@master ~]# oc rsh docker-registry-1-48j36 'du' '-sh' '/registry'
0       /registry
```

为 Reigstry 的容器定义添加持久化卷请求 `docker-registry-claim`，并与挂载点 `registry-storage` 关联。

```
[root@master ~]# oc volume dc/docker-registry --add --name=registry-storage -t
pvc --claim-name=docker-registry-claim --overwrite
deploymentconfigs/docker-registry
```

Deployment Config 的容器定义修改后，OpenShift 会创建新的容器实例。检查容器 /registry 目录，会发现目录的数据恢复了。

```
[root@master ~]# oc rsh docker-registry-2-kmnfr 'du' '-sh' '/registry'
1.2G    /registry
```

至此，我们成功地将 Registry 组件挂接上了持久化储存。本例的配置基于 NFS 持久化卷实现，使用 GlusterFS 或 Ceph 持久化卷的过程也类似，只是持久化卷的定义需要稍做修改。

8.6 本章小结

本章探索了持久化卷和持久化卷请求的使用。用户通过定义持久化卷请求声明应用储存的需求，系统自动对接资源池中的持久化卷，最终为容器挂载后端的储存。通过实验，为 Registry 组件添加了持久化后端，通过这个例子读者已经掌握了为容器应用添加持久化储存的方法。

Chapter 9 | 第 9 章

容器云上的应用开发

引入容器云的其中一个目的就是提升开发的效率。开发人员可以通过容器云快速搭建开发环境，快速部署应用依赖的服务以及快速部署应用。如何有效地将容器云平台和企业现有的软件研发流程融合是容器云平台项目成功的关键。开发工程师应该专注在高质量的产品研发上，而不应该耗费时间和精力在环境的准备和搭建上。研发和创新所需的资源应该可以像自来水一样方便地获取。

9.1 开发工具集成

OpenShift 默认提供了用户体验不错，而且时尚的 Web 控制台。此外，OpenShift 还提供了简单易用的命令行工具 oc。但是和运维工程师不同，比起使用命令行工具和 Web 控制台，开发工程师更倾向于在集成开发环境（IDE）中完成日常的工作。所以为了提升开发工程师的用户体验，容器云还必须提供与 IDE 的集成。

Eclipse 是目前非常流行的开发工具，许多企业内的开发团队都使用 Eclipse 进行应用程序的开发。

JBoss Tools 是 JBoss 社区的一个 Eclipse 插件项目。JBoss Tools 提供了 Docker 及 OpenShift 的集成。安装 JBoss Tools 后，用户可以在 Eclipse 中完成大部分 OpenShift 相关的日常工作，而无须登录到 OpenShift 的 web 控制台或使用命令行。

 提示　JBoss Tools 主页：http://tools.jboss.org/。

本书以 JBoss Tools 4.4.0.Final 为示例讲解 JBoss Tools 的 OpenShift 插件的安装和使用。

9.1.1 下载开发工具

每个版本的 JBoss Tools 都有指定搭配的 Eclipse 与 JDK 版本。JBoss Tools 4.4.0.Final 搭配的 Eclipse 及 JDK 版本分别为：

- Eclipse Neon 4.6
- Java Development Kit 1.8

首先在 Eclipse 主页下载 Eclipse Neon 4.6。推荐下载 `Eclipse IDE for Java EE Developers` 版本。

- JBoss Tools 4.4.0.Final：

http://tools.jboss.org/downloads/jbosstools/neon/4.4.0.Final.html

- Eclipse Neon 4.6 下载地址：

http://www.eclipse.org/downloads/eclipse-packages/index.php

- Java Development Kit 8 下载地址：

http://www.oracle.com/technetwork/java/javase/down-loads/jdk8-downloads-2133151.html

9.1.2 下载命令行客户端

Eclipse 插件需要调用 OpenShift 命令行客户端 `oc` 命令。鉴于目前国内大多数的开发人员使用 Windows 作为开发环境的桌面操作系统，本章的示例以 Windows 为基础。Windows 的用户需要下载 Windows 版本的 `oc` 命令。JBoss Tools 4.4.0.Final 请使用 1.13 版本的 `oc` 程序，下载地址如下。

```
https://github.com/openshift/origin/releases/download/v1.1.3/openshift-origin-client-tools-v1.1.3-cffae05-windows.zip
```

下载完毕后，解压 `oc.exe` 至某个用户可访问的目录中。笔者喜欢直接放到 `c:\windows` 下，这样在 Windows 命令行中也可以直接调用到。当然，放在其他目录下，通过配置操作系统的安全环境变量 `PATH` 也可将其加入可执行程序的搜索路径中。

9.1.3 安装及配置 JBoss Tools 插件

请根据常规方法安装配置 JDK 及 Eclipse。安装配置完毕后，启动 Eclipse。通过菜单 `Help` → `Install new software` 添加一个新的更新仓库站点（Update Site）。通过网址 `http://download.jboss.org/jbosstools/neon/stable/updates/` 安装 JBoss Tools，如图 9-1 所示。

JBoss Tools 包含很多组件，因为我们当前只关注 OpenShift 和容器的插件，所以只勾选 `JBoss Cloud And Container Development Tools`，如图 9-2 所示。根据提示完成安装，然后重启 Eclipse。

Eclipse 重启之后，通过菜单 `Window` → `Preference` 打开选项对话框。在对话框中搜索openshift 3。选择oc命令的所在位置，然后单击OK按钮关闭对话框，如图9-3所示。这样Eclipse就能正确地调用oc命令了。

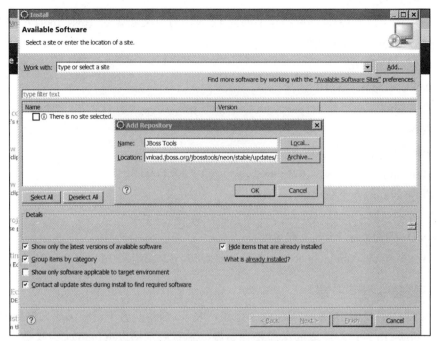

图9-1　添加Update Site安装JBoss Tools

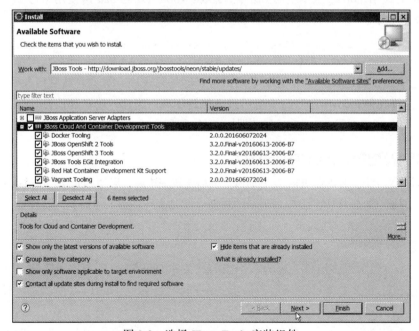

图9-2　选择JBoss Tools安装组件

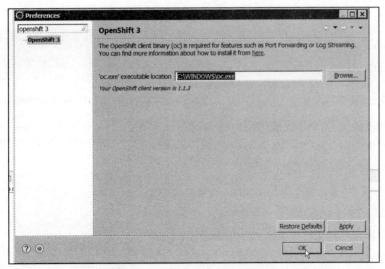

图 9-3　选择命令行工具的路径

至此，JBoss Tools 的安装就告一段落。下面开启 OpenShift 的管理视图。选择菜单 `Windows` → `Show view`，在弹出的对话框中选择 `OpenShift Explorer`，单击 `Ok` 按钮确认。

单击 `OpenShift Explorer` 视图的 `New Connection Wizard` 链接。在弹出的对话框中填入实验主机上的 OpenShift 的连接信息。服务器类型选择 `OpenShift 3`，验证类型选择 `Basic`，输入用户名、密码。勾选记住密码选项，如图 9-5 所示。

图 9-4　开启 OpenShift Explorer 视图

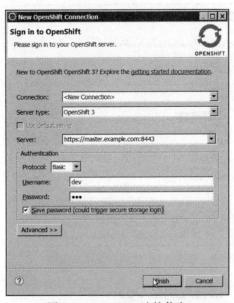

图 9-5　OpenShift 连接信息

单击 `Finish` 按钮进行连接。完成连接后，可以在 `OpenShift Explorer` 视图中看见 OpenShift 上 `dev` 用户的项目，如图 9-6 所示。

9.2 部署应用

9.2.1 检出应用源代码

开发工程师最关心的应该是代码，因为这是软件研发工作的重要输出。所以，在这个例子中，首先把代码从配置管理库中检出到 Eclipse。

图 9-6　OpenShift Explorer 配置完毕

1）用鼠标右键单击 `Prject Explorer`，选择菜单项 `Import>Import`，如图 9-7 所示。

2）在弹出的对话框中选择 `Git` → `Projects from Git`。单击 `Next` 按钮进入下一步，如图 9-8 所示。

3）选择 `Clone URI`，输入 **MyBank** 的代码地址 https://github.com/nichochen/mybank-demo-maven。单击 `Next` 按钮，按提示完成代码的检出，如图 9-9 所示。

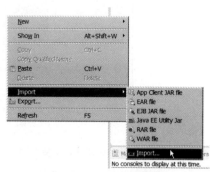

图 9-7　导入项目源代码

4）完成代码检出后，在 Eclipse 的 `Project Exp-lorer` 中可以看见 `MyBankDemo` 项目，如图 9-10 所示。

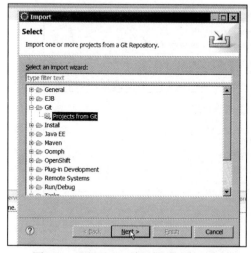

图 9-8　选择从 Git 代码仓库导入代码

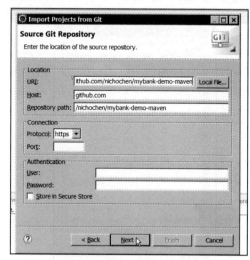

图 9-9　执行从 Git 中导入代码

9.2.2 部署应用至 OpenShift

一般情况下，开发工程师从配置库检出代码后，将在此代码的基础上开发。完成相应的修改后，开发工程师会部署本地的代码，预览所做的变更。

第 9 章　容器云上的应用开发　　139

图 9-10　MyBankDemo 项目及其代码文件

1）要把本地的 MyBank 项目代码发布到 OpenShift 平台上，可以用鼠标右键单击 `MyBank-Demo` 项目，选择 `Configure` → `Deploy to OpenShift`，如图 9-11 所示。

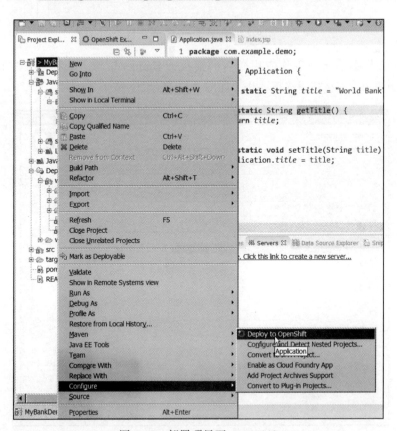

图 9-11　部署项目至 OpenShift

2）确认登录，在项目创建的对话框中输入项目名称 mybank 及相关信息。单击 Finish 按钮，完成项目创建，如图 9-12 所示。

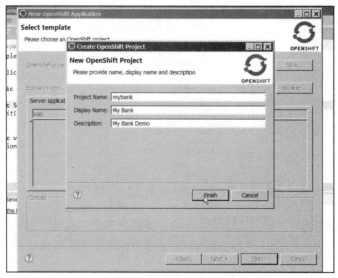

图 9-12　创建 OpenShift 项目

3）Eclipse 将提示选择创建应用所需的模板或 Builder 镜像。选择 Wildfly-basic-s2i 模板，单击 Next 按钮进入下一步，如图 9-13 所示。

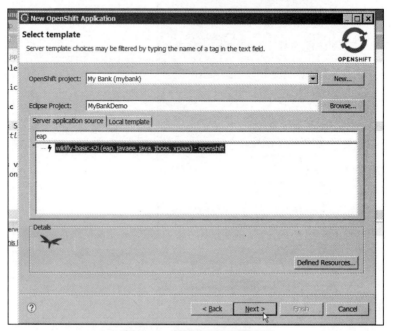

图 9-13　选择应用部署模板

如果没有看见 wildfly-basic-s2i 模板，请执行下面的命令进行创建。

```
oc create -f https://raw.githubusercontent.com/nichochen/openshift-book-source/
master/template/wildfly-basic-s2i.template.json  -n openshift
```

4）在部署模板参数输入界面，为应用添加一个名称 mybank。完成后单击 Finish 按钮，确认部署，如图 9-14 所示。

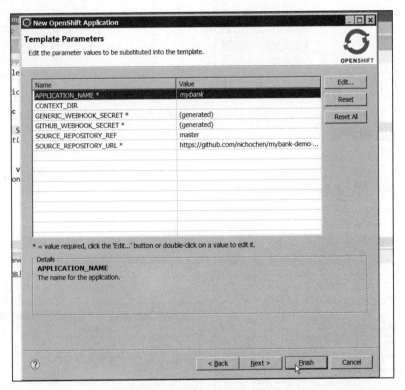

图 9-14　创建 OpenShift 应用

通过前面几个章节的介绍和实践，相信读者不会对上面的流程感到陌生。不同的是，前面章节的示例是通过 OpenShift 的 Web 控制台和命令行工具完成应用的部署，而本节的所有操作均在开发人员熟悉的 IDE 内完成。

9.2.3　查看日志输出

确认部署后，可以在 OpenShift Explorer 中看见应用构建已经被启动。右键单击构建容器，选择 Build Log 菜单项，可以查看应用的构建日志，如图 9-15 所示。开发人员在 Eclipse IDE 内可以直观地看到最新的构建日志输出。

构建完毕后，应用容器被部署启动。右键单击应用容器，选择 Pod Log 菜单项，可以查看容器的日志输出，如图 9-16 所示。

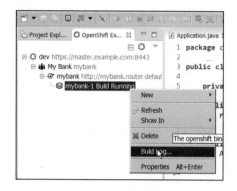

图 9-15　查看 S2I 构建日志

图 9-16　查看容器日志

9.2.4　访问应用服务

右键单击 Route 节点 `mybank`，选择 `Show in → Web Browser` 菜单项，如图 9-17 所示，在浏览器中打开 MyBank 应用的主页。

> 提示：Eclipse 会默认打开内嵌的浏览器。如果希望 Eclipse 打开外部的浏览器，可以通过 Eclipse 的选项对话框进行配置，如图 9-18 所示。

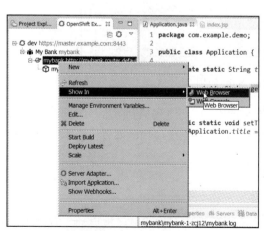

图 9-17　在浏览器中查看容器应用

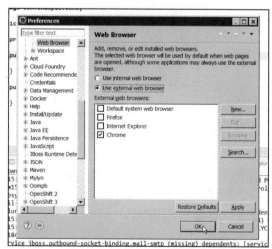

图 9-18　设置 Eclipse 使用的浏览器

一切正常的话，将在浏览器中又一次看见那只可爱的小猪储蓄罐，如图 9-19 所示。

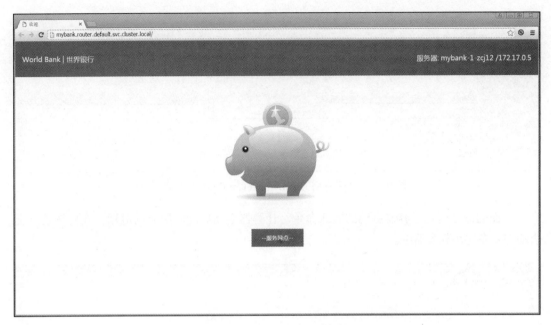

图 9-19　MyBank 应用主页面

9.3　实时发布

本地的代码已经成功部署了，但是开发的工作才刚刚开始。开发工程师往往喜欢一边修改，一边在运行的程序中预览修改。由于开发环境在容器云上，接下来实现动态地将本地修改发布到容器中，实时预览变更。

9.3.1　更新部署配置

右键单击 `mybank` 应用，选择 `Properties` 菜单项，如图 9-20 所示，打开项目属性对话框。

在属性对话框中选择 `Deployment Configs`。右键单击 `mybank` 配置，选择 `Edit` 菜单项，如图 9-21 所示，对该条目进行编辑。

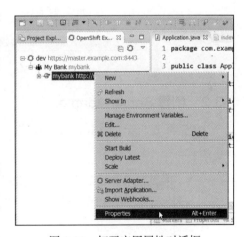

图 9-20　打开应用属性对话框

如图 9-22 所示，在 Eclipse 打开的文本编辑器中，修改 Deployment Config。找到 `command` 属性，将其值修改为如下内容：

```
mv /wildfly/standalone/deployments /opt/app-root/src/deploy; rm -rf /opt/app-root/src/deploy/*;ln -s /opt/app-root/src/deploy /wildfly/standalone/deployments;/wildfly/bin/standalone.sh -b 0.0.0.0 -bmanagement 0.0.0.0
```

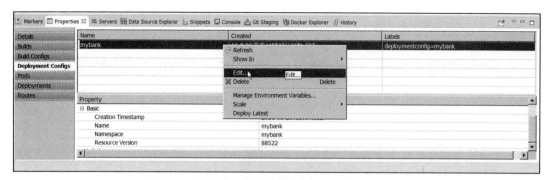

图 9-21　打开应用 Deployment Config 编辑对话框

上面的命令覆盖了容器启动的默认命令。让容器启动后删除原有的应用，在后续的配置会动态发布应用到容器中。

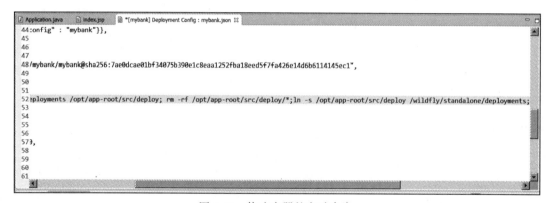

图 9-22　修改容器的启动命令

9.3.2　创建 Server Adapter

1）选择 Eclipse 的 `Servers` 对话框，单击图 9-23 中的链接创建一个 `OpenShift Server Adapter`。

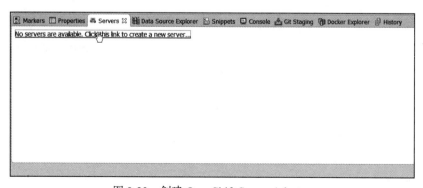

图 9-23　创建 OpenShift Server Adapter

2）在弹出的对话框中选择 `OpenShift 3 Server Adapter`，将该 Adapter 命名为 `master.example.com`。单击 `Next` 按钮进入下一步，如图 9-24 所示。

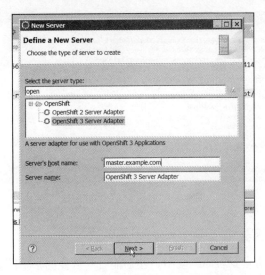

图 9-24　配置 OpenShift Server Adapter

3）确认登录信息及 Server Adapter 的配置，单击 `Finish` 按钮确认创建，如图 9-25 所示。

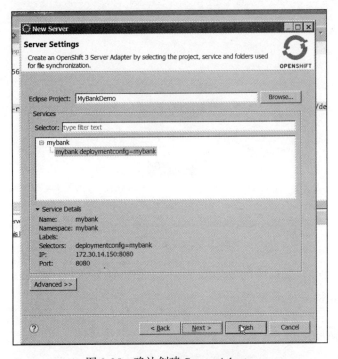

图 9-25　确认创建 Server Adapter

Server Adapter 创建成功后，Eclipse 中 MyBankDemo 项目的程序会自动发布到应用容器中。通过 Eclipse 的控制台输出，可以查看发布的日志。

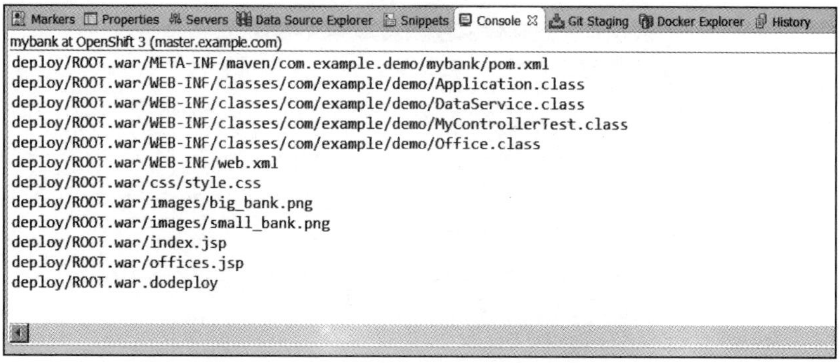

图 9-26　查看应用发布日志

9.3.3　更新应用源代码

打开浏览器，再次访问 MyBank 应用，还是能看到可爱的小猪储蓄罐，如图 9-27 所示。

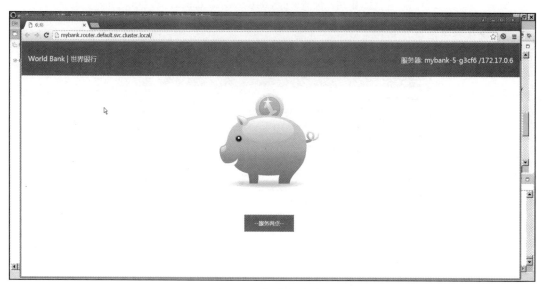

图 9-27　查看应用页面

编辑 `MyBankDemo` 项目中的 `index.jsp`。如图 9-28 所示，将 `small_bank.png` 图片修改为 `big_bank.png` 并保存。

9.3.4　查看更新后的应用

文件保存后，OpenShift Server Adapter 将自动发布应用至容器。刷新浏览器后，将会发

第 9 章 容器云上的应用开发 ❖ 147

现小猪储蓄罐已经被替换成一大叠钞票了，如图 9-29 所示。

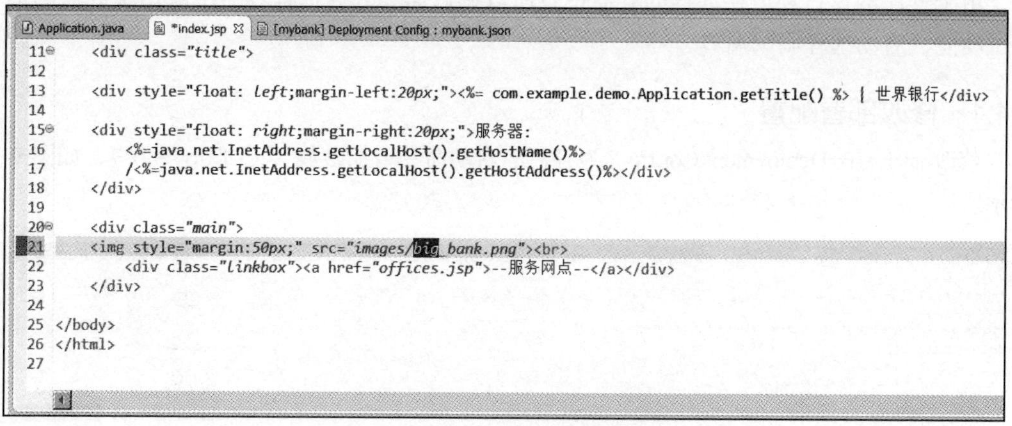

```
[J] Application.java    [*index.jsp ☒    [mybank] Deployment Config : mybank.json
11⊖    <div class="title">
12
13        <div style="float: left;margin-left:20px;"><%= com.example.demo.Application.getTitle() %> | 世界银行</div>
14
15⊖        <div style="float: right;margin-right:20px;">服务器：
16            <%=java.net.InetAddress.getLocalHost().getHostName()%>
17            /<%=java.net.InetAddress.getLocalHost().getHostAddress()%></div>
18        </div>
19
20⊖    <div class="main">
21        <img style="margin:50px;" src="images/big_bank.png"><br>
22        <div class="linkbox"><a href="offices.jsp">--服务网点--</a></div>
23    </div>
24
25    </body>
26    </html>
27
```

图 9-28　修改应用源代码

图 9-29　查看更新后的应用页面

通过 OpenShift Server Adapter，可以将 Eclipse 中的应用与容器关联起来，将项目的修改实时同步至容器中，使开发工程师可以方便地预览本地修改的实际效果。

9.4　远程调试

除了实时预览变更之外，开发工程师常用的另一个功能就是调试。对于本地开发来说，由于程序的运行环境在本地，所以调试器可以直接附着到程序的进程上。在容器云的场景中，由于程序的运行环境在远程的容器中，所以调试需要开启远程容器中应用服务器的远程调试功能，启动远程调试端口。

9.4.1 修改部署配置

修改 mybank Deployment Config。为容器的启动命令增加参数 `--debug 8787`，如图 9-30 所示。

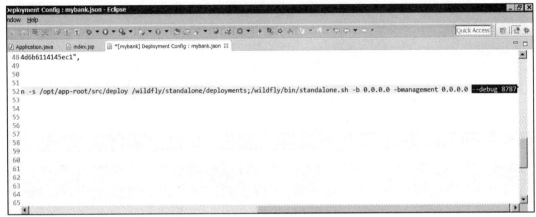

图 9-30　修改部署配置

保存 Deployment Config 的修改后，OpenShift 自动重新部署应用容器。右键单击 `Open-Shfit Server Adapter`，选择 `Full Publish` 菜单项，如图 9-31 所示，为新的容器进行全量应用发布。

9.4.2 转发远程端口

为了方便调试，可以将远程容器的调试端口映射到本地。右键单击应用容器，选择 `Port Forwarding` 菜单项，如图 9-32 所示。

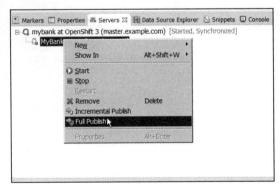

图 9-31　进行应用全量发布

在端口转发的对话框中单击 `Start All` 按钮，如图 9-33 所示，启动端口 8080 及 8787 的转发。这样访问 `localhost:8787` 就能访问远程容器的 8787 端口了。

9.4.3 设置断点

在 `Project Explorer` 中打开 Java 源代码文件 `Applicatoin.java`，在 `getTitle()` 方法内添加一个调试断点，如图 9-34 所示。MyBank 应用首页启动时将会调用 `Application.getTitle()` 方法。

第 9 章 容器云上的应用开发 149

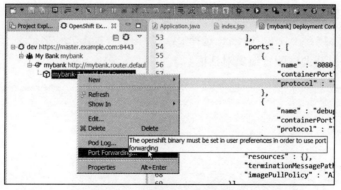

图 9-32 开启端口转发配置界面

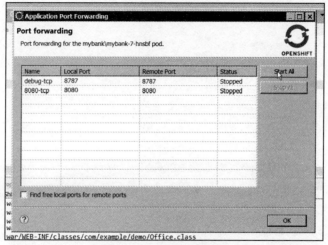

图 9-33 启用端口转发

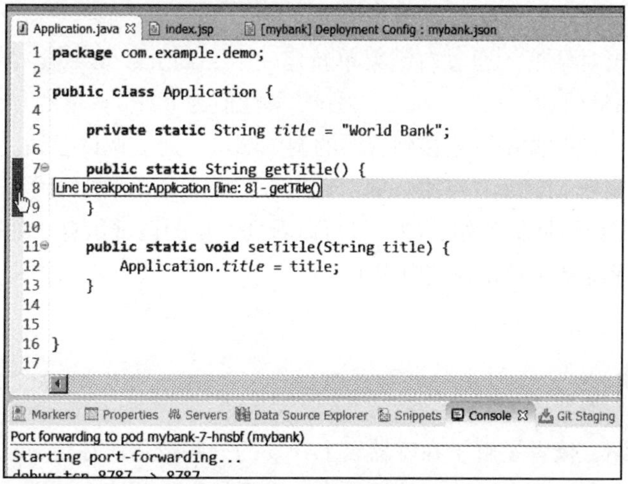

图 9-34 设置调试断点

9.4.4 启动远程调试

右键单击 `Application.java`，选择 `Debug as` → `Debug Configuration` 菜单项，如图 9-35 所示，打开调试配置编辑对话框。

图 9-35　配置调试

在调试配置编辑对话框，通过右键菜单新建一个 `Remote Java Application` 调试配置。设置 `Host` 属性值为 `localhost`，`Port` 属性值为 `8787`。单击 `Debug` 按钮，启动调试，如图 9-36 所示。此时调试器连接到容器的调试端口，建立调试会话。

回到浏览器，刷新 MyBank 应用页面。此时会发现 Eclipse 中的代码执行停止在了之前设置的断点上。将鼠标指针移到相关的变量可以看到变量的调试信息，如图 9-37 所示。接下来，就可以按照实际需要开发和调试应用了。

9.5　本章小结

通过本章的介绍，读者了解了在容器云上开发的一些技巧。在传统的开发环境中，应用运行的环境往往是在本地。在容器云的场景中，应用的运行环境在容器中，运行在远端。但即使应用在远端,也可以像以往一样快速预览程序修改,也可以对应用进行调试。可以快速搭建应用所需的数据库或者消息队列。如果要管理数据库的话,无须安装数据库管理工具,只需要再启动一个 MyWebSQL 即可。如果需要持续集成,则可以通过容器云快速实例化一个私有的 Jenkins 实例。通过容器云可以快速为开发团队提供应用开发所需的一系列工具和服务。让人振奋的是随着 Eclipse Che 这类在线开发工具的出现,未来的集成开发工具甚至可以运行在容器云内部,开发工程师的桌面上不需要再安装任何针对软件开发的工具。他们需要的只是一个浏览器,其他的一切都在云上。

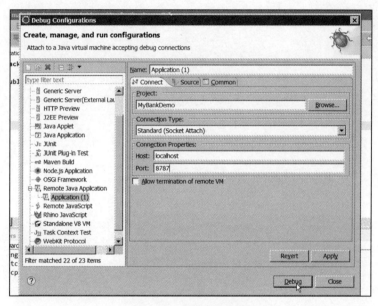

图 9-36 新建调试配置

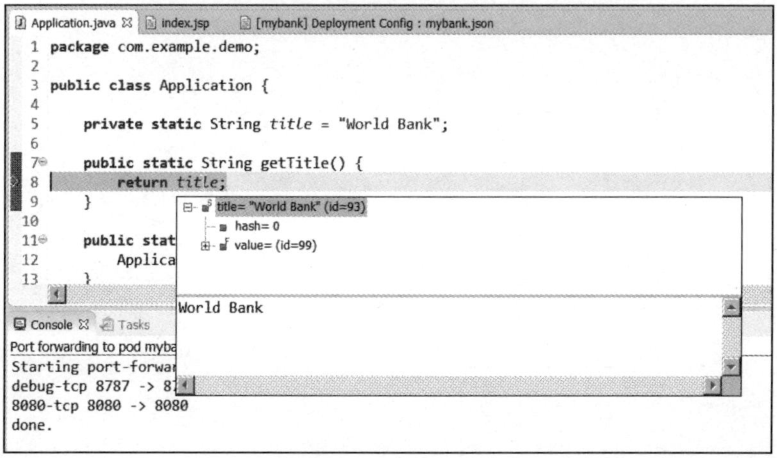

图 9-37 捕获源代码断点

运 维 篇

- 第 10 章 软件定义网络
- 第 11 章 度量与日志管理
- 第 12 章 安全与限制
- 第 13 章 集群运维管理
- 第 14 章 系统集成与定制

Chapter 10 第 10 章

软件定义网络

10.1 软件定义网络与容器

软件定义网络（Software Defined Networking，SDN）是一种网络架构的理念，这种理念倡导网络架构与底层基础架构分离，使网络架构更加灵活和便于管理，从而更适应云计算数据中心的要求。简单地说，软件定义网络就是使用软件实现传统硬件交换机和路由器完成的部分工作，在物理网络上通过软件实现一个或多个虚拟的网络。

容器和传统的虚拟化相比，容器生命周期更短、计算密度更高、集群变化的速度更快。为了适应这些特点，容器平台在设计时就必须考虑如何满足这种高速变化的计算集群节点的互联互通。此外，企业级的云平台必然承载了众多租户的计算负载。因此，在互联互通的基础上，平台必须实现租户间的网络隔离。显然，传统的物理网络架构无法满足容器平台高灵活性的需求，软件定义网络成为构建容器平台的必然之选。

当前容器平台常用的软件定义网络解决方案或组件有开源的 Weave Net、flannel、Calico 及 Open vSwitch。各大传统的电信厂商也有自己的软件定义网络方案，如 Nokia 的 Nuage。不同软件定义网络的解决方案或组件各有特点，如 Weave、flannel 及 Calico 配置比较简单，功能比较基础。Open vSwitch 比较成熟且功能强大，配置起来相对比较复杂。

10.1.1 Docker 容器网络

Docker 在容器引擎的层面提供了不同的网络模式，以满足容器网络通信的需求。

桥接（Bridge）模式是最常用的 Docker 容器网络类型。在桥接模式下，Docker 会为每个容器分配 IP 地址及创建虚拟以太网网卡对（veth）。所有的容器都被连接到 Docker 在主机绑定的桥接设备上。被连接到同一个桥接设备的所有容器，都可以实现互联互通。如果容器要对外提供服务，则用户需要将容器内的服务端口与宿主机的某一端口绑定。这样所有访问宿主机目标端口的请求都将通过 Docker 代理转发到容器的服务端，最终到达应用。

除了桥接模式，Docker 也支持主机（Host）模式，让容器直接使用宿主机的网络设备。宿主机模式使得容器占用宿主机的端口资源，而且要求容器具有更高的权限，因此只有特殊需求的容器，才会使用这种模式，如 OpenShift 集群中的 Router 组件。Router 主机需要监听计算节点上的端口，以接受外部的请求，因此 Router 组件的 Pod 的容器网络为主机模式。

10.1.2 Kubernetes 容器网络

在容器编排层面，Kubernetes 没有给出网络的具体细节实现。Kubernetes 对运行在其集群的节点和容器的网络架构提出了以下几点要求：

1）集群内所有容器间的通信无须通过 NAT 转换。
2）所有集群节点与集群内容器间的通信无须通过 NAT 转换。
3）外界所见的容器 IP 地址与容器自身所见的 IP 地址保持一致。

在这几点要求的基础上，Kubernetes 允许用户灵活选择实现的方式。可以通过简单的 Linux 二层桥接模式实现，也可以选择简单的网络方案，如 Weave Net 或 flannel，还可以基于较为成熟的 Open vSwitch 进行构建。

10.1.3 OpenShift 容器网络

OpenShift 默认的容器网络是基于 Open vSwitch（OVS）实现的。Open vSwitch 是业界流行和成熟的虚拟多层网络交换机，同时也是开源 IaaS 项目 OpenStack 的软件定义网络方案的一个重要基础。Open vSwitch 可以为动态变化的端点提供二层交换服务。其支持 OpenFlow 交换机流表管控协议，因此用户通过 OpenFlow 的规则，可以灵活定义数据包的转发规则。

 提示 Open vSwitch 的主页：http://openvswitch.org/。

Open vSwitch 提供了灵活丰富的功能特性为 OpenShift 实现容器的虚拟网络和多租户的网络隔离。基于 Open vSwitch，OpenShift 提供了两种网络方案：`ovs-subnet` 和 `ovs-multitenant`。

- ovs-subnet：子网模式。为集群中的容器提供一个扁平的二层虚拟网络。所有在这个扁平二层网络中的容器均可以直接连通。
- ovs-multitenant：多租户模式。OpenShift 将以 Project 为单位提供容器网络的隔离。在同一项目（Project）内的所有容器可以直接通信。不同项目的容器默认不能直接通信。按业务需要，用户可以连通一个或多个项目的隔离网络，或者将某一个项目设置成全局可访问。

10.2 网络实现

10.2.1 节点主机子网

如图 10-1 所示，每个集群的节点都拥有一个真实网络的 IP 地址 `192.168.172.x`。在 OpenShift 中，每个节点默认都被分配到一个 `10.1.x.0/24` 网络的子网。在计算节点之上运行的容器的 IP 地址将来源于此分配的网段。如例子中的 Node1 节点上的容器 `Pod2` 的 IP 地址为 `10.1.0.2`，Node2 节点上的容器 `Pod3` 的地址则是 `10.1.1.1`。

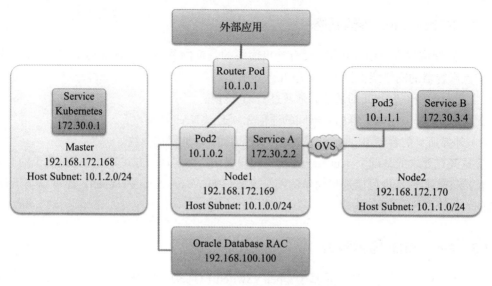

图 10-1 OpenShift 节点及容器网络架构示例

通过 `oc get hostsubnets` 命令可查看各个节点分配到的子网。

```
[root@master ~]# oc get hostsubnets
NAME                 HOST                 HOST IP           SUBNET
master.example.com   master.example.com   192.168.172.168   10.1.2.0/24
node1.example.com    node1.example.com    192.168.172.169   10.1.0.0/24
node2.example.com    node2.example.com    192.168.172.170   10.1.1.0/24
```

可以修改 `/etc/origin/master/master-config` 配置文件中的 `clusterNetwork-CIDR` 及 `hostSubnetLength` 属性来控制分配的网段及子网掩码长度。

```
networkConfig:
  clusterNetworkCIDR: 10.1.0.0/16
  hostSubnetLength: 8
```

10.2.2 节点设备构成

在 OpenShift 集群的节点上运行 `ipaddr` 命令，可以查看当前节点的网络设备信息。

```
[root@node1 ~]# ip a |grepmtu
1: lo: <LOOPBACK,UP,LOWER_UP>mtu 65536 qdiscnoqueue state UNKNOWN
2: eno16777736: <BROADCAST,MULTICAST,UP,LOWER_UP>mtu 1500 qdiscpfifo_fast state UP qlen 1000
3: ovs-system: <BROADCAST,MULTICAST>mtu 1500 qdiscnoop state DOWN
5: br0: <BROADCAST,MULTICAST>mtu 1450 qdiscnoop state DOWN
7: lbr0: <BROADCAST,MULTICAST,UP,LOWER_UP>mtu 1450 qdiscnoqueue state UP
8: vovsbr@vlinuxbr: <BROADCAST,MULTICAST,UP,LOWER_UP>mtu 1450 qdiscpfifo_fast master ovs-system state UP
9: vlinuxbr@vovsbr: <BROADCAST,MULTICAST,UP,LOWER_UP>mtu 1450 qdiscpfifo_fast master lbr0 state UP
10: tun0: <BROADCAST,MULTICAST,UP,LOWER_UP>mtu 1450 qdiscnoqueue state UNKNOWN
24: vethab724c8@if23: <BROADCAST,MULTICAST,UP,LOWER_UP>mtu 1450 qdiscnoqueue master ovs-system state UP
```

上面的输出是 OpenShift 的一个计算节点上的网络设备信息，各个网卡的作用释义如表 10-1 所示。

表 10-1　计算节点各网络设备的详细信息

设备名称	描述
lo	本地的 Loopback 接口
eno16777736	计算节点的物理机网卡。从 CentOS 7 系列开始，以太网卡默认不再以 ethX 命名，启用了和设备信息相关联的命名方式
br0	OpenVSwitch 创建的网桥设备。所有在此计算节点上通过 OpenShift 创建的容器都将连接至此网桥设备
lbr0	Docker 使用的 Linux 网桥设备。Docker 直接创建的所有容器都将连接到此网桥设备
vovsbr 及 vlinuxbr	分别连接到 OVS br0 网桥设备及 lbr0 网桥设备的 veth 对设备。这对设备保证了在 OpenShift 之外产生的 Docker 容器与 OpenShift 集群中的容器的连通性
tun0	OVS 网桥 br0 的一个内部端口（Internal Port）。容器与外界物理网络上的主机的通信将通过此端口
vethab724c8	在此计算节点上运行的容器的 veth 对设备。Docker 会自动为每个桥接模式的容器建立两个 veth 对设备

通过 `docker network ls` 命令可以看到在 OpenShift 的计算节点上，Docker 创建了 3 个网络。其中最常用的是桥接网络。

```
[root@node1 ~]# docker network ls
NETWORK ID          NAME                DRIVER
ec662606a359        bridge              bridge
219b5a9de944        none                null
17bad3268f2a        host                host
```

查看桥接网络的详细信息。通过下面的输出可以看到 "com.docker.network.bridge.name": "lbr0"，Docker 目前使用的网桥设备为 lbr0。当前有一个容器 aa58e19 连接到了该桥接网络上。

```
[root@node1 ~]# docker network inspect bridge
[
    {
```

```
        "Name": "bridge",
        "Id": "ec662606a3594e1374b231325475156d6273cc79d88af8d4f4866a0e969b895d",
        "Scope": "local",
        "Driver": "bridge",
        "IPAM": {
            "Driver": "default",
            "Options": null,
            "Config": [
                {
                    "Subnet": "10.1.0.0/24",
                    "Gateway": "10.1.0.1"
                }
            ]
        },
        "Containers": {
            "aa58e194c0999f6956fc32882ecfc70c29d4e27962f3e478e1dacd953f48ed07": {
                "Name": "k8s_POD.ed52fdb8_docker-registry-1-e80zj_default_76c1b071-6
bf4-11e6-ae03-000c29190a02_454d4f57",
                "EndpointID": "1de9c46889d2e28d83af52dfdb676e29a038f80eff733c6de
96e6b65dd14fa86",
                "MacAddress": "02:42:0a:01:00:02",
                "IPv4Address": "10.1.0.2/24",
                "IPv6Address": ""
            }
        },
        "Options": {
            "com.docker.network.bridge.default_bridge": "true",
            "com.docker.network.bridge.enable_icc": "true",
            "com.docker.network.bridge.enable_ip_masquerade": "true",
            "com.docker.network.bridge.host_binding_ipv4": "0.0.0.0",
            "com.docker.network.bridge.name": "lbr0",
            "com.docker.network.driver.mtu": "1450"
        }
    }
]
```

通过 `ovs-vsctl list-ports br0` 命令，可以看到所有连接到 OVSbr0 网桥上的设备信息。所有通过 OpenShift 集群创建的容器的 veth 对设备的一端都将连接到这个网桥设备上。经过这个网桥设备的流量都将受到集群定义的 OVS 的 OpenFlow 规则的控制。如果读者感兴趣，可以通过 `ovs-appctl bridge/dump-flows br0` 命令查看 OVS 数据库中的具体规则。

```
[root@node1 ~]# ovs-vsctl list-ports br0
tun0
vethab724c8
vovsbr
vxlan0
```

10.2.3 网络结构组成

如图 10-2 所示，所有 OpenShift 节点主机上的 Docker 默认网桥 `docker0` 会被 Linux 二

层网桥 `lbr0` 替代，所有使用 Docker 直接启动的容器都会连接到这个网桥上。在所有节点上都会创建一个 OVS 网桥 `br0`。所有通过 OpenShift 启动的 Pod 容器都会通过 veth 设备对连接到这个 OVS 网桥。OVS 网桥和 Docker 网桥通过 `vovsbr` 和 `vlinuxbr` 对设备连接，使 OpenShift 创建的容器和 Docker 创建的容器可以直接通信。

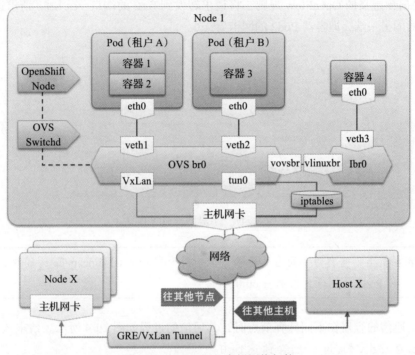

图 10-2　OpenShift 虚拟网络架构

在每个 OpenShift 的节点上都会安装 OpenShift Node 节点及 Open vSwitch 软件包。OpenShift Node 进程负责和 Master 节点的 API Server 通信，获取集群信息。OpenShift Node 进程负责通知 OVS Switchd 进程集群容器和节点变更的信息。OVS Switchd 进程接收到通知后，将更新 OVS 虚拟交换机中的流控表规则，使流量能准确地分发到对应的容器和节点。

从一个计算节点的容器到其他计算节点的容器的流量都会通过 VxLan/GRE 封装，然后经过主机的网卡发出，经过主机所在网络到远端计算节点的网卡，再根据 OVS 的规则转发至目标容器。计算节点上的容器访问集群外部网络的流量，均由 tun0 经过 iptables 规则的网络地址转换发送到远端集群外的主机。

10.3　网络连通性

10.3.1　集群内容器间通信

集群内容器间的通信分为两种情况：一种是在同一台计算节点上的容器间相互通信；另

一种是在不同节点上的容器间相互通信。

在同一节点上的容器之间通信是通过 OVS 的网桥设备 `br0` 的转发完成的。如图 10-3 所示，在同一个节点的容器 Pod1 向容器 Pod2 发送请求，请求首先从容器 Pod1 的网卡 `eth0` 中发出，到达 veth 对设备的另一端 `vethA`。请求通过 `vethA` 到达网桥设备 `br0`。OpenVSwitch 根据预定义的 OpenFlow 规则，将请求转发到 `br0` 的端口 `vethB`。请求通过 `vethB` 到达 veth 对的另一端，即容器 Pod2 的网卡 `eth0`。

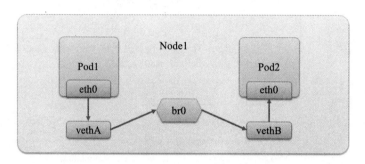

图 10-3　同一节点的容器间通信

> 提示　一台主机上不能有两个同名的设备，但是因为有 Linux Namespace 的隔离，所以容器 Pod1 和 Pod2 的网卡可以都叫 `eth0`。

当两个通信的容器在不同计算节点时，其通信的过程如图 10-4 所示。请求从容器 Pod1 的网卡 `eth0` 发出，通过 `vethA` 到达 `br0`。OVS 根据规则将请求转发给 `vxlan0` 所在的端口。通过 GRE/VxLan 的封装，数据穿越宿主机所在的网络到达远程节点（Node2）的 `vxlan0` 设备。OVS 根据规则将请求转发给 `vethA`，最终请求到达容器的设备 `eth0`。

在 OpenShift 中，容器应用间的调用应通过 Service 进行解耦，避免容器之间直接调用。OpenShift 会给每个 Service 组件分配一个虚拟的 IP 地址。图 10-1 中的 Service A 分配到的地址为 `172.30.2.2`。在集群中另外一个计算节点上运行的 `Pod3` 可以访问 Service A 的 IP 地址来访问与之相关联的容器 `Pod2`。Service 的地址是一个虚拟地址，其转发功能是通过 iptables 规则及 Kubeproxy 实现的。创建新的 Service

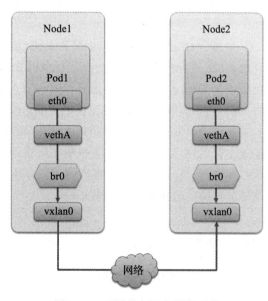

图 10-4　不同节点间容器的通信

时，Kubernetes 会在集群内的所有节点上为该 Service 创建相应的 iptables 规则。这些 iptables 的规则会将发送至该 Service 地址及服务端口的流量转发至本节点的 KubeProxy 进程，再由 Kube-Proxy 转发至实际的容器。

10.3.2 集群内容器访问集群外服务

集群内容器访问集群外的主机不存在任何障碍。集群内部的容器访问集群外部的主机时，请求从容器内部网络设备经过 veth 到达 OVS 的网桥设备 br0 后，数据被转发到 tun0 设备。数据包经过 iptables 的网络地址转换后，最终发送到远端主机。

10.3.3 集群外应用访问集群内容器

前面了解到，通过 OpenVSwitch，集群内部的节点和容器间的访问及容器对外部的访问并不存在障碍。但是外部主机访问集群内的容器和服务时，需要有更多的考量。容器和 Service 的 IP 地址都是集群内部的 IP 地址，集群外部的主机并不能正确识别这些地址。集群外部的应用访问 OpenShift 集群内部的容器，有以下几个途径。

- 通过 OpenShift 的 Router 组件将外界的请求转发给集群内的容器。Router 本质上是一个 Haproxy 程序，它监听在集群中计算节点的 80 及 443 端口。集群外的应用或用户通过容器应用的域名请求服务，域名解析到 Router 所在计算节点的 IP 地址，从而数据包通过 Router 监听的端口到达 Router。Router 根据域名找到与之相对应的 Service 后端的 Pod，最终将请求转发给 Pod 容器处理。
- 通过 `NodePort` 类型的 Service 暴露服务。NodePort 类型的 Service 会在集群中的所有节点上监听一个特定的端口，访问任意一个计算节点的端口，即可访问内部容器中的服务。Router 目前只支持转发 HTTP 及 HTTPS 的流量，对于 TCP 及 UDP 的流量，NodePort Service 是一个选择。
- 在集群外的主机上配置相应的路由规则，将集群中的一个计算节点配置成路由器，所有发送到集群内容器的流量都由该计算节点转发。
- 将客户端所在的主机加入 OpenShift 集群，并设置成为一个不运行容器（Scheduling Disabled）的计算节点。

10.4 网络隔离

OpenShift 提供了两种网络方案：`ovs-subnet` 和 `ovs-multitenant`。`ovs-multi-tenant` 插件提供了基于项目（Project）的网络隔离，即不同项目的容器之间不能直接通信。启用 `ovs-multitenant` 模式后，每个项目创建后都将被分配一个虚拟网络 ID（Virtual Network ID，VNID）。br0 设备会为这个项目内的所有数据流量标记上这个虚拟网络 ID。在默认情况下，只有数据包上的 VNID 与目标容器所在项目的 VNID 相匹配时，数据包才允许被转发至目标容器。

在多租户的隔离网络中,每个项目的容器都在各自的隔离网络中,提高了容器的安全性。但有些项目内的容器应用是提供公共服务的,用户希望这个项目中的容器可以被其他项目访问。例如,在 default 项目中部署的 Registry 组件需要被所有的项目使用,此时,通过配置,可以将多个项目的网络连通,或者将某个项目设置为全局可访问的。

10.4.1 配置多租户网络

要启用多租户网络,需要将 Master 节点上的 `/etc/origin/master/master-config.yaml` 文件以及所有节点上的 `/etc/origin/node/node-config.yaml` 文件中的所有 `networkPluginName` 属性值,从 `redhat/openshift-ovs-subnet` 修改为 `redhat/openshift-ovs-multitenant`。修改完毕后,重启 OpenShift Master 上的 Master 服务及所有节点的 Node 服务。

```
[root@master ~]# systemctl restart origin-master
[root@master ~]# systemctl restart origin-node

[root@node1 ~]# systemctl restart origin-node

[root@node2 ~]# systemctl restart origin-node
```

 提示 企业版的 Master 和 Node 的服务名分别为:atomic-openshift-master 和 atomic-openshift-node。

10.4.2 测试网络隔离

多租户隔离网络创建完成后,可以创建多个项目,并在其中部署容器测试连通性。创建两个项目 demo1 及 demo2,并分别在每个项目中部署一个 MySQL 容器。

```
[root@master ~]# oc new-project demo1
[root@master ~]# oc new-app mysql-ephemeral

[root@master ~]# oc new-project demo2
[root@master ~]# oc new-app mysql-ephemeral
```

容器启动后,查看两个项目的容器的 IP 地址。

```
[root@master ~]# oc get ep -n demo1
NAME      ENDPOINTS         AGE
mysql     10.1.1.3:3306     3m

[root@master ~]# oc get ep -n demo2
NAME      ENDPOINTS         AGE
mysql     10.1.0.4:3306     3m
```

切换到 demo1 项目,通过 ocrsh 命令进入容器内部。

```
[root@master ~]# oc get pod
NAME              READY     STATUS    RESTARTS   AGE
mysql-1-nkxhw     1/1       Running   0          5m

[root@master ~]# ocrsh mysql-1-nkxhw
```

从 demo1 项目的容器内部尝试 ping demo2 项目的容器，会发现无法 ping 通。因为在多租户网络下，各个项目的网络之间默认是隔离的。

```
sh-4.2$ ping -c 3 10.1.0.4
PING 10.1.0.4 (10.1.0.4) 56(84) bytes of data.
```

10.4.3 连通隔离网络

下面连通 demo1 及 demo2 项目的网络。执行这个操作需要集群管理员的权限。

```
[root@master ~]# oadm pod-network join-projects --to=demo1 demo2
```

再次尝试 ping 远程的容器，可以发现两个原先隔离的网络已经连通。

```
[root@master ~]# ocrsh mysql-1-nkxhw
sh-4.2$  ping -c 3 10.1.0.4
PING 10.1.0.4 (10.1.0.4) 56(84) bytes of data.
64 bytes from 10.1.0.4: icmp_seq=1 ttl=64 time=3.99 ms
64 bytes from 10.1.0.4: icmp_seq=2 ttl=64 time=0.631 ms
64 bytes from 10.1.0.4: icmp_seq=3 ttl=64 time=1.39 ms

--- 10.1.0.4 ping statistics ---
3 packets transmitted, 3 received, 0% packet loss, time 2002ms
rtt min/avg/max/mdev = 0.631/2.006/3.992/1.439 ms
```

10.5 定制 OpenShift 网络

OpenShift 默认提供了基于 Open vSwitch 的软件定义网络解决方案，这个方案能满足大多数企业对于容器网络的要求。针对一些特殊行业用户对网络的特殊要求，比如电信行业的客户对网络多平面有要求，金融行业对网络有特殊的安全策略管控，用户可以定制基于容器网络接口（Container Network Interface，CNI）的网络插件实现或者对接其他商业的软件定义网络方案。软件定义网络方案的定制超出了本书讨论的范围，读者可以参考 CNI 项目的主页进一步了解详情。

❑ CNI 项目主页：https://github.com/containernetworking/cni。

10.6 本章小结

本章介绍了 OpenShift 软件定义网络的架构以及实现。通过软件定义网络，OpenShift 集群中的容器可以方便地与集群内网的容器和主机进行通信。通过多租户网络插件，用户可以在对安全性要求较高的环境中提供网络级别的安全隔离。

Chapter 11 | 第 11 章

度量与日志管理

曾经在一个客户那听过这样一个规定:"没有性能指标和日志监控的系统绝对不允许上线。"对于开发工程师而言,关注的焦点往往是功能是否已经实现。而运维工程师更关注应用是否安全、稳定及可靠。资源监控和日志管理对运维而言,就像是眼睛和耳朵。通过运行中应用的性能度量指标和日志,运维工程师能够获取潜在问题的预警,从而通过预警降低问题发生的概率和风险。此外,在问题发生后,监控和日志的信息可以帮助运维工程师快速定位问题。

11.1 容器集群度量采集

监控容器性能度量指标有多种方法,简单的如通过 `docker stats` 命令获取主机容器的 CPU、内存、网络及磁盘的使用情况。

```
[root@node1 ~]# docker stats
CONTAINER        CPU %   MEM USAGE / LIMIT      MEM %    NET I/O              BLOCK I/O
3de522e51585     0.00%   0 B / 0 B              0.00%    0 B / 0 B            0 B / 0 B
4af8514949fe     0.00%   1.47 MB / 3.96 GB      0.04%    1.316 kB / 648 B     1.188 MB / 0 B
```

在集群的环境中,通过 `docker stats` 命令对一台台机器收集容器的度量指标显然是不现实的。Kubernetes 在设计之初就考虑到了这一点,因此它将 Google 开源的一个容器度量收集工具 cAdvisor 集成到了 Kubelet 中。在集群中,Kubelet 会驻留在集群的每一个节点上,因此 cAdvisor 也将随之运行在所有节点上。

 提示 cAdvisor 是 Google 开源的一个容器度量采集工具,负责收集及处理容器的性能指标信息。cAdvisorcAdvisor 主页:https://github.com/google/cadvisor。

一个可用的度量收集方案应该至少包含三个基本元素：度量收集端、度量汇聚点以及展示分析端。为了汇聚各个节点收集上来的度量信息，Kubernetes 包含了一个名为 `heapster` 的子项目负责汇总从各个节点 cAdvisor 收集的性能指标信息，并将这些信息存储在后端数据库或监控系统中，Heapster 称这些信息储存后端为"池子"（Sink）。Heapster 支持多种储存后端，如 InfluxDB、Kafka、Elastic Search 及 Hawkular Metrics 等。在展示分析方面，因为 Heaspter 可以对接多个不同的后端，所以用户可以根据偏好自行选择。

 提示　heaspter 主页：https://github.com/kubernetes/heapster。

11.2　部署容器集群度量采集

OpenShift 在 Kubernetes 架构的基础上提供了一套易于用户消费的度量采集和监控方案，通过这套方案，可以方便地查看和汇总集群节点及容器的性能度量信息。图 11-1 是 OpenShift 度量采集方案的架构。

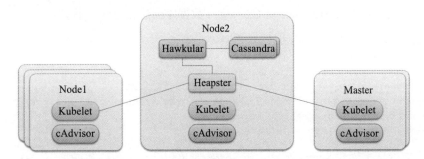

图 11-1　OpenShift 度量采集及采集方案

从图 11-1 中可以看到，OpenShift 延续了 Kubernetes 的基础，在度量采集端和度量汇聚层都和 Kubernetes 保持一致。度量储存和管理 OpenShift 使用的是 Hawkular Metrics。Hawkular Metrics 是一个开源的监控平台，Hawkular 本身就具备度量采集和汇总中间件集群的能力。Hawkular Metrics 后端对接的是 Cassandra 分布式数据库，使其在度量采集流量较大的场景下也能有优秀的性能表现。

 提示　Hawkular 项目的主页：http://www.hawkular.org。

OpenShide 的度量采集方案的组件 Heaspter、Hawkular Metrics 和 Canssandra 数据库都是以容器的形式提供，并默认提供了可快速部署的 Template。用户通过简单的配置就可以快速部署和启用度量采集和监控。

11.2.1 配置 Service Account

下面为 OpenShift 集群部署度量采集相关的组件。首先以集群管理员的身份登录，切换到 openshift-infra 项目。

```
[root@master ~]# oc project openshift-infra
Now using project "openshift-infra" on server "https://master.example.com:8443".
```

创建度量采集组件所需的 Service Account 账号。

```
[root@master ~]# oc create serviceaccount metrics-deployer
```

度量的收集需要读取集群信息的权限。因此，需要为 Service Account 授权。

```
[root@master ~]# oadm policy add-role-to-user edit system:serviceaccount:openshift-infra:metrics-deployer
[root@master ~]# oadm policy add-cluster-role-to-user cluster-reader system:serviceaccount:openshift-infra:heapster
```

11.2.2 配置证书

为 Hawkular Metrics、Heaspter 及 Cassandra 数据库创建相应的证书。

```
[root@master ~]# oadmca create-server-cert \
    --signer-cert=/etc/origin/master/ca.crt \
    --signer-key=/etc/origin/master/ca.key \
    --signer-serial=/etc/origin/master/ca.serial.txt \
    --hostnames='hawkular-metrics.apps.example.com,hawkular-metrics' \
    --cert=/etc/origin/master/metrics.crt \
    --key=/etc/origin/master/metrics.key
```

根据生成的证书创建 Secret 对象。该 Secret 对象包含了之前创建的证书，并会被相关的组件容器引用。

```
[root@master ~]# oc secrets new metrics-deployer \
hawkular-metrics.pem=<(cat /etc/origin/master/metrics.key /etc/origin/master/metrics.crt)
```

11.2.3 部署度量采集模板

通过 OpenShift 提供的部署模板 metrics-deployer-template 部署度量采集及监控的组件。IMAGE_PREFIX 和 IMAGE_VERSION 参数指定了要部署的组件的上下文及版本。USE_PERSISTENT_STORAGE=false 表示当前的部署不使用持久化的后端。在实际的生产中，请启用后端储存保存度量数据。

```
[root@master ~]# oc new-app --template=metrics-deployer-template \
    -p HAWKULAR_METRICS_HOSTNAME=hawkular-metrics.apps.example.com \
    -p IMAGE_PREFIX=openshift/origin- \
```

```
-p IMAGE_VERSION=v1.3.0 \
-p USE_PERSISTENT_STORAGE=false
```

执行部署后，一个名为 metrics-deployer-xxxxx 的 Pod 启动。这个 Pod 将部署其他相关的组件。稍等片刻后会看见其他组件的容器正在启动。

```
[root@master ~]# oc get pod
NAME                              READY   STATUS              RESTARTS   AGE
hawkular-cassandra-1-oihai        0/1     ContainerCreating   0          2m
hawkular-metrics-d9ngn            0/1     ContainerCreating   0          2m
heapster-mva73                    0/1     ContainerCreating   0          2m
metrics-deployer-nqrtd            1/1     Running             0          2m
```

> 提示　鉴于部署的组件比较多，且组件的镜像比较大，请保证网络通畅，并耐心等待。执行 oc logs metrics-deployer-nqrtd -f 命令，可以查看部署日志了解部署进度。如果连接到 DockerHub 的网络不稳定，可以在部署前提前下载好度量组件相关的容器镜像。镜像列表如下：

```
docker.io/openshift/origin-metrics-heapster:v1.3.0
docker.io/openshift/origin-metrics-deployer:v1.3.0
docker.io/openshift/origin-metrics-cassandra:v1.3.0
docker.io/openshift/origin-metrics-hawkular-metrics:v1.3.0
```

部署完毕，再次查看 Pod 的状态可见 Hawkular、Cassandra 及 Heaspter 容器的状态均为 Running。

```
[root@master ~]# oc get pod
NAME                              READY   STATUS      RESTARTS   AGE
hawkular-cassandra-1-oihai        1/1     Running     0          12m
hawkular-metrics-d9ngn            1/1     Running     0          12m
heapster-mva73                    1/1     Running     0          12m
metrics-deployer-nqrtd            0/1     Completed   0          13m
```

11.2.4　更新集群配置

组件部署完毕后，修改 Master 节点的 /etc/origin/master/master-config/yaml 配置文件。在 assetConfig 下添加 metricsPublicURL 属性，并赋值为如下内容。

```
assetConfig:
  ……
  metricsPublicURL: "https://hawkular-metrics.apps.example.com/hawkular/metrics"
  ……
```

> 提示　metricsPublicURL 属性的值需要指向 Hawkular Metrics 服务，注意不要遗忘添加路径 /hawkular/metrics。此外，必须确认 hawkular-metrics.apps.example.

com 域名在所有的节点和用户的客户机上能正常解析，并指向 Router 所在节点的 IP 地址。因为 Hawkular 服务运行在容器内，集群外访问此服务必须通过 Router 进行转发。在实验的环境中，可以通过编辑 /etc/hosts 文件实现。在正式环境中，通过域名服务器配置实现。

配置文件修改完毕，重启 Master 服务，使配置生效。

```
[root@master ~]# systemctl restart origin-master
```

11.2.5 查看容器度量指标

部署和配置完成后，登录 OpenShfit 的 Web 控制台，进入某一个 Pod 的详情页面，单击 Metrics 页签，可以看到当前 Pod 的 CPU、内存及网络资源的使用情况，如图 11-2 所示。

11.2.6 进一步完善度量采集

前文部署的例子是一个相对比较简单的配置。在实际的环境中，建议为 Cassandra 数据库配置后端持久化储存，以保存度量信息。此外根据集群及应用规模，可以调整 Hawkular Metrics 及 Cassandra 数据库的实例数量，以保证性能及响应速度。

可以调整部署度量组件的 Template 中的一些参数来精确控制度量组件的特性，如度量信息的存活时间及收集频率等，如表 11-1 所示。

表 11-1 度量采集组件部署参数

参数名	释 义
METRIC_RESOLUTION	度量信息的采集频率，默认为 10s
METRIC_DURATION	度量信息的存活时间，默认最长存留 7 天

更多关于度量组件的信息，请参考官方的配置文档，里面有更详细的参数说明。

 提示　度量配置文档：https://docs.openshift.org/latest/install_config/cluster_metrics.html。

11.3 度量接口

OpenShift 的度量信息最终都存放在 Hawkular Metrics 后端的 Cassandra 数据库中。可以访问 Hawkular Metrics 的 RESTful 接口获取其中的度量信息。这对需要将 OpenShift 的度量和企业现有的监控平台对接的用户来说非常重要。

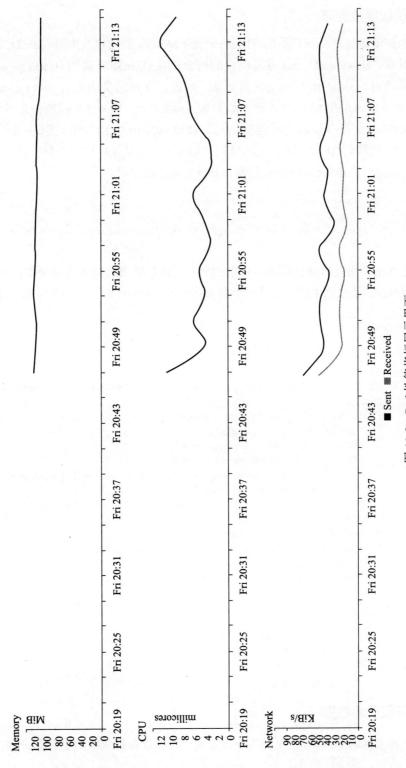

图 11-2　Pod 性能指标展示界面

11.3.1 获取度量列表

下面的例子是通过 `curl` 命令调用 Hawkular Metrics 的接口获取 default 项目的所有性能指标对象。HawkularMetrcs 有多租户的概念。在 OpenShift 利用 Hawkular Metrics 多租户的概念来映射 OpenShift 中 Project 的概念。因此，在请求头中设置 `Hawkular-Tenant` 为需要查询的 OpenShift 项目的名称。如果将 `Hawkular-Tenant` 的值设置为 `_system`，则返回 OpenShift 集群节点的度量指标信息。和 OpenShift 的 RESTful 接口一样，OpenShift 中的 Hawkular 组件的 RESTful 接口也受到了 OpenShift 的认证授权的控制。通过 RESTful 接口查询度量信息时，必须提供 token 信息，并获得相应的权限。

```
curl -H "Authorization: Bearer $(ocwhoami -t)" \
    -H "Hawkular-Tenant: default" -k \
    -X GET https://hawkular-metrics.apps.example.com/hawkular/metrics/metrics | python -m json.tool
```

通过上面的调用接口将返回该项目中的所有性能指标项的列表及每项指标的基本信息。例如，下面的返回值示例中展示的是一个名为 `docker-registry-1-92h8v` Pod 的 CPU 利用率的指标。

```
[
    {
        "dataRetention": 7,
        "id": "pod/30d61ac0-7c18-11e6-a903-000c29190a02/cpu/usage",
        "tags": {
            "descriptor_name": "cpu/usage",
            "group_id": "/cpu/usage",
            "host_id": "node1.example.com",
            "hostname": "node1.example.com",
            "labels": "deployment:docker-registry-1,deploymentconfig:docker-registry,docker-registry:default",
            "namespace_id": "c9a717b4-6b94-11e6-ad63-000c29190a02",
            "namespace_name": "default",
            "nodename": "node1.example.com",
            "pod_id": "30d61ac0-7c18-11e6-a903-000c29190a02",
            "pod_name": "docker-registry-1-92h8v",
            "pod_namespace": "default",
            "type": "pod",
            "units": "ns"
        },
        "tenantId": "default",
        "type": "counter"
    },
    ......
```

11.3.2 获取度量数据

通过上面指标的 `id` 属性，可以进一步查询该指标管理的数据。注意将 id 属性的值进行

URL 编码，将所有 / 替换成 %2F。

```
curl -k -H "Authorization: Bearer $(ocwhoami -t)" \
   -H "Hawkular-Tenant: default" \
   -X GET https://hawkular-metrics.apps.example.com/hawkular/metrics/counters/
pod%2F30d61ac0-7c18-11e6-a903-000c29190a02%2Fcpu%2Fusage   | python -m json.tool
```

命令执行后返回的数据示例如下：

```
[
{
    "timestamp": 1474037810000,
    "value": 66184843
},
{
    "timestamp": 1474037800000,
    "value": 66184843
},
{
    "timestamp": 1474037780000,
    "value": 66184843
},
……
```

Hawkular Metrics 的 RESTful 支持添加数据的查询条件。比如只想查询最近 10 分钟的数据，可以在前文的命令添加如下 URL 参数。

```
?buckets=5\&start=`date -d -10minutes +%s%3N
```

除了获取某一个指标的数据外，Hawkular Metrics 还支持对一组 Pod 的指标进行汇总计算、根据标签查找目标指标对象等功能。更多关于 Hawkular 的 RESTful 接口的详细内容，请参考 Hawkular 的 RESTful 接口文档。通过调用 Hawkular Metrics 接口，OpenShift 上容器和节点的度量信息与第三方平台的集成可以说是非常便捷的。

 Hawkular 接口文档：http://www.hawkular.org/docs/rest/rest-metrics.html。

11.4　容器集群日志管理

OpenShift 平台上往往运行着成百上千个容器。每一个容器应用都会产生日志，所有这些日志必须有一个途径进行收集、汇总，然后进行查询或分析。和度量管理组件类似，OpenShift 默认提供了一套开箱即用的日志管理方案，如图 11-3 所示。

OpenShift 的日志聚合和管理是在目前社区流行的 EFK 方案的基础上实现的。EFK 是三个流行的开源项目的缩写：Elasticsearch、Fluentd 和 Kibana。OpenShift 日志管理的各个组件的作用如下：

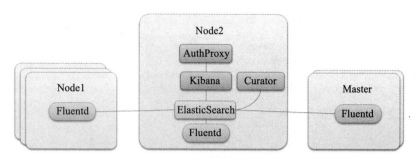

图 11-3 OpenShift 的日志聚合管理架构

- Fluentd 容器将以容器的方式运行在集群的节点上。Fluentd 将读取宿主机上的 /var/log/message 及 /var/lib/docker 目录下的系统及容器日志信息,并对日志进行格式化形成 JSON 信息,最后将其发送给 Elasticsearch。
- Elasticsearch 收到日志信息后,储存信息并建立索引。
- Kibana 提供一个图形的用户界面供用户检索和分析 Elasticsearch 中处理完毕的日志。
- 数据清理器 Curator 按用户指定的规则定时清理 Elasticsearch 中过期的数据,以防止数据占据过多的磁盘空间。
- AuthProxy 为 Kibana 实现身份验证,与 OpenShift Web 控制台实现单点登录。

 提示　Elasticsearch 是流行的开源分布式搜索及分析引擎。Elasticsearch 主页：https://www.elastic.co/products/elasticsearch。

- Fluentd 是开源的数据收集及信息汇总工具。Fluentd 主页：http://www.fluentd.org/。
- Kibana 是流行的数据化可视化工具。Kibana 主页：https://www.elastic.co/products/kibana。
- Curator 是一款精悍的 Elasticsearch 的数据清理器。Curator 主页：https://github.com/elastic/curator。

OpenShift 以容器的方式提供了 EFK 方案的各个组件,并通过 OpenShift 的模板功能让用户能更方便、快速地进行部署。

11.5　部署集群日志管理组件

11.5.1　创建部署模板

部署 OpenShift 的日志管理方案首先需要创建部署模板。以管理员身份登录 OpenShift,并导入日志部署模板。

```
[root@master ~]# https://raw.githubusercontent.com/openshift/origin-aggregated-logging/master/deployer/deployer.yaml
```

11.5.2 配置 Service Account

以集群管理员身份登录系统，并切换到 logging 项目。

[root@master ~]# oc project logging

创建应用部署 Kibana、Elasticsearch 及 Fluentd 等服务使用的 Service Account 账号。

[root@master ~]# oc new-app logging-deployer-account-template
[root@master ~]# oadm policy add-cluster-role-to-user oauth-editor \
system:serviceaccount:logging:logging-deployer

为前文创建的 Service Account 授权，允许相关的服务读取和操作集群内的信息和对象。

[root@master ~]# oadm policy add-scc-to-user privileged system:serviceaccount:logging:aggregated-logging-fluentd
[root@master ~]# oadm policy add-cluster-role-to-user cluster-reader system:serviceaccount:logging:aggregated-logging-fluentd

11.5.3 配置证书

创建应用组件使用的证书，并创建 Secret 对象 logging-deployer 储存对应的证书。该 Secret 对象会被部署引用。

```
[root@master ~]# oadmca create-server-cert \
    --signer-cert=/etc/origin/master/ca.crt \
    --signer-key=/etc/origin/master/ca.key \
    --signer-serial=/etc/origin/master/ca.serial.txt \
    --hostnames='kibana.apps.example.com' \
    --cert=/etc/origin/master/kibana.crt \
    --key=/etc/origin/master/kibana.key

[root@master ~]# oc create secret generic logging-deployer \
    --from-file kibana.crt=/etc/origin/master/kibana.crt \
    --from-file kibana.key=/etc/origin/master/kibana.key
```

11.5.4 部署日志组件模板

设置集群部署参数。创建一个 Config Map 对象 logging-deployer 为日志组件的部署设定部署参数。下面示例中的参数指定了 Kibana 的域名、OpenShift 集群 Master 的地址、Elasticsearch 的实例数及使用的内存大小。

```
[root@master ~]# oc create configmap logging-deployer \
    --from-literal kibana-hostname=kibana.apps.example.com \
    --from-literal public-master-url=https://master.example.com:8443 \
    --from-literal es-cluster-size=1 \
    --from-literal es-instance-ram=1G
```

通过 Template logging-deployer-template 部署日志组件。

```
[root@master ~]# oc new-app logging-deployer-template \
    --param IMAGE_VERSION=v1.3.0 \
    --param IMAGE_PREFIX=openshift/origin- \
    --param MODE=install
```

提示 如果连接到 DockerHub 的网络不稳定，可以在部署前，提前下载好日志组件相关的容器镜像。镜像列表如下：

```
docker.io/openshift/origin-logging-curator:v1.3.0
docker.io/openshift/origin-logging-fluentd:v1.3.0
docker.io/openshift/origin-logging-auth-proxy:v1.3.0
docker.io/openshift/origin-logging-deployment:v1.3.0
docker.io/openshift/origin-logging-elasticsearch:v1.3.0
docker.io/openshift/origin-logging-kibana:v1.3.0
```

为需要运行 Fluentd 的节点打上标签 infra=elasticsearch。Fluentd 的容器默认指定运行在含有 infra=elasticsearch 标签的节点上。可以为集群内的所有节点打上此标签。

```
[root@master ~]# oc label nodes --all logging-infra-fluentd=true
```

也可以只为了某些需要的节点打上此标签，命令如下：

```
[root@master ~]# oc label node node1.example.com logging-infra-fluentd=true
```

11.5.5 更新集群配置

组件部署完毕后，修改 Master 节点的 /etc/origin/master/master-config/yaml 配置文件。在 assetConfig 下添加 loggingPublicURL 属性，并赋值，如下所示，让用户可以通过 Web 控制台跳转到 Kibana 的日志查询界面。

```
assetConfig:
......
loggingPublicURL: "https://kibana.apps.example.com"
......
```

配置文件修改完毕后，重启 Master 服务使修改生效。

```
[root@master ~]# systemctl restart origin-master
```

11.5.6 查看容器日志

登录 OpenShift 的 Web 控制台，单击某一个 Pod 进入详情页面。单击 Logs 页签。在 Logs 页面单击右上角的 View archive 链接，打开 Kibana 的日志分析界面。在 Kibana 的界面上可以根据需要执行通过表达式查询日志、建立报表和图形以及创建日志监控界面等操作，如图 11-4 所示。

11.5.7 进一步完善日志管理

通过上述步骤我们部署了 OpenShift 的日志聚合和管理组件。在这个基础上，可以进一步完善这个架构，比如为一些组件如 Elasticsearch 和 Kibana 添加持久化的存储，增加 Elasticsearch 的实例数，以提高索引和检索的性能等。

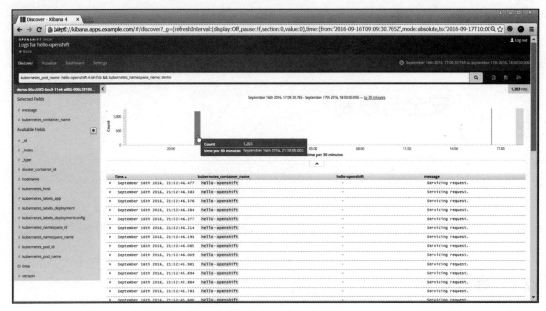

图 11-4　Kibana 日志检索界面

日志组件的 Template `logging-deployer-template` 提供了一些参数来帮助用户对日志组件进行调整，详细内容请参考 logging-deployer-template 模板定义的参数（Parameter）定义部分。

针对这套日志管理方案中的各个组件，如 Fluentd、Elasticsearch 及 Kinbana，它们各自都提供了 RESTful 接口或配置途径。通过接口和配置，用户可以方便地通过 Fluentd 将日志同时发送到其他日志汇总管道；从 Elasticsearch 中直接检索日志信息；直接引用 Kibana 中的图表信息等定制化的需求，将 OpenShift 上的节点和容器的日志管理集成到企业现有的日志管理方案中。

11.6　本章小结

通过本章，可以了解 OpenShift 的度量指标和日志的管理方案。OpenShift 提供了开箱即用的度量指标和日志方案，提高了用户配置和运维的效率。度量指标和日志方案的提供方式非常类似，OpenShift 均提供了预先配置好的组件镜像，通过模板快速配置和部署。世界上没有一个能满足所有需求的方案，因此 OpenShift 完全开放了度量指标和日志组件的接口，用户可以根据实际需要进行集成和二次开发。

第 12 章

安全与限制

12.1 容器安全

大家对容器安全的理解主要有两大误区，一是"容器天生就是不安全的"，二是"容器天生就安全"。实际上，容器安全并不是一个简单的话题。容器安全涉及方方面面，有技术层面的考虑，也有管理方面的考量。

从实现上来看，与传统的虚拟化相比，容器的隔离性的确不如传统的虚拟化那么健壮，但是也并不是那么脆弱。在 Linux 命名空间和 Control Groups 的基础上，通过 SELinux 限制容器进程对资源的读取访问或限制容器的容量，容器的安全隔离已经达到生产可用的级别。但是容器安全的战场并不只是在容器运行时这一领域。容器的镜像也是一个重要的环节。一个带有后门或者漏洞的镜像显然是和安全的愿景背道而驰的。因此，容器镜像的供应链管理也是保障安全的重要一环。此外，运行容器的宿主机的安全也与容器的安全息息相关。如果宿主机被攻破了，在其上运行的容器应用也势必在劫难逃。

所以当我们考虑容器安全时，需要有更广阔的视野，把容器云平台的技术堆栈中的各个层次都考虑在其中，各个层次的安全防护措施都需要到位。一般开源社区软件的主要关注点是实现技术上的领先及功能上的实现。对于企业而言，软件系统除了能用，还必须有高的安全性。比如一个多用户的平台必须能保障各用户数据的隐私安全。用户的所有操作必须经过授权，未经授权的操作即为非法操作。所有的容器镜像都必须保证是安全可靠的。一个运行在企业内部的容器云平台，必然需要满足企业在安全上的要求。

由于篇幅有限，容器安全的话题本书不过度展开。本章的焦点在于讨论 OpenShift 平台上针对安全提供的基础设施，如认证与授权、安全上下文、敏感信息管理等。

12.2 用户认证

12.2.1 令牌

和大多数的多用户系统一样，OpenShift 中有用户和权限的概念。用户需要通过登录账号及密码登录 OpenShift 才能访问相应的资源以及执行相关的操作。通过用户提供的登录信息确认用户身份的过程即认证的过程。OpenShift 通过 OAuth 进行用户的认证。OAuth 是一个开源的认证和授权的框架。在 OpenShift 的 Master 节点上运行着一个内置的 OAuth 服务对用户的请求进行认证检查。一旦 OAuth 服务器通过登录信息确认了用户的身份，OAuth 服务器就返回用户的访问 token（令牌）。通过这个 token，用户可以在有效的时间内对系统进行访问。

在命令行中以 dev 用户登录，通过 `oc whoami -t`，即可查看当前用户当前 Session 的 token。

```
[root@master ~]# oc login -u dev
Using project "demo".
[root@master ~]# oc whoami -t
csj0wH64MhSi7IiAxUFiKDBfGkPCjMoo4auLEcCwa9E
```

 提示　system:admin 是集群默认的管理员。前面提到过，该用户是一个特殊的用户，它不能通过用户名密码登录。system:admin 用户并没有 token。

在 Web 控制台中，可以访问如下 URL 获取 token，如图 12-1 所示。

https://master.example.com:8443/oauth/token/request

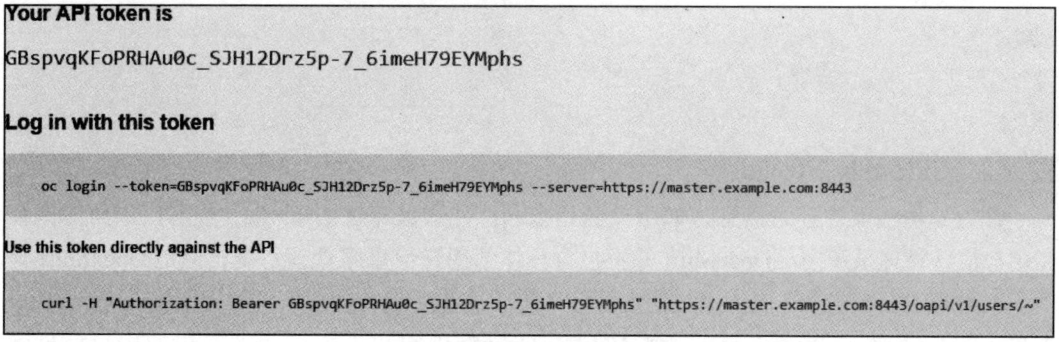

```
Your API token is
GBspvqKFoPRHAu0c_SJH12Drz5p-7_6imeH79EYMphs

Log in with this token
   oc login --token=GBspvqKFoPRHAu0c_SJH12Drz5p-7_6imeH79EYMphs --server=https://master.example.com:8443

Use this token directly against the API
   curl -H "Authorization: Bearer GBspvqKFoPRHAu0c_SJH12Drz5p-7_6imeH79EYMphs" "https://master.example.com:8443/oapi/v1/users/~"
```

图 12-1　用户 token 申请界面

获取 token 后，可以使用 token 和 OpenShift 系统进行交互，比如通过 `curl` 命令调用 RESTful 接口获取项目列表。在发送的请求 Header 中附上 token 信息。

```
[root@master ~]# curl -k -H "Authorization: Bearer GBspvqKFoPRHAu0c_SJH12Drz5p-7_6imeH79EYMphs" "https://master.example.com:8443/oapi/v1/projects"
{
```

```
    "kind": "ProjectList",
    "apiVersion": "v1",
    "metadata": {
        "selfLink": "/oapi/v1/projects"
    },
    "items": [
        {
            "metadata": {
                "name": "demo",
                "selfLink": "/oapi/v1/projects/demo",
                "uid": "0a83b3de-6e35-11e6-a885-000c29190a02",
                "resourceVersion": "90947",
                "creationTimestamp": "2016-08-29T22:07:57Z",
                "annotations": {
                    "openshift.io/description": "",
                    "openshift.io/display-name": "",
                    "openshift.io/requester": "system:admin",
                    "openshift.io/sa.scc.mcs": "s0:c7,c4",
                    "openshift.io/sa.scc.supplemental-groups": "1000050000/10000",
                    "openshift.io/sa.scc.uid-range": "1000050000/10000"
                }
            },
            "spec": {
                "finalizers": [
                    "openshift.io/origin",
                    "kubernetes"
                ]
            },
            "status": {
                "phase": "Active"
            }
        }
    ]
}
```

12.2.2 Indentity Provider

作为身份验证的登录信息，如用户名和密码，并非保存在 OpenShift 集群内，而是保存在用户信息管理系统内。OpenShift 并不包含具体的用户信息库管理系统，但是 OpenShift 提供了不同的适配器连接不同的用户信息管理系统。这些后端的用户信息管理系统在 OpenShift 中称为 `Identity Provider`。通过配置，OpenShift 可以连接到企业常用的用户信息管理系统，如 LDAP（Lightweight Directory Access Protocol）系统、微软的活动目录（Active Directory）等，同时也支持 AllowALL、DenyAll、HTpasswd 文件、GitHub、Google 等众多后端。

查看 `master-config.yaml` 配置，可以看到当前示例集群使用的 Provider 的类型及配置。如下所示，集群使用的 Provider 是 Htpasswd 的文件储存用户信息。

```
[root@master ~]# cat /etc/origin/master/master-config.yaml |grep provider -A 3
provider:
```

```
apiVersion: v1
file: /etc/origin/master/htpasswd
kind: HTPasswdPasswordIdentityProvider
```

> **提示** Htpasswd 是 Apache 提供的一个简易的用户及密码管理方式，所有的用户名和密码都存放在一个文本文件中。通过 htpasswd 命令，可以对用户数据库进行增加、删除用户的操作。htpasswd 命令的详细用法，请参考 man htpasswd。

12.2.3 用户与组管理

在 OpenShift 中，通过 `oc get user` 命令可以查看 OpenShift 系统中存在的用户列表。

```
[root@master ~]# oc get user
NAME    UID                                        FULL NAME    IDENTITIES
dev     687457e6-6bed-11e6-ae03-000c29190a02                    htpasswd_auth:dev
```

OpenShift 用户信息来源于后端的 Indentity Provider。假设用户为 OpenShift 配置了某个 Indentity Provider，当用户第一次登录时，OpenShift 会为这个用户创建一个 `user` 对象及一个 `identity` 对象。这个 `identity` 对象记录了用户来源于哪一个后端的 Indentity Provider，以及相关的用户信息。通过下面的例子可以看到当前系统中存在一个名为 dev 的用户，其来源 Provider 为 htpasswd_auth。

```
[root@master ~]# oc get identity
NAME                IDP NAME        IDP USER NAME   USER NAME   USER UID
htpasswd_auth:dev   htpasswd_auth   dev             dev         687457e6-6bed-11e6-
                                                                ae03-000c29190a02
```

组（group）的信息的来源有两个，一是后端的 Indentity Provider，二是通过用户在 OpenShift 中定义。通过 `oadm groups` 命令，可以在 OpenShift 中对组及组的成员进行管理。

下面创建一个名为 developers 的组，命令如下：

```
[root@master ~]# oadm groups new developers
```

将 dev 用户添加到 developers 组内。通过组，管理员可以更方便地管理用户，为后续的权限管理打下基础。

```
[root@master ~]# oadm groups add-users developers dev
[root@master ~]# oc get groups
NAME         USERS
developers   dev
```

除了在 OpenShift 新增及管理组信息外，OpenShift 也支持从外部的 LDAP 及活动目录中导入组信息。具体的操作可以参考 OpenShift Origin 文档的详细描述，本书不再赘述。

> **提示** OpenShift 组同步文档：
> https://docs.openshift.org/latest/install_config/syncing_groups_with_ldap.html#sync-examples。

12.3 权限管理

在多用户系统中，认证和授权是两个必不可少的功能。通过认证（Authentication），系统确认了用户的身份。通过授权（Authoriztion），系统确认用户具体可以查看哪些数据，执行哪些操作。OpenShift 的权限管理是基于角色的访问控制系统（Role Based Access Control，RBAC），即权限可以赋予角色，再将角色赋予组或用户。

12.3.1 权限对象

要理解 OpenShift 的权限管理系统，首先要了解以下几个概念：

1. 权限类别

在 OpenShift 中的权限有两种类别：集群权限（Cluster）和本地权限（Local）。集群权限是由系统或管理员定义，在集群内全局范围可见的。本地权限由用户在某一个项目（命名空间）中定义，只在目标项目可见。集群权限和本地权限都有各自的规则、策略、角色、绑定关系。集群权限的对象类型的名称以 `Cluster` 起始，比如 `Clusterpolicy` 和 `Clusterrole`。对应的本地权限的对象类型则为 `Policy` 及 `Role`。

2. `Role`

Role（角色）是一组权限的集合。在基于 RBAC 系统中，权限一般会先赋予角色，再通过角色传递到用户或组。这样的架构使得授权的模型更加灵活和易于重用。角色分为集群级别的 `Clusterrole` 和项目级别的 `Role`。

3. `Rule`

通过权限 Rule（规则），系统或用户可以定义什么样的角色可以对什么资源执行什么动作。Rule 的三个重要的要素是角色（Role）、资源（Resource）和动作（Verb）。所有的 Rule 会被包含在某个 Role 的定义中，一个 Role 可以包含若干条 Rule 定义，以描述这个角色在系统中可以执行的动作。资源即 OpenShift 中的对象类型，如 Build Config、Pod、Node 等。动作即可以对资源进行的操作，如 View、Edit、List 等。

4. `Policy`

若干 Role 组成的集合构成一个策略（Policy）。策略分为集群级别的 `Clusterpolicy` 和项目级别的 `Policy`。

5. `Role Binding`

Role Binding（角色绑定关系）定义了角色与具体的用户及组的关联关系。Role Binding

同样分为集群与项目两个级别。

6. Policy Binding

若干 Role Binding 组成的集合将构成一个 Policy Binding（策略绑定关系）。该对象类型同样分为集群与项目两个级别。

7. 用户及组

用户（User）和组（Group）是具体角色的授予对象。

图 12-2 是一个是权限对象关系的例子。系统中定义了一个系统级别的策略 Cluster Policy 1 和项目级别的策略 Policy 1。Policy 1 策略下包含两个本地角色 Role A 和 Role B，这两个角色各自包含了若干具体的权限规则。通过 Role Binding 1，Role A 的权限被赋予了组 Group A。Group A 下的用户 User 1 及 User 2 将获取 Group A 被赋予的权限。与 User 2 不同的是，User 1 除了拥有 Group A 具有的权限外，User 1 还通过 Cluster Role Binding 1 被赋予 Cluster Role A 的所有权限。

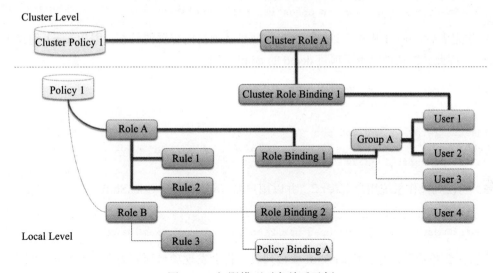

图 12-2　权限模型对象关系示例

12.3.2　权限操作

从概念上理解 OpenShift 的权限模型后，下面进行 OpenShift 的权限管理的实践。

1）首先创建两个用户 user1 及 user2。

```
[root@master ~]# htpasswd -b /etc/origin/master/htpasswd user1 welcome1
Adding password for user user1
[root@master ~]# htpasswd -b /etc/origin/master/htpasswd user2 welcome1
Adding password for user user2
```

2）为了方便切换操作，同时创建两个操作系统用户 user1 和 user2。

```
[root@master ~]# useradd user1
[root@master ~]# useradd user2
```

> **提示** 通过 oc login 登录后，相关的会话信息保存在当前操作系统用户的主目录下的 ./kube/config 文件中。在 token 有效期内，该操作系统用户执行 oc 命令行操作将不再需要输入用户密码。

3）切换到系统用户 user1，并以用户名 user1 登录 OpenShift。

```
[root@master ~]# su - user1
[user1@master ~]$ oc login -u user1 https://master.example.com:8443
```

4）以 user1 登录 OpenShift 后，创建一个项目 demo，并部署一个 hello-openshift 应用。

```
[root@master ~]# oc new-project demo
[root@master ~]# oc new-app openshift/hello-openshift
```

创建完毕后，user1 用户可以查看 demo 项目及项目内容器的状态，因为 user1 创建了项目 demo，因此其默认被赋予了项目 demo 的 admin 角色。

```
[user1@master ~]$ oc get project
NAME          DISPLAY NAME    STATUS
demo                          Active
[user1@master ~]$ oc get pod
NAME                        READY   STATUS    RESTARTS   AGE
hello-openshift-1-3zaav     1/1     Running   0          3m
```

5）切换到操作系统用户 user2，并以用户名 user2 登录 OpenShift。

```
[root@master ~]# su - user2
[user2@master ~]$ oc login -u user2 https://master.example.com:8443
```

以 user2 登录后，查看 OpenShift 项目列表，将会发现项目列表为空。因为 user2 用户默认并没有权限查看 user1 用户创建的资源。

```
[user2@master ~]$ oc get project
```

6）切换到操作系统用户 user1，为 user2 赋予查看项目 demo 的权限。

```
[user1@master ~]$ oc policy add-role-to-user view user2
```

7）切换回 user2，可以发现 user2 已经可以查看项目 demo 以及其中的容器了。

```
[user2@master ~]$ oc get project
NAME          DISPLAY NAME    STATUS
demo                          Active
[user2@master ~]$ oc get pod
```

```
NAME                    READY    STATUS     RESTARTS    AGE
hello-openshift-1-3zaav 1/1      Running    0           15m
```

但是如果 user2 尝试触发一次新的部署,系统将会提示权限不足。因为 user2 当前只有 view 的权限,即只读权限。触发部署需要更高的权限。

```
hello-openshift-1-3zaav      1/1         Running     0        15m
[user2@master ~]$ oc deploy hello-openshift --latest
Error from server: User "user2" cannot update deploymentconfigs in project "demo"
```

8)切换回操作系统 root 用户,并以 system:admin 用户登录 OpenShift。

```
[root@master ~]# oc login -u system:admin
```

查看 demo 项目的角色绑定关系,可以看到 user2 被赋予了 view 这个角色,user1 的角色则为 admin。

```
[root@master ~]# oc get rolebinding -n demo
NAME                    ROLE                      USERS   GROUPS   SERVICE ACCOUNTS              SUBJECTS
system:deployers        /system:deployer                                    deployer
system:image-builders   /system:image-builder                               builder
system:image-pullers    /system:image-puller                                system:serviceaccounts:demo
view                    /view                     user2
admin                   /admin                    user1
```

oc get role 并没有任何结果,说明 view 及 admin 是系统级别定义的角色。

```
[root@master ~]# oc get role -n demo
```

在 OpenShift 中,系统默认设置了一套基本的权限对象供用户开箱使用。通过查看 clusterrole 对象,可以看到 view 角色的具体定义。通过下面的输出可以看到 view 角色可以对许多项目级别的对象进行 get、list 及 watch 操作。

```
[root@master ~]# oc describe  clusterrole view
Name:          view
Created:       4 days ago
Labels:        <none>
Annotations:   <none>
Verbs          Non-Resource URLs     Extension    Resource Names    API Groups       Resources
               [get list watch]      []           []                []               [bindings ...]
               [get list watch]      []           []                [autoscaling]    [horizontalpodautoscalers]
               [get list watch]      []           []                [batch]          [jobs]
               [get list watch]      []           []                [extensions]     [daemonsets... ]
```

查看 admin 角色的定义,可以看到 admin 对象可以执行的动作比 view 角色更多。因此,admin 角色的权限更高。

```
[root@master ~]# oc describe  clusterrole admin
Name:          admin
Created:       4 days ago
```

```
Labels:         <none>
Annotations:    <none>
Verbs           Non-Resource URLs   Extension   Resource Names   API Groups      Resources
                [create ... watch]  []          []               []              [configmaps ...]
                [create ... watch]  []          []               []              [buildconfigs ...]
                [create ... watch]  []          []               [autoscaling]   [horizontalpodautoscalers]
                [create ... watch]  []          []               [batch]         [jobs]
                [create ... watch]  []          []               [extensions]    [horizontalpodautoscalers ...]
                [get list watch]    []          []               [extensions]    [daemonsets]
                [get list watch]    []          []               []              [bindings ...]
                [get update]        []          []               []              [imagestreams/layers]
                [update]            []          []               []              [routes/status]
```

下面创建一个组 admins，并将 user2 用户加到这个组中，然后为这个组赋予 cluster-admin 的角色。注意这里使用的是 add-cluster-role-to-group 而非之前使用的 add-role-to-group，因为我们希望这个授权的动作定义在集群的级别。

```
[root@master ~]# oc adm groups new admin
[root@master ~]# oc adm groups add-users admins user2
[root@master ~]# oc adm policy add-cluster-role-to-group cluster-admin admins
```

再次以 user2 用户的身份在 demo 项目内执行部署。

```
[user2@master ~]$ oc deploy hello-openshift --latest
Started deployment #2
[user2@master ~]$ oc get pod
NAME                         READY   STATUS              RESTARTS   AGE
hello-openshift-1-3zaav      1/1     Running             0          31m
hello-openshift-2-deploy     0/1     ContainerCreating   0          3s
```

可以发现，现在用户 user2 可以在 demo 项目里执行部署了。因为给 user2 赋予了集群管理员的角色，这个角色可以在系统中对任意对象执行任意操作。

```
[root@master ~]# oc describe clusterrole cluster-admin
Name:           cluster-admin
Created:        4 days ago
Labels:         <none>
Annotations:    <none>
Verbs           Non-Resource URLs   Extension   Resource Names   API Groups   Resources
[*]             []                  []          [*]              [*]
[*]             [*]                 []          []               []
```

查看集群基本的角色管理信息，可以看到 admins 组与 cluster-admin 角色已经关联。

```
[root@master ~]# oc get clusterrolebindings|grep admins
cluster-admins          /cluster-admin                       system:cluster-admins, admins
```

12.3.3 自定义角色

OpenShift 默认内置一些系统和项目使用的角色。灵活使用这些角色，可以有效管理系统和项目的权限。如果默认的角色不能满足实际的项目需求，也可以创建自定义的权限策略及角色，为不同的角色管理不同的权限规则，构建满足项目需求的权限模型。下面的命令输出了 OpenShift 集群的默认角色列表。

```
[root@master ~]# oc get clusterroles
NAME
system:hpa-controller
registry-editor
system:sdn-reader
system:daemonset-controller
system:image-builder
system:webhook
system:master
system:build-controller
system:discovery
system:pv-provisioner-controller
system:replication-controller
system:image-pruner
registry-viewer
system:job-controller
system:image-pusher
system:node
management-infra-admin
admin
self-provisioner
system:deployer
system:deployment-controller
system:build-strategy-docker
cluster-reader
system:registry
system:build-strategy-custom
system:node-admin
system:oauth-token-deleter
system:node-reader
system:namespace-controller
basic-user
edit
system:pv-binder-controller
system:image-auditor
cluster-admin
view
registry-admin
system:build-strategy-source
system:sdn-manager
system:image-puller
cluster-status
system:gc-controller
system:pv-recycler-controller
system:router
```

```
system:node-proxier
```

自定义的角色并不复杂，建议以现有的角色为基础修改。下面的例子导出了一个系统预定义的系统角色 `system:deployer`，通过 `sed` 命令替换了角色的名称和类型，然后通过 `oc create` 命令在 demo 项目创建一个新的名为 `mydeployer` 的角色。这只是一个简单的示例，我们只修改了角色的名称。在实际的项目中，也许可以把角色导出成 JSON 文件，并调整角色的权限规则，添加或删除这个角色可以操作的对象和执行的动作，然后再导入创建成新的角色。

```
[root@master ~]# oc export clusterroles system:deployer -o json| sed s/"system:deployer"/"mydeployer"/| sed s/"ClusterRole"/"Role"/g|oc create -f - -n demo
role "mydeployer" created
[root@master ~]# oc get role -n demo
NAME
mydeployer
```

12.4 Service Account

Service Account 是 OpenShift 中一种特殊的用户账号，这些账号专门用于容器应用交互。

每当创建一个新的项目时，OpenShift 都会为这个项目创建一系列的 Service Account，如 `builder` 账号用于构建 S2I，`default` 账号用于运行容器、`deployer` 账号用于部署容器。

```
[root@master ~]# oc get sa -n demo
NAME        SECRETS   AGE
builder     2         1h
default     2         1h
deployer    2         1h
```

每个 Service Account 都会有相关的密钥（Secret）及 token 作为这个 Service Account 的身份认证信息。关于 Secret，后续将详细讨论。

```
[root@master ~]# oc describe sa default
Name:           default
Namespace:      demo
Labels:         <none>

Image pull secrets:     default-dockercfg-ylkww

Mountable secrets:      default-token-tuwz3
                        default-dockercfg-ylkww

Tokens:                 default-token-bimd6
                        default-token-tuwz3
```

在 OpenShift 中的操作需要通过权限验证，如 S2I 构建往内部的 Registry 推送镜像，或者执行容器部署。同用户及组一样，Service Account 能被赋予不同的角色以使其具备不同的权限。从下面的输出可以看到，Service Account `builder` 被赋予了 `/system:image-builder` 的角色，使其可以触发执行构建。

```
[root@master ~]# oc get rolebindings -n demo
NAME                      ROLE                   USERS  GROUPS    SERVICE ACCOUNTS              SUBJECTS
system:image-builders     /system:image-builder                                                 builder
system:image-pullers      /system:image-puller          system:serviceaccounts:demo
view                      /view                  user2
admin                     /admin                 user1
cluster-admin             /cluster-admin
system:deployers          /system:deployer                                                     deployer
```

12.5 安全上下文

通过权限系统，用户可以在 OpenShift 中有效控制不同用户在系统中对什么资源对象进行什么样的操作。权限控制的对象是资源。而本节要讨论的安全上下文（Security Context Constraint，SCC）要管控的是具体容器可以或不可以执行哪些操作或调用。SCC 是 OpenShift 规范用户运行容器行为的一个有效途径。

究竟 SCC 和容器的运行有什么样的关系，下面来看一个例子。以 `user1` 用户的身份创建一个项目 `demo-scc`，并部署一个 Apache Httpd 容器 `httpd:2.4.17`。

```
[user1@master ~]$ oc new-project demo-scc
[user1@master ~]$ oc new-app httpd:2.4.17
```

当 Httpd 容器从 DockerHub 上下载完毕进行部署时，Httpd 的 Pod 的状态将会是 `CrashLoopBackOff`，并会不断地反复重启。

```
[user1@master ~]$ oc get pod
NAME              READY     STATUS             RESTARTS   AGE
httpd-1-wup5i     0/1       CrashLoopBackOff   3          3m
```

如果查看容器的日志，就会发现容器启动的 httpd 程序因为无法监听 80 端口而导致错误退出。

```
[user1@master ~]$ oc logs httpd-1-wup5i
AH00558: httpd: Could not reliably determine the server's fully qualified domain name,
using 10.1.1.4. Set the 'ServerName' directive globally to suppress this message
(13)Permission denied: AH00072: make_sock: could not bind to address [::]:80
(13)Permission denied: AH00072: make_sock: could not bind to address 0.0.0.0:80
no listening sockets available, shutting down
AH00015: Unable to open logs
```

修改 httpd 应用的 Deployment Config，增加一个 command 属性定义，覆盖容器默认的启动命令，然后保存并退出。

```
[user1@master ~]$ oc edit dc httpd -o json

"containers": [
    {
        "name": "httpd",
        "image": "httpd@sha256:ff734d5b9bfc1d33936211a9564e1811665ee9487d7ab387
32ae38180dd613b9",
        "command": ["bash","-c","sleep 365d"],
```

通过上面的修改，容器启动后将不会执行 Dockerfile 定义的 httpd 进程，而是执行 `sleep 365d` 命令进行休眠，避免容器因为启动进程的错误而退出。容器启动后，通过 `oc rsh` 获取容器内的 Shell，检查容器的运行用户。可以看到当前容器的执行用户是一个 UID 为 1000080000 的用户，而非 Httpd 镜像定义的 `root` 用户。Httpd 容器启动时，默认执行 Httpd 进程尝试监听 80 端口，在 Linux 上 80 端口的监听是需要管理员权限的，作为普通用户的 1000080000，用户自然没有权限。

```
[user1@master ~]$ oc get pod
NAME            READY     STATUS    RESTARTS   AGE
httpd-2-1w2q8   1/1       Running   0          54s
[user1@master ~]$ oc rsh httpd-2-1w2q8
$ id
uid=1000080000 gid=0(root) groups=0(root),1000080000
```

但是如果直接在计算节点上通过 `docker run` 运行此镜像，就会发现镜像成功启动了，且没有任何问题。

```
[root@node2 ~]# docker run -it --rm -p 12345:80 httpd:2.4.17
Unable to find image 'httpd:2.4.17' locally
Trying to pull repository docker.io/library/httpd ...
2.4.17: Pulling from docker.io/library/httpd

a3ed95caeb02: Already exists
a3ed95caeb02: Already exists
075d4d9754b4: Already exists
e53032b49a7b: Already exists
a789660d2541: Already exists
941e3ede8e04: Already exists
Digest: sha256:ff734d5b9bfc1d33936211a9564e1811665ee9487d7ab38732ae38180dd613b9
Status: Downloaded newer image for docker.io/httpd:2.4.17
AH00558: httpd: Could not reliably determine the server's fully qualified domain name,
using 10.1.1.2. Set the 'ServerName' directive globally to suppress this message
AH00558: httpd: Could not reliably determine the server's fully qualified domain
name, using 10.1.1.2. Set the 'ServerName' directive globally to suppress this
message
[Tue Aug 30 16:45:52.522922 2016] [mpm_event:notice] [pid 1:tid 139808841873280]
AH00489: Apache/2.4.17 (Unix) configured -- resuming normal operations
[Tue Aug 30 16:45:52.535533 2016] [core:notice] [pid 1:tid 139808841873280]
AH00094: Command line: 'httpd -D FOREGROUND'
```

OpenShift 使用 Docker 作为平台的容器引擎，因此 OpenShift 可以运行符合 Docker 标准的容器镜像。那为何同样的镜像通过 Docker 和通过 OpenShift 运行的效果会不一致呢？其实是因为 DockerHub 中的大量镜像都是直接使用 root 用户启动应用的，这在某些特殊的场景下可能导致安全隐患。OpenShift 考虑到企业的安全需要，引入了 SCC 这一特性。SCC 限制了容器内启动用户的 UID 范围。也就是说，虽然 Dockerfile 中定义了容器使用 root 执行启动应用，但是通过 OpenShift 运行容器时，OpenShift 会根据当前容器和用户的安全上下文设置决定是按 Dockerfile 指定的用户启动，还是随机生成一个普通用户运行。

用户 user1 是一个普通用户，如果查看与系统的 SCC 就可以发现，SCC restricted 的 RUNASUSER 属性值为 MustRunAsRange。因此容器启动用户必须有相应的权限。

```
[root@master ~]# oc get scc restricted
NAME          PRIV    CAPS   SELINUX        RUNASUSER        FSGROUP      SUPGROUP   PRIORITY   READONLYROOTFS   VOLUMES
restricted    false   []     MustRunAs      MustRunAsRange   MustRunAs    RunAsAny   <none>     false            [configMap
downwardAPI emptyDir persistentVolumeClaim secret]
```

如果要运行 Httpd 这个需要特权用户的镜像，就需要让用户 user1 获取在容器内部按任意用户启动应用的权限。这里有几种做法：

❑ 修改默认的 restricted SCC 的定义，将 RUNASUSER 属性的值从 MustRunAsRange 修改为 RunAsAny，即允许使用任何用户。但是这样做将应用集群中的所有用户和 Service Account。
❑ 使用属于更高权限的 SCC 组的账号来部署容器。
❑ 将项目默认的 Service Account 账号加入具有更高权限的 SCC 组。

通过 oc get scc 可以查看系统中的所有 SCC 定义。系统默认定义的 SCC 组中，privileged SCC 组的权限最大。restricted 组的权限最小。普通用户及其创建项目的 Service Account 默认都归属于 restricted 组。因为这里我们只想提升选择容器内运行用户的权限，所以可以使用 anyuid SCC 组。

将 demo 项目的 default Service Account 加入 anyuid SCC 组内。anyuid 组的 RUNA-SUSER 属性值为 RunAsAny。

```
[root@master ~]# oc adm policy add-scc-to-user anyuid -z default -n demo-scc
[root@master ~]# oc describe scc anyuid

Name:                       anyuid
Priority:                   10
Access:
  Users:                    system:serviceaccount:demo-scc:default
  ......
  Run As User Strategy: RunAsAny
  ......
```

再次编辑 httpd 的 Deployment Config，删除刚才添加的 command 属性。保存修改并退出，之后 OpenShift 将自动触发一次新的部署。当部署完毕后查看容器的状态，可以发现容器已经成功启动了。

```
[user1@master ~]$ oc get pod -n demo-scc
NAME             READY     STATUS      RESTARTS   AGE
httpd-3-t2op5    1/1       Running     0          1m
[user1@master ~]$ oc get ep -n demo-scc
NAME       ENDPOINTS       AGE
httpd      10.1.1.4:80     4m
[user1@master ~]$ curl 10.1.1.4:80
<html><body><h1>It works!</h1></body></html>
```

在上面的示例中，将 Service Account 加入指定的 SCC 组，使得容器运行时能获取更多的特权。在 OpenShift 中，集群默认定义了一组具有不同权限的 SCC 组。不同的 SCC 组有不同的权限配置，如表 12-1 所示。这些设置控制了容器运行用户的 UID 访问、支持卷的类型、是否能访问宿主机的文件、PID 及网络等权限。

表 12-1　系统默认 SCC 组

NAME	PRIV	CAPS	SELINUX	RUNASUSER	FSGROUP	SUPGROUP	PRIORITY	READONLYROOTFS
anyuid	false	[]	MustRunAs	RunAsAny	RunAsAny	RunAsAny	10	false
hostaccess	false	[]	MustRunAs	MustRunAsRange	MustRunAs	RunAsAny		false
hostmount-anyuid	false	[]	MustRunAs	RunAsAny	RunAsAny	RunAsAny		false
hostnetwork	false	[]	MustRunAs	MustRunAsRange	MustRunAs	MustRunAs		false
nonroot	false	[]	MustRunAs	MustRunAsNonRoot	RunAsAny	RunAsAny		false
privileged	true	[]	RunAsAny	RunAsAny	RunAsAny	RunAsAny		false
restricted	false	[]	MustRunAs	MustRunAsRange	MustRunAs	RunAsAny		false

一个用户或者 Service Account 可以被赋予多个 SCC，不同 SCC 的设置值可能相互覆盖。用户可以为不同的 SCC 值设置优先级，优先级更高的 SCC 的设置值为最终生效值。例如，在上面的输出中，anyuid 的优先级为 10，因此将此 SCC 赋予 default 账号后，其 RUNASUSER 值覆盖了用户默认的 Restricted SCC 组的设置值。

12.6　敏感信息管理

应用程序中经常会碰到需要使用到密码、密钥或者证书的情况。以往常规的做法是将所需使用的密钥信息都一并包含在应用的交付件中。但是这样做的问题在于，当环境发生了变化，更新密钥会变得非常的麻烦。同时，将机密信息包含在交付件中也有安全风险。Kubernetes 的 Secret 组件提供了一种机制，将机密的信息与应用程序分离开。

用户可以在 Secrect 文件中定义若干文件，并在 Secret 中保存其 BASE64 编码的内容。

Secret 对象可以像一个卷一样被挂载到容器内部。容器中的应用在指定的目录下便可读取 Secret 中定义的机密文件的内容。

这里举个 Router 组件的例子。Router 组件需要周期性地读取集群的信息，因此 Router 容器需要特殊的集群权限。这个权限的获取是通过为 Router 容器关联一个 Service Account 实现的。Service Account 是一类特性的用户账号。Router 组件中的应用需要以某个特定的 Service Account 的身份执行命令，就需要有该 Service Account 的密钥，即 token。这个 token 信息就是通过 Secret 对象传入 Router 组件的容器中的。

查看 default 项目中部署的 Router 组件的容器，可以看到 Router 容器默认挂载了一个卷，卷的类型为 Secret。

```
[root@master ~]# oc project default
[root@master ~]# oc describe pod ose-router-1-mzepl
Name:          ose-router-1-mzepl
Namespace:     default
……
Volumes:
router-token-uyuql:
    Type:       Secret (a volume populated by a Secret)
    SecretName: router-token-uyuql
No events.
```

查看该 Secret 的详细定义，可以看到其中定义了三个文件：ca.crt、namespace 和 token。

```
[root@master ~]# oc describe secret router-token-uyuql
Name:           router-token-uyuql
Namespace:      default
Labels:         <none>
Annotations:    kubernetes.io/service-account.name=router,kubernetes..io/service-
                account.uid=f1f08620-6b9b-11e6-92dd-000c29190a02

Type:   kubernetes.io/service-account-token

Data
====
ca.crt:         1070 bytes
namespace:      7 bytes
token:          ……
```

通过 df 命令，可以看到该 Secret 在容器中的挂载路径。

```
[root@master ~]# oc rsh ose-router-1-mzepl  df -h|grep secret
tmpfs           489M   12K   489M   1% /run/secrets/kubernetes.ib/serviceaccount
```

查看容器中的挂载路径，可以看到 Secret 定义的三个文件。其中 token 是 Router 容器中读取集群节点信息时使用的 Service Account 的 token，通过此 token Router 获取了读取集群信息的权限。

```
[root@master ~]# oc rsh ose-router-1-mzepl  ls /run/secrets/kubernetes.io/
serviceaccount -l
total 12
-r--r-Sr--. 1 root 1000020000 1070 Sep  3 02:38 ca.crt
-r--r-Sr--. 1 root 1000020000    7 Sep  3 02:38 namespace
-r--r-Sr--. 1 root 1000020000  842 Sep  3 02:38 token
```

在 Router 容器内部执行 `oc whoami`，可以看见 Router 容器目前正在使用的 OpenShift 的账号是 `system:serviceaccount:default:router`。

```
[root@master ~]# oc rsh ose-router-1-mzepl  openshift cli whoami
system:serviceaccount:default:router
```

Secret 的用法非常灵活，假设有多个应用都依赖于访问某个系统获取信息。用户可以将访问的密钥信息存放在 Secret 对象中，让所有需要这个密钥信息的容器应用都挂载这个 Secret。当密钥信息更新时，管理员只需要更新 Secret 中的信息，便可以一次更新所有相关应用访问系统获取信息的密钥。

通过 `oc secret` 命令，用户可以很方便地创建 Secret 对象。下面的例子创建了一个 Secret 对象 `my-secret`，其中包含一个登录配置文件 `admin.kubeconfig`。

```
[root@master ~]# oc secrets new my-secret /etc/origin/master/admin.kubeconfig
[root@master ~]# oc describe secret my-secret
Name:        my-secret
Namespace:   default
Labels:      <none>
Annotations: <none>

Type:        Opaque

Data
====
admin.kubeconfig:    5685 bytes
```

Secret 创建后，可以像使用卷一样将其挂载至容器或 Service Account 中。

```
[root@master ~]# oc volume dc/ose-router --add --name=my-secret -t secret
--secret-name="my-secret" --mount-path="/run/secrets/my-secret"
```

挂载成功后，在指定的挂载点就可以看到 Secret 的数据文件。

```
[root@master ~]# oc rsh ose-router-5-yjkd6 ls /run/secrets/my-secret
admin.kubeconfig
```

12.7　额度配置

任何一个平台的资源都是有限的。对于一个容器云而言，这个平台承载了不同类型容器的运行。平台必须提供一种机制对资源进行限制和控制额度，防止因为一个容器或者一个用户的任务将平台所有的资源耗尽。平台要尽可能地保障在其上运行的不同类型、不同项目的容器正常运行。在 OpenShift 中，额度的控制通过资源额度对象（Resource Quota）管理。额度对象是基于项目（Project）的，以项目为单位对资源进行额度管理。资源额度对象分为两种类型：一种是对计算资源（Compute Resource）的额度控制，一种是对对象数量（Object Count）的额度控制。

12.7.1 计算资源额度

计算资源的额度是指对集群的 CPU 及内存资源的额度管理，在 OpenShift 中，额度的设置是基于项目的。下面是一个定义 Resource Quota 对象的示例。其中定义了一个名为 `compute-resources` 的额度对象。这个对象的类型是 `hard`，即一个硬指标，项目使用的资源不能超过这里的定义值。同时这个对象定义了当前项目不能同时运行超过 50 个 Pod 容器。

```
{
    "kind": "ResourceQuota",
    "apiVersion": "v1",
    "metadata": {
        "name": "compute-resources",
        "creationTimestamp": null
    },
    "spec": {
        "hard": {
            "limits.cpu": "50",
            "limits.memory": "2Gi",
            "pods": "50",
            "requests.cpu": "500",
            "requests.memory": "1Gi"
        }
    },
    "status": {}
}
```

在上面定义中的 CPU 与内存资源额度分别有 `requests` 和 `limits` 两个类别。`requests` 是指容器运行所需的 CPU 与内存资源的下限值。如果某个计算节点的 CPU 与内存资源低于这个值，则表示该节点没有足够的资源运行此容器。`limits` 是指容器所能使用的 CPU 及内存的上限值。上面例子的意思是，当前项目的所有 Pod 容器请求的最低 CPU 及内存总和不能大于 50 个单位的 CPU 及 1GB 的内存。所有 Pod 容器可使用的 CPU 的上限为 500 个单位，内存上限为 2GB。

在 Kubernetes 中，CPU 资源的度量最小单位是 Millicore。一个计算节点上的 CPU 核数乘以 1000 即为该节点拥有的 CPU 资源的总量。比如一个 4 核的计算节点，其拥有的计算能力即为 4000m。Millicore 之上的单位是 Core，1 Core = 1000m。内存度量的最小单位是字节

（Byte）。

用户还可以使用 scope 属性来细化额度的定义。比如下面的示例中定义了一组额度信息，但是应用的范围仅限于所有处于 Terminating 状态的 Pod。

```
apiVersion: v1
kind: ResourceQuota
metadata:
name: compute-resources
spec:
hard:
pods: "4"
    limits.cpu: "1"
    limits.memory: "1Gi"
scopes:
    - Terminating
```

12.7.2 对象数量额度

对象数量额度用于对当前项目不同类型对象的数量进行额度管理。下面是一个定义对象数量额度的示例。其中定义了这个项目中 configmaps、Persistent Volume Claim、Replication Controller、Secret 及 Service 对象的数量上限。当项目中某类对象的数量达到上限后，用户将不能再新建相关的资源。

```
{
    "kind": "ResourceQuota",
    "apiVersion": "v1",
    "metadata": {
        "name": "object-counts"
    },
    "spec": {
        "hard": {
            "configmaps": "10",
            "persistentvolumeclaims": "10",
            "replicationcontrollers": "20",
            "secrets": "10",
            "services": "10"
        }
    },
    "status": {}
}
```

当前 OpenShift 可以管理对象数量额度的对象列表如下。随着 OpenShift 版本的演进，这个列表也在不断更新。

- Pod
- Replication Controller
- Resource Quota

- Services
- Secrects
- Config Maps
- Persistent Volume Claim
- Image Streams

12.7.3 额度对象的使用

额度对象的创建和其他 OpenShift 的对象一样,通过 `oc create -f` 执行 YAML 或 JSON 文件中定义好的对象即可。通过 `oc get resourcequota` 命令,可以查看当前项目定义的额度对象。

```
[root@master ~]# oc get resourcequota
NAME                      AGE
compute-resources         4m
object-counts             8s
```

通过 `oc describe` 命令,可以查看额度对象的详细定义信息及使用情况。

```
root@master ~]# oc describe resourcequota
Name:             compute-resources
Namespace:        demo
Resource          Used        Hard
--------          ----        ----
limits.cpu        500m        50
limits.memory     512Mi       2Gi
pods              1           50
requests.cpu      100m        500
requests.memory   512Mi       1Gi


Name:             object-counts
Namespace:        demo
Resource          Used        Hard
--------          ----        ----
configmaps                0           10
persistentvolumeclaims    0           10
replicationcontrollers    1           20
secrets                   9           10
services                  1           10
```

设置计算资源额度后,用户部署容器时必须显式地为每一个容器指定 CPU 及内存的 `requests` 及 `limits` 的值,否则容器将无法部署,如下例所示。

```
root@master ~]# oc new-project demo
[root@master ~]# oc new-app openshift/hello-openshift
```

```
[root@master ~]# oc get event
FIRSTSEEN    LASTSEEN    COUNT    NAME                KIND                ...
51s          51s         1        hello-openshift     DeploymentConfig    ...
51s          45s         6        hello-openshift     DeploymentConfig    ...
```

 提示 如果发现在部署应用后，OpenShift 并没有成功创建 Deployment 或容器，可以通过 `oc get event` 查看当前项目的事件流。如果容器长期处于 Pending 的状态，可以通过 `oc describe pod` 命令查看和目标容器相关的事件。

12.8 资源限制

额度是通过宏观的手段规定了一个项目（或者说 Namespace）可以使用资源总量和创建的对象总量。资源限制则是更具体地控制每个容器具体可以使用多少的 CPU 和多少的内存。这个控制涉及两个层面：一个是从项目级别统一定义项目中每个容器的资源使用总量，另一个是单独为每一个容器定义该容器可以使用的资源总量。

12.8.1 Limit Range 对象

额度（Quota）是在项目层面，管理员对资源进行整体调控的手段。具体对项目中各个 Pod 及容器的资源管控，则是通过 Limit Ranges 对象实现。下面是一个 Limit Ranges 对象的定义示例。其中定义了一个名为 `resource-limits` 的对象，对象分别定义了 Pod 及容器级别 CPU 及内存使用的上下限。

```
{
    "kind": "LimitRange",
    "apiVersion": "v1",
    "metadata": {
        "name": "resource-limits",
        "creationTimestamp": null
    },
    "spec": {
        "limits": [
            {
                "type": "Pod",
                "max": {
                    "cpu": "50",
                    "memory": "1Gi"
                },
                "min": {
                    "cpu": "100m",
                    "memory": "100Mi"
                }
            },
            {
```

```
            "type": "Container",
            "max": {
                "cpu": "50",
                "memory": "1Gi"
            },
            "min": {
                "cpu": "100m",
                "memory": "100Mi"
            },
            "default": {
                "cpu": "500m",
                "memory": "512Mi"
            },
            "defaultRequest": {
                "cpu": "100m",
                "memory": "100Mi"
            },
            "maxLimitRequestRatio": {
                "cpu": "100"
            }
        }
    ]
  }
}
```

Limit Range 对象有两个资源管控层次：Pod 及 Container。用户可以分别在 Pod 及容器两个层面定义资源的使用限制。表 12-2 是各个属性的释义。

表 12-2　LimitRange 对象属性

属　　性	描　　述
min	定义容器所需的 CPU 或内存资的下限值。只有系统资源高于这个值时，OpenShift 才认为有足够的资源运行这个容器
max	定义容器可用的 CPU 或内存资源的上限值
defaultRequest	为未定义资源使用范围的容器指定 CPU 与内存需求的下限值
default	为未定义资源使用范围的容器指定 CPU 与内存的默认上限值
maxLimitRequestRatio	定义 CPU 及内存资源的 limits/requests 比值的上限值

将上面的 Limit Range 对象定义保存成 JSON 文件，并通过 `oc create -f` 命令创建对象。通过 `oc describe limitrange` 命令，可以查看 Limit Range 对象的详细定义。

```
[root@master ~]# oc describe limitrange
Name:           resource-limits
Namespace:      demo
Type        Resource    Min     Max     Default Request     Default Limit   Max Limit/Request Ratio
----        --------    ---     ---     ---------------     -------------   -----------------------
Pod         cpu         100m    50      -                   -               -
Pod         memory      100Mi   1Gi     -                   -               -
```

```
Container      cpu          100m    50      100m          500m           100
Container      memory       100Mi   1Gi     100Mi         512Mi          -
```

此时，如果重新部署前文的 hello-openshift 容器，将会发现容器可以成功部署了。因为在 Limit Range 对象中，通过 `default` 及 `defaultRequest` 为未设置资源使用情况的容器设置了 requests 及 limits 的值，所以满足了部署的要求。

```
[root@master ~]# oc deploy hello-openshift --cancel
[root@master ~]# oc deploy hello-openshift --latest
[root@master ~]# oc get pod
NAME                        READY     STATUS    RESTARTS   AGE
hello-openshift-4-rgfbk     1/1       Running   0          1m
```

12.8.2 QoS

调整 CPU 及内存的 `min` 及 `max` 值，可以为容器实现不同级别的服务质量（Quality of Service，QoS）。在 OpenShift 中，资源的 QoS 有三种类别：`BestEffort`、`Burstable` 和 `Guaranteed`。

- `BestEffort`。用户不设置容器的 CPU 及内存使用的上下限，OpenShift 根据系统当前资源的情况尽可能提供最大的资源使用量。在系统资源紧张的情况下，OpenShift 并不保证容器有足够的资源运行。
- `Burstable`。用户设置了资源使用的下限及上限，而且上限值大于下限值。OpenShift 提供的资源值将在上下限值之间浮动。OpenShift 保证提供的资源总是至少达到资源使用的下限值。
- `Guaranteed`。用户设置资源使用的上下限值，且上下限值是相同的。OpenShift 保证为容器提供用户指定的资源数量。

通过 `oc describe pod`，可以查看 Pod 的资源使用上下限的定义。在下面的例子中，容器的下限（`requests`）及上限（`limits`）的设置相同，因此此容器的 QoS 类型为 `Guaranteed`。

```
[root@master ~]# oc describe pod hello-openshift-4-rgfbk
Name:           hello-openshift-4-rgfbk
……
    QoS Tier:
cpu:    Guaranteed
memory:     Guaranteed
    Limits:
cpu:    1
memory:     100Mi
    Requests:
cpu:        1
memory:     100Mi
    State:      Running
...省略输出...
```

12.9 本章小结

本章介绍了 OpenShift 中与安全相关的一些话题。现在读者已经了解到如何使用 OpenShift 的权限模型控制不同的用户和组的行为和活动。通过安全上下文 SCC，可以更细致地调控不同用户的容器运行环境，从而降低安全风险。容器应用需要使用的机密信息，可以通过 Secret 对象保存，只有在必要时，才给需要的容器进行挂载，而不是将机密信息存储在容器镜像或其他不安全的地方。通过 OpenShift 提供的这些基础设施，可以降低集群的安全风险。但是对容器安全这个话题，我们需要更广阔的大局观，以及持续关注最新的安全通报。

第 13 章 集群运维管理

13.1 运维规范

一个系统和一个平台在企业和组织内部长期为用户提供服务是一个系统工程，涉及这个系统和平台的生命周期的管理。常见的系统生命周期包含以下几个阶段：架构设计、安装部署、测试验证、系统上线、系统运维及系统下线。其中，系统运维的时间占比最长。系统运维的目的是让系统和平台能够在良好的状态下持续地为用户提供服务。系统运维涉及平台的日常健康检查、状态监控、安全更新、版本升级、扩容缩容等各个方面的细节。OpenShift 作为一个容器云解决方案，为运维管理员提供了集群运维的技术手段。如为运维工程师提供方便高效的运维组件及工具，帮助运维工程师便捷地掌握系统状态；在不影响应用服务的情况下，实现集群的扩容和缩容，完成运维中的各项挑战和任务。

除了使用技术手段来解决运维中遇到的问题外，要安全、高效和成功地运维一个云平台，还需要一套切实可行的运维规范。因为每个人以及每个组织都有自己的习惯。同样一个软件，一百个人就有一百种用法。如果一个集群内部各个节点的配置都不一致，这个集群的稳定性就将大打折扣，运维起来将十分困难和危险。通过运维规范，可以规范定义诸如在企业或者组织内部，运维工程师应该如何安装 Docker，应该配置哪些参数；Template 应该如何定义；镜像要符合哪些条件，等等。通过规范的定义，尽可能统一运维和开发用户的使用习惯，使集群环境趋向一致，这既有利于提高运维的效率，也有利于在问题发生后快速排查问题。

13.1.1 规范的制定

运维规范的结构和内容并没有特定的标准和要求。每个企业和组织都可以根据团队的关注点和习惯指定符合组织要求的规范。在一般的情况下，一个软件系统的运维规范包含如下内容：
- 硬件配置规范。详细说明该软件系统运行所需的硬件指标。
- 软件介质规范。指定软件系统及其依赖的软件的介质版本。
- 部署规范。详细定义软件系统部署的架构，以及部署过程中各步骤的具体操作。
- 配置规范。说明软件系统为满足各种业务场景需要的配置方法。
- 升级规范。说明软件系统升级所需执行的步骤及注意事项。
- 备份与还原。详细说明如何进行数据备份和还原。
- 常见问题及处理方法。描述该软件系统的常见问题及其解决方法。

实际上，运维规范的内容并不限于以上所罗列的内容。规范定义和描述的内容可以分为两大类：静态的对象和动态的流程。对于静态的对象，规范中要准确定义其状态，如软件介质的版本、安装路径等。对于动态的流程，则需要清晰地给出流程的定义以及每一个流程的步骤描述。一个好的规范应该完整地涵盖一个软件系统从上线到下线的整个生命周期中，各个环节涉及的静态对象和动态流程的描述。

13.1.2 规范的维护

在很多人看来，运维规范就是一些一成不变的文档。实际上，恰恰相反。在运维系统的过程中，管理员必须根据实际情况，不断地更新和完善规范，使其他用户根据规范实施日常操作时能达到预期的效果。

运维规范的另一个作用是将容器和容器云平台运维管理的最佳实践进行固化。通过运维规范定义的最佳实践，企业和组织可以在项目的初期快速构建出稳定、安全、可控的平台。同时，随着平台运维的深入，在运维过程中收获的知识和经验也可以反馈到规范中，使规范进一步完善。因此，运维的规范是"活"的，而不是一个一成不变的"死"的文档。规范应该看作运维的经验和智慧的结晶。

13.1.3 规范的执行

一旦规范制定并生效了，团队就必须按照运维规范的要求对系统进行运维，尽量减少与规范不符的操作。在实际的工作中，总是不难碰见"我们可不可以用另一个版本的 JDK"或者"我们更习惯那个版本的操作系统"，等等这样的情况。面对这样的情况，应该先问清缘由，尽可能引导用户向规范靠拢。如果一个规范制定了，但是并不执行，那么和没有规范也没有太大的差别。如果存在与规范冲突，但是在仔细分析后又必须执行的操作，应该定义相关的流程进行审核和批复，并记录相关的操作，以便在后续运维的过程中参考。

13.2 节点管理

对 OpenShift 集群节点的运维涉及两个层次：一个是对集群节点操作系统的常规运维，

另一个是对 OpenShift 集群及容器服务的运维。节点的运维一般有两大方面的需求：状态的监控预警和运维操作的执行。

13.2.1　Cockpit

对于系统和服务的运维，业界已经有很多成熟的方案。每个企业和组织也有自己偏爱的工具和方案。本书着重介绍 OpenShift 项目相关的一个运维管理工具 Cockpit。Cockpit 是一个开源的系统管理项目，其最初的目的是为用户提供一个灵活高效的 Linux 系统的运维管理界面。目前，Cockpit 支持 Docker、Kubernetes 和 OpenShift。通过 Cockpit，用户可以在一个统一的系统中获取 OpenShift 集群节点操作系统的实施信息及系统配置，用户也可以在 Cockpit 中以管理员的身份对 OpenShift 集群进行管理。

 Cockpit 的项目主页：http://cockpit-project.org/。

13.2.2　安装配置 Cockpit

在集群的所有节点上安装 Cockpit 及其 Docker 与 Kubernetes 插件。

```
[root@master ~]# yum install -y cockpit cockpit-docker cockpit-kubernetes
```

在集群的所有节点上启动 Cockpit 服务，并设置其开机启动。

```
[root@master ~]# systemctl start cockpit
[root@master ~]# systemctl enable cockpit.socket
```

在集群的所有节点上修改 iptables 防火墙配置，允许外界访问 Cockpit 的服务端口 9090。修改 /etc/sysconfig/iptables 文件，添加如下规则：

```
-A INPUT -p tcp -m state --state NEW -m tcp --dport 9090 -j ACCEPT
```

添加完毕后，/etc/sysconfig/iptables 文件的内容大致如下：

```
:OS_FIREWALL_ALLOW - [0:0]
-A INPUT -m state --state RELATED,ESTABLISHED -j ACCEPT
-A INPUT -p icmp -j ACCEPT
-A INPUT -i lo -j ACCEPT
-A INPUT -p tcp -m state --state NEW -m tcp --dport 9090 -j ACCEPT
-A INPUT -p tcp -m state --state NEW -m tcp --dport 22 -j ACCEPT
```

保存修改，并重启 iptables 服务。

```
[root@master ~]# systemctl restart iptables
```

通过浏览器访问 https://master.example.com:9090/，可以看到 Cockpit 的登录页面，如

图 13-1 所示。如果提示证书不可信，请忽略并继续。登录的用户名为 root，密码为 Master 节点 root 用户的密码。

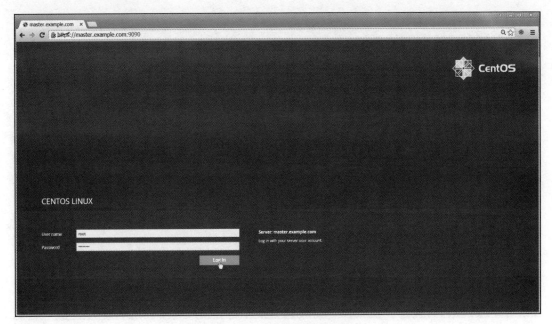

图 13-1　Cockpit 登录界面

13.2.3　Cockpit 与系统运维

Cockpit 是一个非常灵活的开源 Linux 系统运维系统。在 Cockpit 上，管理员可以获取运维关注的操作系统的信息，如实时的 CPU、内存、储存及网络的使用情况。Cockpit 不仅提供可视化的图表，还提供详细的数据。因此，管理员不仅可以直观地看到系统的状态，如图 13-2 所示，还可以查询设备和日志的详细信息，如图 13-3 所示。Cockpit 提供系统管理的支持，不仅仅是只读的。管理员可以在 Cockpit 中对系统进行各项管理操作，无须登录系统便可以完成所需执行的管理任务。

通过 Cockpit，系统管理员可以将多台主机的信息进行集中展示，方便集群管理员一目了然地掌握资源的使用情况。如图 13-4 所示，笔者集中展示了 OpenShift 集群中 3 个节点的信息。

Cockpit 也提供了 Docker 的插件。在 Cockpit 的管理界面中，管理员可以查看主机上的 Docker 容器的信息、启动或停止容器，如图 13-5 所示。

13.2.4　Cockpit 与集群运维

在前面章节我们使用的 OpenShift Web 控制台主要是提供给开发和部署应用的用户使用。

OpenShift 集群管理控制台和用户的 Web 控制台是分离的。用户和管理系统的分离，增强了集群的安全性。OpenShift 集群的管理可以通过 Cockpit 或混合云管理平台实现。

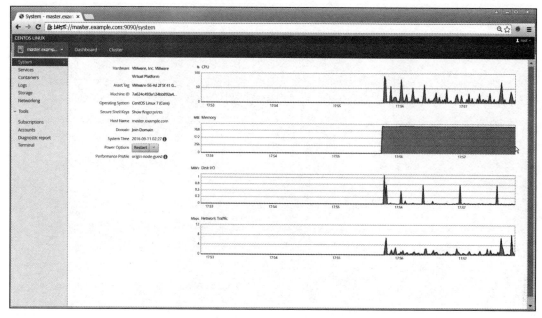

图 13-2　Cockpit 系统信息概览

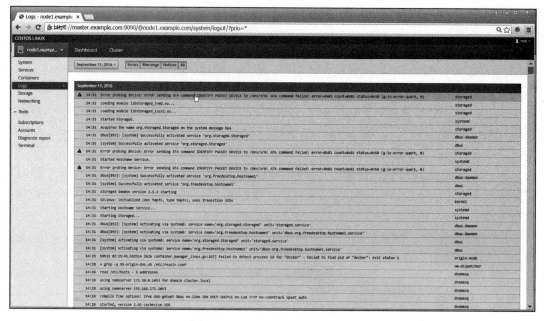

图 13-3　Cockpit 系统日志管理

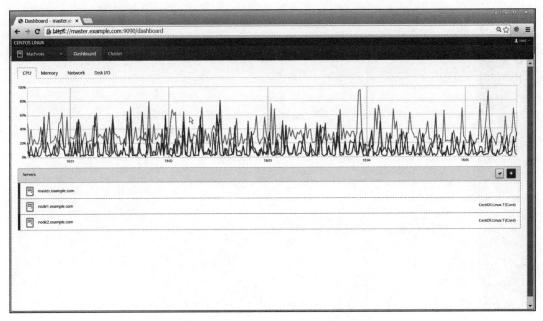

图 13-4　Cockpit 多主机信息汇总展示

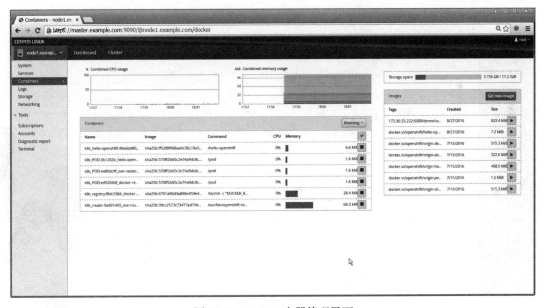

图 13-5　Cockpit 容器管理界面

在 Cockpit 中，集群管理员可以获取集群所有节点的资源使用情况、项目及服务的信息、集群的拓扑、容器的状态等信息。Cockpit 集群管理界面如图 13-6 所示，其集群的拓扑情况如图 13-7 所示。

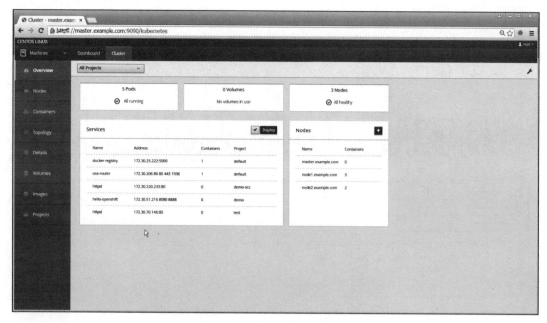

图 13-6　Cockpit 集群管理界面

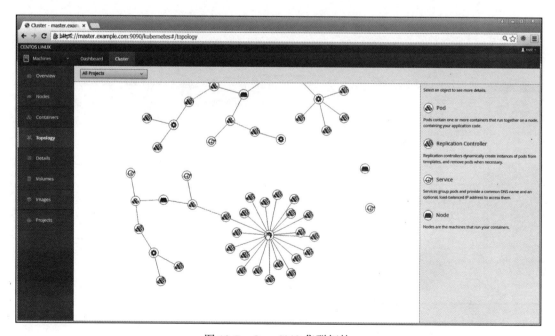

图 13-7　OpenShift 集群拓扑

通过 Cockpit，管理员可以查看集群中定义的 Image Stream 镜像的详细信息，如图 13-8 所示。也可以查看运行中的容器日志，以及通过 Web 终端控制台登录到容器内部进行调试。

在线容器调试信息如图 13-9 所示。

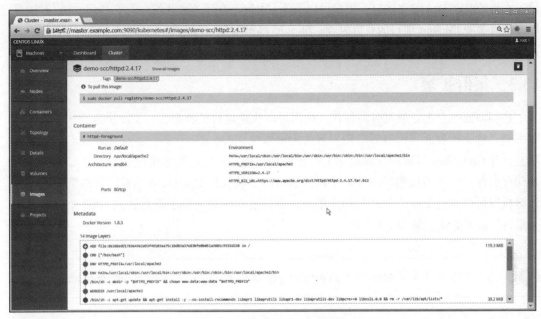

图 13-8　Image Stream 镜像信息

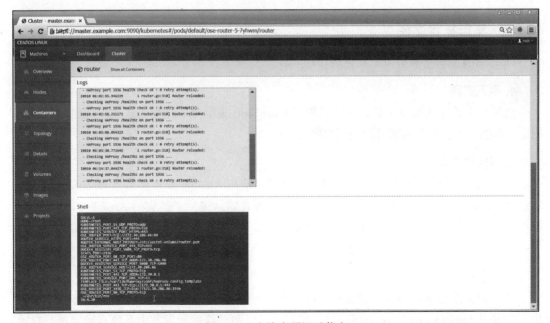

图 13-9　在线容器调试信息

Cockpit 是一个非常精悍的工具，它的设计理念之一就是用户无须翻阅使用手册就能快速上手使用。Cockpit 的架构很灵活，用户可以快速在界面上添加新的功能。同时 Cockpit 提供了完善的 RESTful 编程接口，用户可以基于 Cockpit 进行二次开发。关于 Cockpit 定制的具体方法请参考 Cockpit 项目的官方教程：http://cockpit-project.org/blog/category/tutorial.html。

13.3 集群扩容

在容器云平台上，通过容器编排，应用可以快速进行扩容缩容，实现快速增加和减少容器实例。对于扩容而言，容器应用扩容的上限取决于 OpenShift 集群本身计算节点的资源上限。提升 OpenShift 集群的计算资源上限有两种途径：一是提升单个计算节点的 CPU、内存及储存资源；二是增加集群内计算节点的数量。目前根据 OpenShift 项目官方的资料，单个计算机点可以支持 250 个 Pod 实例。单一集群目前实际最大部署数量达到 1000 个节点，单一集群的最大 Pod 数量为 120 000。

集群扩容文档主页 https://docs.openshift.org/latest/install_config/install/planning.html#sizing。

在现实中，通过增加集群中计算节点的数量来增加集群的计算能力是较为常规的做法。尤其当 OpenShift 部署在 IaaS 平台上时，通过 IaaS 平台可以快速获取计算节点所需的主机。

13.3.1 集群扩容途径

OpenShift 集群扩容有以下几种途径：

1. 手工扩容

通过手工的方式配置主机，并将其加入 OpenShift 集群中。这种方式比较耗时，且不适用于大规模扩容，只作为临时的测试和调试手段。

2. 半自动扩容

通过 Ansible 扩容节点。在前面的章节介绍过使用 Ansible 安装多节点 OpenShift 集群。通过 Ansible 扩容集群的过程和安装类似，OpenShift 默认提供了扩容的 Ansible Playbook 帮助用户自动化节点的安装和配置。之所以称为半自动，是因为执行 Ansible 扩容的时机是由用户决定的，执行扩容动作是由用户触发的。

3. 自动扩容

自动扩容是在半自动扩容的基础上由系统自动判别当前的集群资源是否足够。如果不足，则调用 Ansible Playbook 进行扩容。扩容的时机和动作的触发都由系统自动完成。自动扩容需要第三方云管理平台的支持，如开源社区的 ManageIQ 或者 Red Hat 的 CloudForms。一般的实现是云管理平台获取 OpenShift 集群计算节点的 CPU、内存等资源使用情况，根据用户预定义的规则，在满足规则条件的情况下对集群进行扩容或缩容。

集群扩容的资源的来源可以有多种途径：物理机、企业内虚拟化平台的虚拟机、企业内私有基础架构云或者公有云。显然，通过物理机扩容的成本是比较高的，因为这意味着在某些时候将有大量的物理机闲置在数据中心里。目前比较多的 OpenShift 用户使用通过私有的 IaaS 或者通过 AWS 或阿里云等公有云作为后补资源的资源池。

13.3.2　执行集群扩容

OpenShift 默认提供了 Ansible Playbook 帮助用户实现节点的自动化安装和配置。通过 Ansible 进行扩容需要编辑 Ansible 的 Inventory，即 `/etc/ansible/hosts` 文件。在相应的角色下添加新节点的域名及配置信息。然后执行 Ansible 的 Playbook 实施具体的扩容动作。下面是一个计算节点扩容的 Ansible Inventory 文件的示例，示例中为集群新增了两个计算节点。

```
……
[masters]
master.example.com

[nodes]
master.example.com
node1.example.com
node2.example.com
# 新增计算节点
node3.example.com
node4.example.com

……
```

OpenShift 为扩容主控节点和扩容计算节点提供了不同的 Ansible Playbook 文件。计算节点扩容通过执行 `openshift-node/scaleup.yml` Playbook 实现。

```
ansible-playbook /usr/share/ansible/openshift-ansible/playbooks/byo/openshift-node/scaleup.yml
```

主控节点扩容通过执行 `openshift-master/scaleup.yml` Playbook 实现。

```
ansible-playbook /usr/share/ansible/openshift-ansible/playbooks/byo/openshift-master/scaleup.yml
```

13.4　集群缩容

缩容是指减少集群的计算资源。缩容主要考虑如何将计算资源抽离集群而不影响现有的业务。在实际部署中，大量的容器应用都运行在计算节点之上。所幸的是，OpenShift 是一个多节点的集群云平台，集群内存在多个计算节点，提供了冗余。在缩容的场景中，集群管理员需要保证：新的容器不会再创建于要缩减的计算节点之上；当前运行在计划缩减的计算节点之上的容器能迁移到其他计算节点之上。OpenShift 提供了相关的机制帮助集群管理员控制一个计算节点是否可用于容器的编排调度。例如，主控节点 Master 默认情况下是不运行容器的。查看节点的状态，可以看到 Master 节点的状态是 SchedulingDisabled，即不可调度的。

```
[root@master ~]# oc get node -o wide
NAME                    STATUS                     AGE
master.example.comReady,SchedulingDisabled         14d
```

13.4.1 禁止参与调度

管理员可以显式地控制一个计算节点是否参与到集群的调度运行容器应用。例如，下面的示例，通过 ocadm manage-node --schedulable 命令，将 node1.example.com 设置成不运行容器的计算节点。当一个计算节点不参与容器调用时，将进入 Scheduling-Disabled 状态。

```
[root@master ~]# ocadm manage-node node1.example.com --schedulable=false
NAME                    STATUS                     AGE
node1.example.comReady,SchedulingDisabled          14d
[root@master ~]# oc get node
NAME                    STATUS                     AGE
master.example.comReady,SchedulingDisabled         14d
node1.example.comReady,SchedulingDisabled          14d
node2.example.com       Ready                      14d
```

要注意的是，将节点设置成不可调度之后，OpenShift 的调度器将停止往该节点上分配新的容器，但是原先在该节点上运行的容器，仍然在该节点上运行。

13.4.2 节点容器撤离

当一个计算节点因故希望退出集群时，集群管理员应该先将其上运行的容器调度到其他的计算节点之上，避免计算节点下线导致应用服务中断。可以通过 ocadm manage-node --evacuate 命令将指定的 Pod 迁移到其他的计算节点上。例如，下面的例子将 node1 节点上所有带有 app=httpd 标签的 Pod 都迁移出该计算节点。

```
[root@master ~]# ocadm manage-node  node1.example.com --evacuate --pod-
selector="app=httpd"

Migrating these pods on node: node1.example.com

NAME             READY      STATUS       RESTARTS    AGE
httpd-20-ltfm4   1/1        Running      0           51m
```

上面的命令执行片刻后，可以发现 httpd 的容器已经被迁移到了 node2 节点上了。当该节点上的所有容器都迁移完毕后，就可以安全地将此节点下线。

```
[root@master ~]# oc get pod -o wide
NAME              READY    STATUS     RESTARTS    AGE    NODE
httpd-20-8e1xn    1/1      Running    0           2m     node2.example.com
```

13.4.3 移除计算节点

当节点上的所有容器都迁移完毕后，如果该节点不再用于 OpenShift 集群，可以将该节点从集群中删除，停止相关节点上的 OpenShift 计算节点服务 origin-node。

```
[root@node1 ~]# systemctl stop origin-node
[root@node1 ~]# systemctl disable origin-node
```

最后，删除节点在集群中的配置信息。

```
[root@master ~]# oc delete node node1.example.com
```

13.5 混合云管理

在现代的企业中，云平台已经不再是虚无缥缈的神话。几乎每一个上了规模的企业都会有自己的虚拟化平台、IaaS，或者成为公有云的客户。因此，容器云往往不会是企业中唯一的云平台。目前非常多的情况是 OpenShift 容器云是运行在 IaaS 云或公有云之上的。企业需要考虑如何更有效地集成和管理这一朵朵不同的云。此外，在选择构建容器云平台后，一个企业往往也不止一套容器云。有的企业是开发、测试和生产各自一套环境；有的则是生产环境中有两到三套集群。面对各个不同的集群，如果分开运维和管理，效率必然低下。因此，大多数的用户希望能有一个统一的入口来管理和运维这些容器云集群。正因为这些需求的驱动，许多用户关注到了混合云管理的话题。对于 OpenShift 容器云而言，常见的混合云的需求有自动扩容缩容以及多集群的应用部署等。

13.5.1 混合云管理平台的价值

混合云平台可以为用户带来以下价值：

1. 度量采集及分析

通过混合云平台，用户可以将多个不同云平台的数据采集到一个集中的平台上，并对这些数据进行分析和产生报表。度量数据的集中意味着用户可以对企业或组织内部的多个云平台的度量数据进行汇总分析。

2. 策略控制

在混合云平台上，用户可以设置不同的安全、管理及计费策略。此外还可以对设置预警。策略和预警使用户对各种不同的云平台有一个统一的控制制高点。

3. 自动化

通过在混合云平台上实现自动化，为系统管理用户提供一个自动化的统一入口。

4. 集成

多个云平台在混合云管理平台的汇聚意味着用户可以对不同平台进行集成，如动态扩容 OpenShift 集群和统一发布多个 OpenShift 集群的应用。

13.5.2 ManageIQ

ManageIQ 是一个开源的混合云管理平台项目。其商业版本为 Red Hat 的 CloudForms。ManageIQ 及 CloudForms 原生提供了对 OpenStack、VMWare、Amazon 等共有云的支持，同时其也原生对 OpenShift 提供了集成支持。用户可以通过 ManageIQ 对多个不同的云平台进行统一管理。如图 13-10、图 13-11 所示，MangeIQ 的企业版 CloudForms 集中管理多个 OpenShift 的集群，并集中展示集群节点的资源使用情况。

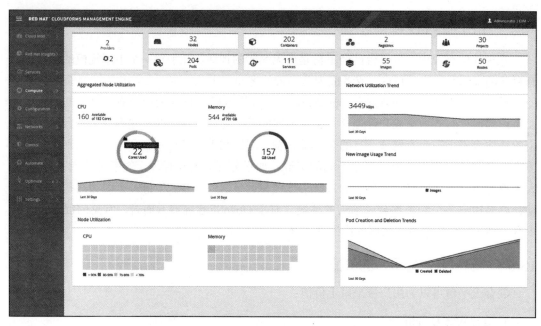

图 13-10　CloudForms 集中管理 OpenShift 多个集群（图片来源：Red Hat）

混合云管理平台的出现解决了在多种不同类型云并存的情况下，管理和集成中遇到的难题。混合云平台的引入，使得企业或组织的 IT 架构可以更加灵活，具有更高的可扩展性。关于 ManageIQ 和 CloudForms 的更多详细信息可以访问 ManageIQ 及 CloudForms 的主页获取。

> 提示
> ManageIQ 主页：http://manageiq.org/。
> CloudForms 主页：https://www.redhat.com/en/technologies/management/cloudforms。

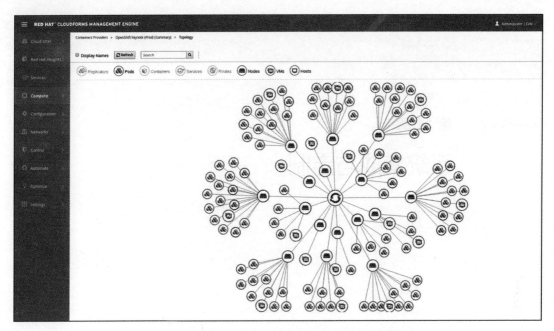

图 13-11　CloudForms 展示 OpenShift 集群拓扑（图片来源：Red Hat）

13.6　本章小结

本章探讨了 OpenShift 集群运维的一些话题，了解了 Cockpit 这个非常精悍的管理工具。通过 Cockpit，可以高效地对 OpenShift 集群进行全局管控。还介绍了 OpenShift 集群的扩容和缩容的要点以及混合云管理的相关知识，这些都是和实际集群的运维息息相关的。

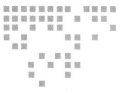

第 14 章

系统集成与定制

经过 10 多年面向服务架构理念（Service Oriented Architecture，SOA）的循循善诱，企业已经深深地知晓系统集成的重要性。在当前的企业 IT 中，大多数系统在企业内部都不是孤立存在的。已经很难在企业内部找到一个完全封闭的信息孤岛，几乎所有的系统都要或多或少地对外暴露一些接口，对外提供一些服务。系统和平台都在企业 IT 的一个庞大的生态系统内互联互通。

容器云平台承载了企业内部众多应用的运行，自然需要和企业 IT 生态系统中的众多系统交互。为了提高 IT 的整体效率，提高 IT 的自动化是必由之路。因此，企业内的容器应用云平台不可避免地需要与其他系统集成，如代码配置管理库、持续集成系统、ITIL 系统、IaaS 等。

从架构上来说，OpenShift 的架构非常开放和灵活。系统中包含的大部分组件都是以松耦合的形式集成到系统中的。同时，OpenShift 提供了多种和外部系统集成的手段，从 Web Hook、命令行工具到 RESTful 编程接口，满足不同层次集成和定制的需求。

14.1 通过 Web Hook 集成

作为一个应用云平台，OpenShift 和应用研发相关的系统的集成比较常见。OpenShift 提供了 S2I 流程，让应用可以从源代码开始构建，最终生成应用的镜像。虽然 S2I 提供了很多优点，但是有的用户的环境中已经存在了使用多时的构建系统。在项目的初期，用户不一定希望完全切换到 S2I 流程上。用户可能希望在现有的构建系统输出构建交付件后，以交付件作为应用镜像构建的起点和输入。在这种场景下，就需要将 OpenShift 与企业已有的构建平台进行集成。

在前面的章节介绍过 OpenShift 的构建配置 Build Config 提供了两个触发钩子（Web Hook），一个是 GitHub Hook，另一个是 Generic Webhook。GitHub Hook 只适用于 GitHub，Generic Webhook 的使用对象则非常宽广。只要是能发送 HTTP 请求的客户端，就能使用 Generic Webhook。通过 Generic Webhook，用户可以十分容易地实现 Git、Subversion、Clearcase 和 CVS 等源代码配置库与 OpenShift 的集成。

当用户提交代码或者管理员在某个代码分支（branch）创建标签（tag）时，通过自定义的逻辑触发 Generic Webhook，即可触发 OpenShift 上的 S2I 构建，从而触发后续的一系列流程。同样的逻辑也适用于用户企业内的其他第三方平台，在适当的时机通过调用 HTTP，触发 OpenShift 的 Webhook 实现与 OpenShift 的集成。

例如，下面示例中的 Build Config 配置，可以看到示例的最后显示了该 Build Config 相关的 Web Hook 定义。

```
[root@master ~]# oc describe bcmybank
Name:           mybank
Namespace:      demo
Created:        3 minutes ago
Labels:         app=mybank
Annotations:    openshift.io/generated-by=OpenShiftWebConsole
Latest Version: 2

Strategy:       Source
URL:            http://git.apps.example.com/dev/MyBank.git
Ref:            master
From Image:     ImageStreamTagopenshift/wildfly:10.0
Output to:      ImageStreamTagmybank:latest

Build Run Policy:       Serial
Triggered by:           ImageChange, Config
Webhook Generic:
    URL:        https://master.example.com:8443/oapi/v1/namespaces/demo/buildconfigs/
    mybank/webhooks/ef03add402ac1b93/generic
AllowEnv:       false
WebhookGitHub:
    URL:        https://master.example.com:8443/oapi/v1/namespaces/demo/build-
    configs/mybank/webhooks/abcf9456f25ae1b2/github
```

14.1.1　Generic Hook

Gerneric Hook 是比较通用的一个外挂钩子（Hook）。触发 `Webhook Generic` 的 URL，即可触发 OpenShift 的构建并部署应用。例如：

```
[root@master ~]# curl -k -X POST https://master.example.com:8443/oapi/v1/namespaces/
demo/buildconfigs/mybank/webhooks/ef03add402ac1b93/generic
[root@master ~]# oc get build
NAME        TYPE      FROM            STATUS      STARTED         DURATION
mybank-1    Source    Git@6d8c57b     Complete    6 minutes ago   48s
```

```
mybank-2    Source    Git@6d8c57b    Complete    5 minutes ago    48s
mybank-3    Source    Git@6d8c57b    Running     3 seconds ago    3s
```

14.1.2 GitHub Hook

GitHub Hook 是专门针对 GitHub 集成的外挂钩子。用户在 GitHub 上为代码仓库配置 GitHubWebhook，并指向 OpenShiftGitHub Hook 提供的 URL 地址（见图 14-1）实现 OpenShift 与 GitHub 的集成。当有代码更新时，GitHub 调用 GitHubWebhook 的 URL 触发 OpenShift 进行源代码的构建和应用部署。

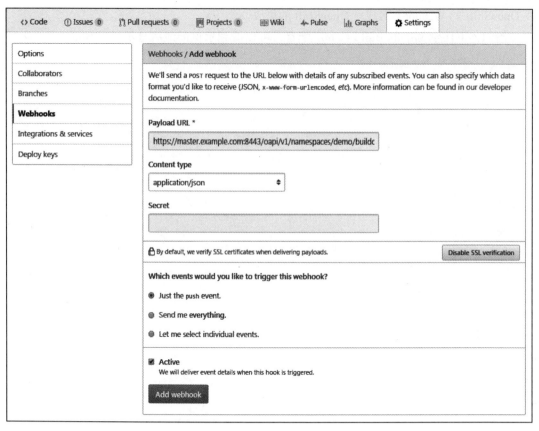

图 14-1　设置 GitHubWebhook

14.2　通过命令行工具集成

运维工程师对命令行工具倍感亲切。过往许多运维的自动化都是通过 Shell 脚本实现的。Shell 脚本其实就是一系列工具的串联和编排。虽然目前 Python 等脚本语言及 Ansible 等自动化运维工具大行其道，但是有时候，实现一些简单的自动化和集成功能通过命令行工具来完成还是比较便利的。

OpenShift 提供了一些命令行工具，其中使用频率最高的就是 `oc` 及 `oadm`。其实 `oc` 和 `oadm` 命令都是 `openshift` 命令的子集。用户可以通过 `ocadm` 调用 `oadm` 命令的相关操作。`oc` 命令面向的是一般的用户，而 `oadm` 面向的是集群管理员。

14.2.1 调用权限

使用命令行工具进行集成，需要注意为调用的客户端准备相应的账号，并为相应的账号赋予合适的权限角色。

14.2.2 输出格式

默认的命令输出是经过排版的，这种输出比较适合人类阅读，但是不利于程序解析。

```
[root@master ~]# oc get node
NAME                    STATUS    AGE
master.example.com      Ready     29d
```

在 `oc` 命令中添加 `-o json` 或 `-o yaml`，则命令返回的将是详细的 JSON 或 YAML 格式的数据，这两种格式更便于程序解析，而且命令将返回更详细的信息。

```
[root@master ~]# oc get node -o json
```

14.2.3 调试输出

使用命令行工具时，可以添加 `--loglevel` 参数输出详细的调试信息。**Log Level** 的值越高，命令的输出就越详细。如下例所示，添加 `--loglevel=6` 参数后，`oc get node` 的输出变得更加详细了。这对用户了解命令行工具的工作机理非常有帮助。

```
[root@master ~]# oc get node --loglevel=6
I0912 12:21:40.056210    3849 loader.go:242] Config loaded from file /root/.kube/config
I0912 12:21:40.271742    3849 round_trippers.go:286] GET https://192.168.172.167:8443/
                              oapi 200 OK in 199 milliseconds
I0912 12:21:40.273320    3849 cached_discovery.go:80] returning cached discovery info
                              from /root/.kube/192.168.172.167_8443/servergroups.json
I0912 12:21:40.273650    3849 cached_discovery.go:38] returning cached discovery info from /
                              root/.kube/192.168.172.167_8443/autoscaling/v1/serverresources.json
I0912 12:21:40.273810    3849 cached_discovery.go:38] returning cached discovery info from /
                              root/.kube/192.168.172.167_8443/batch/v1/serverresources.json
I0912 12:21:40.274098    3849 cached_discovery.go:38] returning cached discovery info from /
                              root/.kube/192.168.172.167_8443/extensions/v1beta1/serverre-
                              sources.json
I0912 12:21:40.274975    3849 cached_discovery.go:38] returning cached discovery info from /
                              root/.kube/192.168.172.167_8443/v1/serverresources.json
I0912 12:21:40.284214    3849 round_trippers.go:286] GET https://192.168.172.167:8443/
                              api 200 OK in 3 milliseconds
```

```
I0912 12:21:40.290287    3849 round_trippers.go:286] GET https://192.168.172.167:8443/
                              apis 200 OK in 3 milliseconds
I0912 12:21:40.311472    3849 round_trippers.go:286] GET https://192.168.172.167:8443/
                              api/v1/nodes 200 OK in 13 milliseconds
NAME                     STATUS        AGE
master.example.com       Ready         29d
```

OpenShift 命令行工具的调用不仅仅限于在 Shell 命令行中执行命令，有时也用在一些第三方系统集成中。比如在 Jenkins 的构建和部署流水线时，也会使用 oc 命令执行一些操作。在 Python、Ant 和 Ansible 中，用户可以很方便地使用执行 Shell 命令的函数或模块来调用 OpenShift 的命令行工具。

14.3　S2I 镜像定制

Source to Image 流程为应用的容器化提供了一个标准，实现了自动化。OpenShift 默认提供 Java WildFly、PHP、Python、Ruby 及 Perl 的 S2I Builder 镜像。但是现实中的需求五花八门，特殊的应用构建环境需要用户定制 S2I 的 Builder Image 来满足。

S2I Builder 镜像从本质上来说也是一个普通的 Docker 镜像，只是在镜像中会加入 S2I 流程需要的一些脚本和配置。下面将展示一个基础的 S2I Builder 镜像的定制过程。

14.3.1　准备环境

1）下载 S2I 的二进制执行文件。为了方便制作 S2I 的镜像，需要下载 S2I 的二进制执行文件，以方便进行本地测试。

```
[root@master ~]# cd /opt
[root@master opt]# wget https://github.com/openshift/source-to-image/releases/
download/v1.1.0/source-to-image-v1.1.0-9350cd1-linux-amd64.tar.gz
```

2）将下载好的压缩包解压到 /usr/bin 目录。

```
[root@master opt]# tar zxvf source-to-image-v1.1.0-9350cd1-linux-amd64.tar.gz
-C /usr/bin
```

3）直接执行 s2i 命令可以看到该命令的帮助。

```
[root@master opt]# s2i
Source-to-image (S2I) is a tool for building repeatable docker images.

A command line interface that injects and assembles source code into a docker image.
Complete documentation is available at http://github.com/openshift/source-to-image

Usage:
    s2i [flags]
    s2i [command]
```

```
Available Commands:
  version              Display version
  buildBuild a new image
  rebuildRebuild an existing image
  usage                Print usage of the assemble script associated with the image
  create               Bootstrap a new S2I image repository
  genbashcompletion Generate Bash completion for the s2i command

Flags:
        --ca="": Set the path of the docker TLS ca file
        --cert="": Set the path of the docker TLS certificate file
    -h, --help[=false]: help for s2i
        --key="": Set the path of the docker TLS key file
        --loglevel=0: Set the level of log output (0-5)
    -U, --url="unix:///var/run/docker.sock": Set the url of the docker socket to use

Use "s2i [command] --help" for more information about a command.
```

4）通过 s2i create 命令创建一个名为 tomcat-s2i 的 S2I Builder 镜像。第三个参数 tomcat-s2i 定义了工作目录的名称。

```
[root@master opt]# s2i create tomcat-s2i tomcat-s2i
```

s2i create 命令成功执行后，可以看到命令创建了一个 tomcat-s2i 目录，其中包含了一个 Dockerfile、Makefile、.s2i 和 test 目录。

```
[root@master opt]# ls -a tomcat-s2i/
......  DockerfileMakefile  .s2i  test
```

查看 Dockerfile 可见大部分的内容都被注释了。该文件只是一个示例，用户可以在这个文件的基础上编写实际的 Dockerfile 内容。

```
[root@master tomcat-s2i]# catDockerfile

# tomcat-s2i
FROM openshift/base-centos7

# TODO: Put the maintainer name in the image metadata
# MAINTAINER Your Name <your@email.com>

# TODO: Rename the builder environment variable to inform users about application you provide them
# ENV BUILDER_VERSION 1.0

# TODO: Set labels used in OpenShift to describe the builder image
#LABEL io.k8s.description="Platform for building xyz" \
#       io.k8s.display-name="builder x.y.z" \
#       io.openshift.expose-services="8080:http" \
#       io.openshift.tags="builder,x.y.z,etc."
```

```
# TODO: Install required packages here:
# RUN yum install -y ... && yum clean all -y

# TODO (optional): Copy the builder files into /opt/app-root
# COPY ./<builder_folder>/ /opt/app-root/

# TODO: Copy the S2I scripts to /usr/libexec/s2i, since openshift/base-centos7
image sets io.openshift.s2i.scripts-url label that way, or update that label
# COPY ./.s2i/bin/ /usr/libexec/s2i

# TODO: Drop the root user and make the content of /opt/app-root owned by user 1001
# RUN chown -R 1001:1001 /opt/app-root

# This default user is created in the openshift/base-centos7 image
USER 1001

# TODO: Set the default port for applications built using this image
# EXPOSE 8080

# TODO: Set the default CMD for the image
# CMD ["usage"]
```

.s2i 目录下则包含了几个关键的 S2I 的脚本。所有的这些脚本都是 Shell 脚本，用户完全可以自定义其中的执行逻辑。

```
[root@master tomcat-s2i]# find .s2i
.s2i
.s2i/bin
.s2i/bin/assemble
.s2i/bin/run
.s2i/bin/usage
.s2i/bin/save-artifacts
```

 提示　.s2i 目录的名称以"."起始，因此是一个隐藏目录。

上面所示的几个脚本在 S2I 的不同阶段会被调用并执行相应的操作，它们的作用分别如下：
- `assemble`：负责源代码的编译、构建及构建产出物的部署。
- `run`：S2I 流程生成的最终镜像将以这个脚本作为容器的启动命令。
- `usage`：打印帮助信息。一般作为 S2I Builder 镜像的启动命令。
- `save-artifacts`：为了实现增量构建，在构建的过程中会执行此脚本保存中间构建产物。此脚本并不是必需的。

14.3.2　编写 Dockerfile

下面制作一个 Tomcat 的 S2I 镜像。请修改 Dockerfile 至如下内容。Dockerfile 的内容并不复杂。

```
# tomcat-s2i
FROM   maven:3.3-jdk-7

MAINTAINER Chen Geng

LABEL io.openshift.s2i.scripts-url=image:///usr/libexec/s2i \
      io.k8s.description="Tomcat S2I Builder" \
      io.k8s.display-name="tomcat s2i builder 1.0" \
      io.openshift.expose-services="8080:http" \
      io.openshift.tags="builder,tomcat"

WORKDIR /opt
ADD ./apache-tomcat-8.5.5.tar.gz /opt
RUN useradd -m tomcat -u 1001 && \
    chmod -R a+rw /opt && \
    chmod a+rwx /opt/apache-tomcat-8.5.5/* && \
    chmod +x /opt/apache-tomcat-8.5.5/bin/*.sh && \
    rm -rf /opt/apache-tomcat-8.5.5/webapps/*

COPY ./.s2i/bin/ /usr/libexec/s2i

USER 1001
EXPOSE 8080
ENTRYPOINT []
CMD ["usage"]
```

Docker 镜像一个巨大的优点是它的重用性。因此构建一个 S2I Builder 不必从无做起。例如，在这个例子中，我们是基于 maven:3.3-jdk-7 镜像来构建一个新的 S2I Builder 镜像。因为 Builder 镜像需要 JDK 及 Maven 来编译及构建 Java 源代码。

值得注意的是，LABEL 指令添加了一些帮助 OpenShift 获取镜像元信息的标签。其中 io.openshift.s2i.scripts-url=image:///usr/libexec/s2i 标签指定了 S2I 依赖的脚本所在的路径，S2I 执行器将到此路径中查找需要的执行脚本。

Dockerfile 中定义了一个新的用户，并通过 USER 1001 指令指定该用户为容器的启动用户。DockerHub 上大量的容器都是以 root 用户作为启动用户，在某些情况下存在安全风险，因此建议能用非特权用户启动的容器应用，尽量以非特权用户启动。

14.3.3 编辑 S2I 脚本

在 .sti/bin/assemble 脚本最末尾添加如下代码。在 S2I 的流程中，S2I 执行器下载好源代码后将执行 assemble 脚本。下面的代码将触发一次 Maven 构建，并将构建产生的 WAR 包拷贝到 Tomcat 服务器的 webapps 目录下进行部署。

```
cp -Rf /tmp/src/. ./
mvn -Dmaven.test.skip=true package
```

```
find . -type f -name '*.war'|xargs -icp {} /opt/apache-tomcat-8.5.5/webapps/
mvn clean
```

编辑 .sti/bin/run 脚本，替换其内容至如下内容。S2I 流程生成的应用镜像启动时将执行 run 脚本，启动 Tomcat 服务器。

```
bash -c "/opt/apache-tomcat-8.5.5/bin/catalina.sh run"
```

14.3.4 执行镜像构建

下载对应版本的 Tomcat 安装包，放在镜像的工作目录中。其实也可以在 Dockerfile 中定义，通过 wget 命令在每次构建时下载。但是在网络速度不佳的环境中，建议将构建所需的文件都提前下载好。

http://archive.apache.org/dist/tomcat/tomcat-8/v8.5.5/bin/apache-tomcat-8.5.5.tar.gz

一切就绪后可以开始 Docker Build 构建镜像。s2i create 命令为用户生成了一个 Makefile，通过 make 命令可以启动 Docker Build。

```
[root@master tomcat-s2i]# make
```

构建成功完成后，可以通过 s2i build <源代码地址><Builder 镜像名><构建输出镜像的名称>命令执行测试此 S2I 构建镜像。

```
[root@master tomcat-s2i]# s2i build https://github.com/nichochen/mybank-demo-maven tomcat-s2i test-app
```

命令执行后将触发一次完整的 S2I 流程。S2I 流程成功完成后将输出一个应用镜像 test-app。

```
[root@master tomcat-s2i]# dockerimages|grep test-app
test-app         latest         8220496c166f      8 minutes ago      635.1 MB
```

此时，可以运行此镜像并测试镜像是否工作正常。

```
[root@master tomcat-s2i]# docker run -it -p 8080:8080 test-app
[root@master tomcat-s2i]# curl 127.0.0.1:8080
```

14.3.5 导入镜像

通过前面的步骤，我们已经成功构建了一个 S2I Builder。这个镜像要在 OpenShift 中用起来还需要将这个镜像推送到一个 Docker 仓库中，并将镜像信息导入 OpenShift 形成 Image Stream。为了测试方便，这里搭建一个本地的 Docker 仓库。

通过 yum 在 Master 节点上安装并配置 Docker Registry。

```
[root@master tomcat-s2i]# yum install docker-registry -y
[root@master tomcat-s2i]# systemctl start docker-registry
```

```
[root@master tomcat-s2i]# systemctl enable docker-registry
```

由于本例搭建的仓库并没有配置证书，因此，需要修改 Docker 的配置文件 /etc/sys-config/docker，添加如下配置，将本例中的仓库标记为不使用证书验证的仓库。

```
INSECURE_REGISTRY='--insecure-registry master.example.com:5000'
```

配置文件修改后，重启 Docker 服务，使配置生效。

```
[root@master tomcat-s2i]# systemctl restart docker
```

仓库配置完毕后，为镜像打上标签，并将其推送至前文搭建好的镜像仓库。

```
[root@master tomcat-s2i]# docker tag tomcat-s2i master.example.com:5000/tomcat-s2i
[root@master tomcat-s2i]# docker push master.example.com:5000/tomcat-s2i
```

当镜像推送至镜像仓库后，可以通过 `oc import-image` 将镜像导入 OpenShift 中生成相应的 Image Stream。注意要导入 openshift 项目中，以使该 Image Stream 可以被其他项目引用。

```
[root@master tomcat-s2i]# oc import-image  master.example.com:5000/tomcat-s2i
-n openshift --confirm --insecure
The import completed successfully.

Name:              tomcat-s2i
Namespace:         openshift
Created:           17 seconds ago
Labels:            <none>
Annotations:       openshift.io/image.dockerRepositoryCheck=2016-09-25T13:46:28Z
Docker Pull Spec:  172.30.73.49:5000/openshift/tomcat-s2i
Unique Images:     1
Tags:              1

latest
tagged from master.example.com:5000/tomcat-s2i
will use insecure HTTPS or HTTP connections

    * master.example.com:5000/tomcat-s2i:latest
      Less than a second ago    22aa344de68f94c0447214b34cd5298f7f8e394b1c504
      b7b36525443d294b895
```

为了让 OpenShift 识别出这个镜像是 S2I 的 Builder 镜像，需要编辑刚导入的 Image Stream，添加注解 `"tags": "builder"`。例如：

```
"tags": [
        {
        "name": "latest",
        "annotations": {
        "tags": "builder"
        },
```

```
"from": {
"kind": "DockerImage",
"name": "master.example.com:5000/tomcat-s2i"
},
......
```

至此,自定义的 S2I Builder 镜像已经就绪。用户登录 Web 控制台,在添加应用的界面中即可查看新创建的镜像(如图 14-2 所示)。用户可以通过此镜像触发 S2I 构建,也可以基于此镜像创建相应的应用模板(Template)。

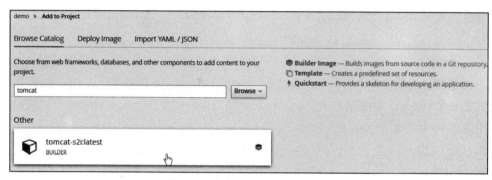

图 14-2　自定义 S2I Builder 镜像

14.4　部署模板定制

OpenShift 通过应用部署模板(Template)提高了应用部署的效率,如图 14-3 所示。通过定制应用的部署模板,用户可以丰富平台的应用服务目录,形成企业内部的一个"App Store"。建立企业内部的"App Store",用户可以很方便地部署架构复杂的应用,而不需要过多地了解云平台的实现细节。

通过 OpenShift 的 Template,用户可以定义需要部署的容器镜像以及系统对象的列表。一个 Template 中可以容纳任意不同类型和组合的一定数量的对象。比如在 OpenShift 系统默认提供的实例模板 cakephp-mysql-example 中,就定义了部署 PHP 及 MySQL 两个容器应用,同时定义了支持这两个容器应用所需的多个 Build Config、Deployment Config、Service 及 Route 等对象。通过 Web 控制台的几次鼠标单击就可以实现一次包含多个应用和对象的部署。

 查看 cakephp-mysql-example 模板的定义:

```
oc get template cakephp-mysql-example -o json -n openshift
```

OpenShift 的 Template 还有一个重要的特性就是参数化。用户可以在 Template 中定义参数，这些参数在用户部署模板时将显示在 Web 控制台的界面上，供用户输入，如图 14-4 所示。用户的输入最终以环境变量的方式传递到容器内部。

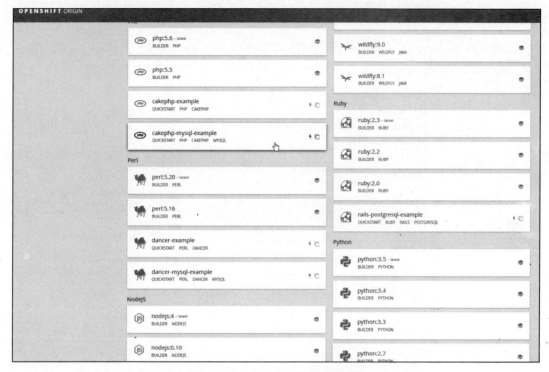

图 14-3　OpenShift 应用部署模板

一个 OpenShift 的 Template 在结构上主要分为三个组成部分：元信息、对象列表及参数列表。

14.4.1　元信息

元信息（Metadata）是每个 Kubernetes 和 OpenShift 对象定义都具备的内容。元信息中记录了对象的名称、所属的命名空间、注解（Annotation）、版本及创建时间等信息。下面示例展示的是模板 `cakephp-mysql-example` 的元信息。

```
{
    "kind": "Template",
    "apiVersion": "v1",
    "metadata": {
        "name": "cakephp-mysql-example",
        "namespace": "openshift",
        "selfLink": "/oapi/v1/namespaces/openshift/templates/cakephp-mysql-example",
        "uid": "a166eabe-891e-11e6-b8cd-000c29190a02",
        "resourceVersion": "407",
```

```
            "creationTimestamp": "2016-10-03T04:05:33Z",
            "annotations": {
                "description": "An example CakePHP application with a MySQL database",
                "iconClass": "icon-php",
                "tags": "quickstart,php,cakephp,mysql"
            }
        },
......
```

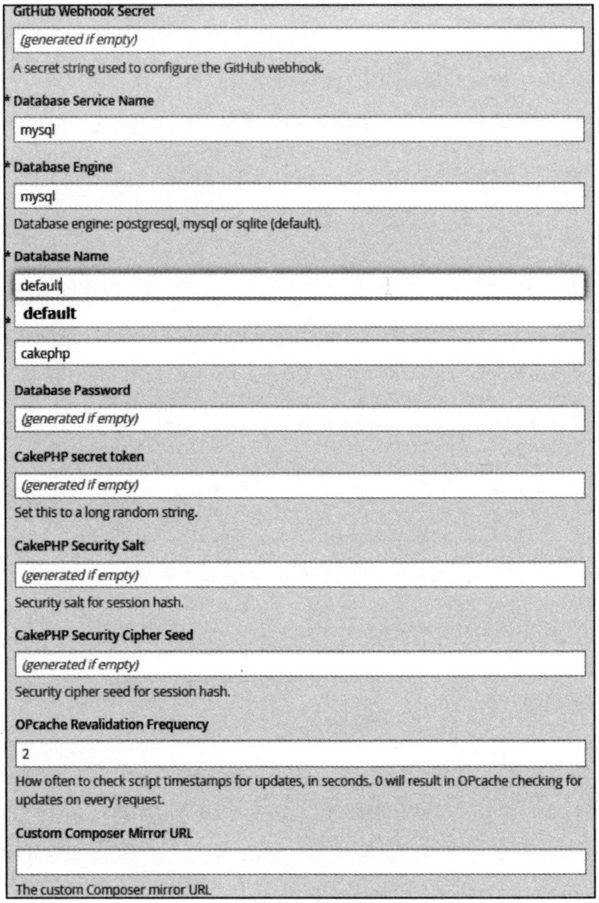

图 14-4 部署模板参数输入界面

14.4.2 对象列表

对象列表是一个数组,该数值可以容纳任意数量和类型的 Kubernetes 或 OpenShift 的对象定义。例如,对象数组中定义了一个 Service 和一个 Route 对象。

```
"objects": [
```

```
    {
        "kind": "Service",
        "apiVersion": "v1",
        "metadata": {
            "name": "${NAME}",
            "annotations": {
                "description": "Exposes and load balances the application pods"
            }
        },
        "spec": {
            "ports": [
                {
                    "name": "web",
                    "port": 8080,
                    "targetPort": 8080
                }
            ],
            "selector": {
                "name": "${NAME}"
            }
        }
    },
    {
        "kind": "Route",
        "apiVersion": "v1",
        "metadata": {
            "name": "${NAME}"
        },
        "spec": {
            "host": "${APPLICATION_DOMAIN}",
            "to": {
                "kind": "Service",
                "name": "${NAME}"
            }
        }
    },
......
```

14.4.3 模板参数

用户可以在参数列表部分定义允许模板的使用方输入的参数。下面是 Template 参数的一个例子。

```
"parameters": [
    {
        "name": "NAME",
        "displayName": "Name",
        "description": "The name assigned to all of the frontend objects defined in this template.",
        "value": "cakephp-mysql-example",
```

```
            "required": true
        },
......
        {
            "name": "DATABASE_ENGINE",
            "displayName": "Database Engine",
            "description": "Database engine: postgresql, mysql or sqlite (default).",
            "value": "mysql",
            "required": true
        },
        {
            "name": "DATABASE_NAME",
            "displayName": "Database Name",
            "value": "default",
            "required": true
        },
......
        {
            "name": "GITHUB_WEBHOOK_SECRET",
            "displayName": "GitHubWebhook Secret",
            "description": "A secret string used to configure the GitHubwebhook.",
            "generate": "expression",
            "from": "[a-zA-Z0-9]{40}"
        },
......
```

一个 Template 参数可以包含以下属性：

- name。参数的唯一标识名。
- displayName。参数在界面上的显示名称。
- description。关于此参数的描述。
- value。参数的默认值。
- required。该参数是否为必填。
- generate。如果参数的值允许自动生成，可以设置 generate 属性为 expression。并通过 from 属性定义字符串的生成规则。如上例中的参数 GITHUB_WEBHOOK_SECRET 值来源于字符集 [a-zA-Z0-9]，长度为 40 个字符串。

定义参数后，可以在模板的其他位置引用。比如为其他对象的属性赋值，或者通过环境变量的方式传递给容器。例如，Route 对象的 name 属性值来源于前文参数示例中的模板参数 NAME。

```
{
    "kind": "Route",
    "apiVersion": "v1",
    "metadata": {
        "name": "${NAME}"
    },
```

```
    "spec": {
        "host": "${APPLICATION_DOMAIN}",
        "to": {
            "kind": "Service",
            "name": "${NAME}"
        }
    }
},
```

下面的例子展示一个 MySQL 容器的部署配置定义。在 Deployment Config 的环境变量定义中引用了模板参数，并将其值赋予容器的环境变量。容器启动后，通过该环境变量名即可获得用户输入的参数值。

```
{
    "kind": "DeploymentConfig",
    "apiVersion": "v1",
    "metadata": {
        "name": "${DATABASE_SERVICE_NAME}",
        "annotations": {
            "description": "Defines how to deploy the database"
        }
    },
    ......
    "containers": [
    {
        "name": "mysql",
    ......
        "env": [
            {
                "name": "MYSQL_USER",
                "value": "${DATABASE_USER}"
            },
            {
                "name": "MYSQL_PASSWORD",
                "value": "${DATABASE_PASSWORD}"
            },
            {
                "name": "MYSQL_DATABASE",
                "value": "${DATABASE_NAME}"
            }
        ],
    ......
```

14.4.4 定义模板

定义模板不必从无做起。推荐的做法是在现有模板的基础上修改。openshift 项目中有大量的 OpenShift 项目默认提供的模板供用户参考。

```
[root@master ~]# oc get template -n openshift
```

```
NAME                      DESCRIPTION                                              PARAMETERS      OBJECTS
cakephp-example           An example CakePHP application with no database          18 (9 blank)    5
cakephp-mysql-example     An example CakePHP application with a MySQL database     19 (4 blank)    7
dancer-example            An example Dancer application with no database           11 (5 blank)    5
dancer-mysql-example      An example Dancer application with a MySQL database      8 (5 blank)     7
dbconsole                                                                          0 (all set)     4
django-example            An example Django application with no database           16 (10 blank)   5
django-psql-example       An example Django application with a PostgreSQL database 17 (5 blank)    7
jenkins-ephemeral         Jenkins service, without persistent storage.
 WARNING: Any data...     6 (1 generated)        6
jenkins-persistent        Jenkins service, with persistent storage.
 You must have...         7 (1 generated)
……
```

此外，可以通过 `oc export` 命令的 `--as-template` 参数将系统中现有的对象定义到模板。例如，将一个名为 mybank 的 Service 及 Route 对象导出为一个模板。

```
[root@master ~]# oc export svc,routemybank --as-template=mybank -o json
{
    "kind": "Template",
    "apiVersion": "v1",
    "metadata": {
        "name": "mybank",
        "creationTimestamp": null
    },
    "objects": [
        {
            "kind": "Service",
            "apiVersion": "v1",
            "metadata": {
                "name": "mybank",
                "creationTimestamp": null,
                "labels": {
                    "app": "mybank"
                },
                "annotations": {
                    "openshift.io/generated-by": "OpenShiftWebConsole"
                }
            },
……
        {
            "kind": "Route",
            "apiVersion": "v1",
            "metadata": {
                "name": "mybank",
                "creationTimestamp": null,
                "labels": {
                    "app": "mybank"
                },
```

```
            "annotations": {
                "openshift.io/generated-by": "OpenShiftWebConsole",
                "openshift.io/host.generated": "true"
            }
        },
......
```

14.4.5 创建模板

当模板的定义以 JSON 或 YAML 格式保存成文件后,可以在 OpenShift 创建这个模板。创建模板时注意,如果模板创建在 openshift 项目中,则此模板为公共模板,对所有用户可见。如果创建在某一用户项目中,则此模板只有在该项目中可见。

```
[root@master ~]# oc export svc,routemybank --as-template=mybank -o json>mybank.template.json
[root@master ~]# oc create -f mybank.template.json  -n openshift
template "mybank" created
```

14.5 系统组件定制

OpenShift、Kubernetes 都提供了许多可以配置的参数。通过调整参数,用户可以实现绝大多数的功能和需求。对于一些比较特殊的场景,还需要定制 OpenShift 的一些默认组件,如让 Router 支持特定的通信协议、实现自定义的度量采集逻辑等。定制组件的思路大约有几种,定制组件镜像或者开发自定义插件。

14.5.1 组件定制

OpenShift 的许多组件,如 Router、Registry、度量采集、日志收集等都是以 Docker 容器镜像的方式提供。这类组件的定制,可以在原有组件镜像的基础上修改,从而生成新的组件镜像。或者完全自定义组件容器镜像以替换原有的组件镜像。当有了定制的镜像后,下一步就是在部署组件时,指定使用定制的镜像进行部署。比如在部署 Router 及 Registry 时,可以通过参数指定要部署的镜像。

```
oadm router region-west --images=myrepo/somerouter:mytag
oadm registry --images=myrepo/docker-registry:mytag
```

14.5.2 插件定制

针对网络和储存,OpenShift 可以以插件的方式进行定制。Kubernetes 当前支持容器网络接口规范(Container Network Interface,CNI),用户可以依据 CNI 的规范要求定制网络插件。修改 OpenShift 的网络配置,指定定制的网络插件以使之生效。

❏ CNI 项目主页：https://github.com/containernetworking/cni

对于储存，虽然 Kubernetes 对储存的支持是直接编译到程序内部。但是用户可以使用 FlexVolume 插件编写相应的驱动文件，实现 Iinit、Attache、Detach、Mount 及 Unmount 几个特定的接口与后端的存储对接。详细的实现请参考 Kubernetes 的代码仓库中的示例。

❏ FlexVolume 插件：

https://github.com/kubernetes/kubernetes/tree/master/examples/volumes/flexvolume。

14.6　RESTful 编程接口

在集成的需求比较复杂和要求比较高的情况下，使用平台提供的编程接口进行集成是比较普遍的做法。OpenShift 项目大部分的代码是使用 Go 语言实现的，但是在平台的层面，OpenShift 提供了基于 HTTP 的 RESTful 风格的编程接口。由于基于 HTTP，因此 RESTful 编程接口不与具体的编程平台有绑定的关系，用户可以使用任何支持发送和处理 HTTP 请求的编程语言调用 OpenShift 的 RESTful 编程接口。

当使用 RESTful 编程接口与 OpenShift 进行集成时，用户有很大的自由度。这种自由度可能是一件好事，也可能是一件坏事。好处在于用户可以实现几乎任何他所期望的逻辑，坏处在于不是所有的用户都能很好地驾驭这种自由。笔者曾经在很多项目中见到过由于自定义的集成逻辑使得软件系统出现性能问题，又或者由于复杂的逻辑和不善的管理导致集成的代码变得难以维护、难以扩展的情况。因此，在系统集成时，应该妥善进行规划，合理运用软件工程、设计模式和企业集成模式等知识对集成逻辑进行规划和管理。

OpenShift 的 RESTful API 的设计风格非常简约，用法基本上一目了然。灵活调用 RESTful 接口，用户甚至可以开发出自己的 `oc` 命令和 Web 控制台。

❏ 分享：曾经遇到有使用 RESTful 接口的用户提出一个疑问："`oc` 命令行的命令为何不是和 RESTful 接口一一对应的？"用户提出这个问题的原因是，他们基于 OpenShift 开发一个企业级的容器 PaaS 平台，并希望在平台上封装一些功能。他们发现有的 `oc` 命令，如 `ocrsync` 命令，并没有对应的 RESTful 接口。其实 RESTful 和命令行工具并不是一一对应是有原因的。命令行工具的使用对象是 OpenShift 的应用开发、部署和运维的用户，这些用户使用命令行工具完成日常的操作和任务，因此要求命令行工具要方便易用，操作简洁，力求一步到位完成操作。与命令行工具不同的是，RESTful 接口的目标用户是二次开发的用户，目的是满足未知的二次开发需求。因此 RESTful 接口的颗粒度要尽可能的细，方便用户二次开发时进行组合编排，构建出实际需要的功能逻辑。如果 RESTful 接口的颗粒度过大，如铁板一块，那么二次开发的灵活性将大打折扣。

14.6.1 接口类型

OpenShift 提供的 RESTful 编程接口分为两大类：一类是来源于 Kubernetes 的 RESTful 接口，一类是 OpenShift 自身独有的 RESTful 接口。

访问下面的网址，可以看到 OpenShift 的 API Server 返回了一个可供调用的资源的列表。其中有资源的名称及 RESTful 接口调用的 Endpoint。如果细心查看，会发现返回列表中的对象都是 Kubernetes 的对象类型。

```
https://master.example.com:8443/api/v1/
```

如需要通过 RESTful 接口读取或操作 OpenShift 的对象，请调用下面的网址。此 Endpoint 将返回 OpenShift 的资源对象类型。

```
https://master.example.com:8443/oapi/v1/
```

OpenShift 同时提供了 Kubernetes 的 RESTful 接口及 OpenShift 自身平台的接口。OpenShift 调用的 Endpoint 为 `/oapi/`，Kubernetes 接口调用的 Endpoint 为 `/api/`。

Kubernetes 与 OpenShift 的 API 有版本的概念，版本信息反映在 Endpoint 的 URL 中，如 `v1`。OpenShift 和 Kubernetes 的 RESTful 编程接口在设计风格上高度一致。因此，除了 Endpoint 和操作的资源对象不同外，在调用方式和输入输出参数的风格上是相同的。

OpenShift 提供了符合 Swagger UI 格式要求的 RESTful 接口详细说明。访问下面的网址可以获取 RESTful 接口的详细描述信息。通过 Swagger UI，可以对 API 接口进行可视化。

```
https://master.example.com:8443/swaggerapi/oapi/v1/
https://master.example.com:8443/swaggerapi/api/v1/
```

 提示　Swagger UI 是一款轻量的 API 文档可视化工具。Swagger UI 主页：http://swagger.io/swagger-ui/。

14.6.2 身份验证

OpenShift 的 RESTful 接口和命令行一样，受到权限验证的保护。因此，在调用 RESTful 接口之前，必须先获取相应的权限。权限的获取有多种方式，较常用的方法是获取某一用户账号或 Service Account 的令牌（token），并在调用 RESTful 接口时附上这一令牌。可以在 Web 浏览器访问以下网址获取用户账号的 token。

```
https://master.example.com:8443/oauth/token/request
```

或者在命令行下通过 `ocwhoami -t` 获取。

```
[root@master ~]# ocwhoami -t
```

```
er6G4bn5Qb77VlBHa-Mb_JES-3HcqNKE5JvZqBHtwio
```

下面的例子通过 curl 向 OpenShift 的 API Server 发送了一个 HTTP 消息，并在消息头附上了一个用户账号的 token。调用成功后，接口返回当前用户有权限访问的项目列表。通过解析调用返回的数据，用户的自定义应用就可以执行自定义的逻辑。

```
[root@master ~]# curl -H "Authorization : Bearer er6G4bn5Qb77VlBHa-Mb_JES-
3HcqNKE5JvZqBHtwio" -k https://master.example.com:8443/oapi/v1/projects/
{
    "kind": "ProjectList",
    "apiVersion": "v1",
    "metadata": {
        "selfLink": "/oapi/v1/projects/"
    },
    "items": [
        {
            "metadata": {
                "name": "mybank",
                "selfLink": "/oapi/v1/projects/mybank",
                "uid": "ac722086-6b9e-11e6-ba7f-000c29df3ecb",
                "resourceVersion": "88130",
                "creationTimestamp": "2016-08-26T15:06:32Z",
                "annotations": {
                    "openshift.io/description": "My Bank Demo",
                    "openshift.io/display-name": "My Bank",
                    "openshift.io/requester": "dev",
                    "openshift.io/sa.scc.mcs": "s0:c14,c4",
                    "openshift.io/sa.scc.supplemental-groups": "1000190000/10000",
                    "openshift.io/sa.scc.uid-range": "1000190000/10000"
                }
            },
            "spec": {
                "finalizers": [
                    "openshift.io/origin",
                    "kubernetes"
                ]
            },
            "status": {
                "phase": "Active"
            }
        }
    ]
}
```

14.6.3 二次开发实例

RESTful 接口的优点是和平台无关。因此在基于 OpenShift 二次开发时，用户可以选择自己熟悉的编程平台来进行开发。企业内使用 Java 进行二次开发比较普遍。Java 调用

RESTful 的方法很多，比如使用 Apache 的 HttpClient 库或者使用封装得更完善的 Jersey 库。下面是基于 Jersey 2 的一个 RESTful 的示例程序。

 提示　Jersey 是一款基于 Java 的开源 RESTful Web Service 的调用框架。Jersey 主页为 https://jersey.java.net/。本示例的源代码可以从 GitHub 仓库上获取：https://github.com/nichochen/OpenShift-book-SimpleOpenShiftApp

```java
packagecom.example.SimpleOpenShiftApp;

importjavax.ws.rs.client.Client;
importjavax.ws.rs.client.Entity;
importjavax.ws.rs.client.WebTarget;
importjavax.ws.rs.core.MediaType;

/**
 *
 * @author Chen Geng
 *
 */
public class App {

private final String MASTER_URL = "https://master.example.com:8443";
private String authKey = "Authorization";
private String authValue = "Bearer GplQ2zXsM9RH6h3Xtv2njG1mcDV4-kwZkQLm92hhGHk";

public static void main(String[] args) throws Exception {
        App app = new App();
app.run();
    }

public void run() throws Exception {

        Client c = Util.getJerseyClient();
WebTarget target = c.target(MASTER_URL);

System.out.println("----- 创建项目 ");
        String projectDef = "{\"kind\":\"ProjectRequest\",\"apiVersion\":\"v1\"
,\"metadata\":{\"name\":\"my-project\",\"creationTimestamp\":null},\"di
splayName\":\"My Project\"}";
        Entity<?>proData = Entity.entity(projectDef, MediaType.APPLICATION_JSON);
        target.path("/oapi/v1/projectrequests").request().header(authKey, authValue).
        post(proData);

System.out.println("----- 创建 Pod 'hello-openshift'");
        String podDef = "{\"kind\":\"Pod\",\"apiVersion\":\"v1\",\"metadata\":{\"name\
":\"hello-openshift\"},\"spec\":{\"containers\":[{\"name\":\"hello-open-
shift\",\"image\":\"openshift/hello-openshift:latest\",\"ports\":[{\"co-
```

```
                   ntainerPort\":8080,\"protocol\":\"TCP\"}]}]}}";
                   Entity<?>podData = Entity.entity(podDef, MediaType.APPLICATION_JSON);
                   target.path("/api/v1/namespaces/my-project/pods").request().header(authKey,
                   authValue).post(podData);

        System.out.println("----- 获取 Pod 列表 ");
                   String responseMsg = target.path("/api/v1/namespaces/my-project/pods").
                   request().header(authKey, authValue)
                       .get(String.class);
        System.out.println(responseMsg);

        }

}
```

在示例程序中创建了一个 `My Project` 的项目，并且部署了一个 `hello-openshift` 的 Pod。最后程序获取了 `My Project` 项目的 Pod 的列表。以下是程序的示例输出。

```
----- 创建项目
----- 创建 Pod 'hello-openshift'
----- 获取 Pod 列表
{
    "metadata": {
        "resourceVersion": "116247",
        "selfLink": "/api/v1/namespaces/my-project/pods"
    },
    "apiVersion": "v1",
    "kind": "PodList",
    "items": [{
        "metadata": {
            "uid": "5a3b5ccd-7c10-11e6-9e5c-000c29df3ecb",
            "resourceVersion": "116175",
            "name": "hello-openshift",
            "namespace": "my-project",
            "creationTimestamp": "2016-09-16T13:20:35Z",
            "annotations": {"openshift.io/scc": "restricted"},
            "selfLink": "/api/v1/namespaces/my-project/pods/hello-openshift"
        },
        ......
        "status": {
            "phase": "Running",
            "podIP": "172.17.0.5",
            "containerStatuses": [{
                "image": "openshift/hello-openshift:latest",
                "imageID": "docker://
        ......
```

根据同样的原理，通过 Python、Ruby 和 NodeJS 也可以快速开发出基于 OpenShift 的第三方应用。有意思的是，用户开发出来的第三方应用可以以容器的方式运行在 OpenShift 之上。

14.7 系统源代码定制

作为开源软件，OpenShift、Kubernetes 及 Docker 的源代码是公开的。任何人都可以下载、浏览和修改。一些具备较强研发实力的客户可能会自行修改软件的源代码来实现某些功能。用户完全有修改开源软件代码的自由，但是如果修改后的源代码只是存留在组织内部，没有回馈到社区，就意味着用户必须清楚他们所做的修改可能引入的风险，必须通过自己的手段来测试和验证修改的正确性。同时，当软件版本升级后，用户也必须重新整合和验证代码。因此，在使用开源软件构建企业的容器云时，建议用户尽量减少直接对源代码的修改。通过集成、定制及二次开发，在绝大多数情况下都能满足功能需求。如果实在需要修改源代码，也应该保证修改后的代码能贡献到相应的社区中。当功能通过社区的评审和接纳进入主干后，相关的功能后续将会成为软件发行版本的一部分，得到社区的验证和支持。通过这种方式，企业和社区都能受益。

一个很好的例子是世界航空业巨头 Amadeus，其既是 OpenShift 和 Kubernetes 的忠实用户，也为社区贡献了许多有用的功能。只有大家不断地反馈和贡献，一个社区才能有不断向前的动力。

14.8 本章小结

本章介绍了 OpenShift 系统的集成和定制的方法。通过 Web Hook、命令行工具、RESTful API 及组件定制等手段，用户可以在 OpenShift 平台的基础上整合和构建更符合企业特殊要求的平台。

附录 A

排错指南

在 IT 的生涯中经常会听见的一句话就是"昨天还没有问题的",由于环境或者软件系统本身的原因,我们的工作并不总是一切如软件手册和文档描述地那样展开。发现问题、排查问题及解决问题是研发和运维工作中永恒的话题。功能越是复杂的应用,其设计的模块就越多,牵涉的流程就越复杂,因此,出现问题的概率就越大,问题的数量和种类就可能越多。既然问题是无法避免的,那么我们所要关注的就是防范问题的出现,以及在问题出现后如何能快速地定位问题,并将其解决。

A.1 防患于未然

相较于解决问题,防范问题的发生更为重要。在日常运维和使用软件系统的过程中要遵循软件系统的最佳实践。每个软件系统都有设计的目标工作场景和推荐的使用方式,如果背离了软件设计的适用场景和最佳实践,必然将会问题连连。举个例子,许多刚接触容器平台的用户会经常建议在容器应用内部安装 SSH 服务监控代理服务,以方便对容器进行调试和管理。这显然是将传统虚拟化管理的思维套用在容器的管理上。这样做背离了容器平台的最佳实践,给容器增加了不必要的额外开销,必然会对后续的使用和运维产生负面的影响。

对防范问题发生的另一个有效手段就是制定使用和运维的规范。通过规范标准化对容器和容器云平台的使用和运维。标准化的环境、操作和流程将极大地减少随机问题的发生。此外,在发生问题后,在一个标准化的环境中也便于快速排查和解决问题。

A.2 问题排查思路

必须承认，即使有再完备的管理和使用规范，也不可能完全杜绝问题的发生。因此，用户和管理员必须要有良好的排查思路并掌握必要的排错技能。故障排查的思路一般如下所示：

- 观察问题：尽可能细致地观察问题发生时的现象并做好记录。清晰的问题描述有助于多人协同分析解决问题，也为后续的知识管理留下素材。
- 收集信息：尽可能地收集问题发生时的日志信息。比如集群节点的日志或者容器日志和应用日志。同时也要注意收集出现问题的系统和应用的版本信息。
- 复现问题：弄清楚复现问题的步骤，记录详细的复现步骤。复现问题几乎是解决问题的一个必要条件，并往往成为后续检验问题是否被修复的一个测试用例。
- 收缩范围：尽可能排除无关的事物，将问题排查的范围缩小。
- 定位问题。通过前序步骤所收集的信息，在尽可能小的排查范围内定位问题所在。这一步需要一定的技巧与经验，有时候还需要一些运气。
- 定制解决方案：了解问题的前因后果并制定解决方案。在制定解决方案时，通常会面临一些选择——有的解决方案节约时间，但是并治标不治本；有的方案标本兼治，但是更耗费时间精力。如果没有特殊的情况，还是建议采取标本兼治的方案，毕竟在强调高效IT的今天，同样的错误不应该犯两次。
- 执行解决方案：寻找合适的时间窗口执行解决方案，预留充裕的时间执行变更。仓促行事往往会引入新的问题。

A.3 问题排查技巧

A.3.1 确认集群和系统信息

在着手排查问题前，应该先了解集群的环境，检查当前工作环境的版本和配置与预期是否一致。如查看集群节点列表，确认节点的状态。

```
[root@master ~]# oc get node
NAME                    STATUS                     AGE
master.example.comReady,SchedulingDisabled         16d
node1.example.com       Ready                      16d
node2.example.comNotReady                          16d
```

确认当前 OpenShift 集群的版本信息。

```
[root@master ~]# openshift version
openshift v1.3.0
kubernetes v1.3.0+52492b4
etcd 2.3.0+git
```

确认 Master 节点及问题节点的操作系统信息。

```
[root@master ~]# uname -a
Linux master.example.com 3.10.0-327.el7.x86_64 #1 SMP Thu Nov 19 22:10:57 UTC
2015 x86_64 x86_64x86_64 GNU/Linux
```

A.3.2 检查关键服务状态

在 OpenShift 中存在一些关键的服务，如 Master、Node 及 Docker 服务。集群的正常运转离不开这些底层服务的支持。

通过 `systemctl status origin-master` 命令可以查看 Master 服务的状态。

```
[root@master ~]# systemctl status origin-master
• origin-master.service - Origin Master Service
   Loaded: loaded (/usr/lib/systemd/system/origin-master.service; enabled; vendor preset: disabled)
   Active: activating (start) since Mon 2016-10-10 09:27:43 EDT; 51s ago
     Docs: https://github.com/openshift/origin
 Main PID: 37683 (openshift)
   Memory: 13.3M
   CGroup: /system.slice/origin-master.service
           └─37683 /usr/bin/openshift start master --config=/etc/origin/master/master-config.yaml --loglevel=2

Oct 10 09:28:32 master.example.com origin-master[37683]: [5.167µs] [5.167µs] About to list etcd node
Oct 10 09:28:32 master.example.com origin-master[37683]: [2.006052882s] [2.006047715s] Etcd node listed
Oct 10 09:28:32 master.example.com origin-master[37683]: [2.006055015s] [2.133µs] END
Oct 10 09:28:32 master.example.com origin-master[37683]: E1010 09:28:32.011525 37683 cacher.go:220] unexpected ListAndWatch error: pkg/storage/cacher.go:163: Failed to list *api.ClusterPolicy:...misconfigured
Oct 10 09:28:32 master.example.com origin-master[37683]: E1010 09:28:32.011562 37683 reflector.go:203] github.com/openshift/origin/vendor/k8s.io/kubernetes/plugin/pkg/admission/limitranger/admission.go:154...
Oct 10 09:28:32 master.example.com origin-master[37683]: I1010 09:28:32.011593 37683 trace.go:61] Trace "List *api.PolicyBindingList" (started 2016-10-10 09:28:30.004797388 -0400 EDT):
Oct 10 09:28:32 master.example.com origin-master[37683]: [10.479µs] [10.479µs] About to list etcd node
Oct 10 09:28:32 master.example.com origin-master[37683]: [2.006783172s] [2.006772693s] Etcd node listed
Oct 10 09:28:32 master.example.com origin-master[37683]: [2.006785055s] [1.883µs] END
Oct 10 09:28:32 master.example.com origin-master[37683]: E1010 09:28:32.011601 37683 cacher.go:220] unexpected ListAndWatch error: pkg/storage/cacher.go:163: Failed to list *api.PolicyBinding:...misconfigured
Hint: Some lines were ellipsized, use -l to show in full.
```

提示 OpenShift 企业版的 Master 服务名称为 atomic-openshift-master。

通过 `systemctl status origin-node` 命令可以查看 node 服务的状态。

```
[root@master ~]# systemctl status origin-node
• origin-node.service - Origin Node
   Loaded: loaded (/usr/lib/systemd/system/origin-node.service; enabled; vendor preset: disabled)
  Drop-In: /usr/lib/systemd/system/origin-node.service.d
           └─openshift-sdn-ovs.conf
   Active: active (running) since Sat 2016-10-08 21:57:02 EDT; 1 day 11h ago
     Docs: https://github.com/openshift/origin
 Main PID: 2625 (openshift)
   Memory: 35.9M
   CGroup: /system.slice/origin-node.service
           ├─2625 /usr/bin/openshift start node --config=/etc/origin/node/node-config.yaml --loglevel=2
           └─3057 journalctl -k -f
```

 提示 OpenShift 企业版的 Node 服务名称为 atomic-openshift-node。

除了 Master 及 Node 服务,Docker 服务也往往是一个检查的关键。

```
[root@master ~]# systemctl status docker
• docker.service - Docker Application Container Engine
   Loaded: loaded (/usr/lib/systemd/system/docker.service; enabled; vendor preset: disabled)
  Drop-In: /usr/lib/systemd/system/docker.service.d
           └─docker-sdn-ovs.conf
   Active: active (running) since Sat 2016-10-08 21:57:01 EDT; 1 day 11h ago
     Docs: http://docs.docker.com
 Main PID: 2794 (docker-current)
   Memory: 20.5M
   CGroup: /system.slice/docker.service
           └─2794 /usr/bin/docker-current daemon --exec-optnative.cgroupdriver=systemd --selinux-enabled --insecure-registry=172.30.0.0/16 --log-driver=json-file --log-opt max-size=50m -b=lbr0 --mtu=1450 --...
```

如果关键服务的状态出现了异常,可以进一步查看相关服务的日志。可通过 `journalctl -fu` 命令查看相关服务的详细日志。如下例所示,Master 服务启动失败,日志显示了"no route to host"。

```
[root@master ~]# journalctl -fu origin-master
-- Logs begin at Sat 2016-10-08 21:56:29 EDT. --
Oct 10 09:29:44 master.example.com origin-master[37792]: [2.005195962s] [2.005191999s] Etcd node listed
```

```
Oct 10 09:29:44 master.example.com origin-master[37792]: [2.005198131s]
[2.169µs] END
Oct 10 09:29:44 master.example.com origin-master[37792]: E1010 09:29:44.167149
37792 cacher.go:220] unexpected ListAndWatch error: pkg/storage/cacher.go:163:
Failed to list *api.ClusterPolicyBinding: client: etcd cluster is unavailable
or misconfigured
Oct 10 09:29:44 master.example.com origin-master[37792]: I1010 09:29:44.167183
37792 trace.go:61] Trace "List *api.ClusterPolicyList" (started 2016-10-10
09:29:42.161774272 -0400 EDT):
Oct 10 09:29:44 master.example.com origin-master[37792]: [5.4µs] [5.4µs] About
to list etcd node
Oct 10 09:29:44 master.example.com origin-master[37792]: [2.005394502s]
[2.005389102s] Etcd node listed
Oct 10 09:29:44 master.example.com origin-master[37792]: [2.005396294s]
[1.792µs] END
Oct 10 09:29:44 master.example.com origin-master[37792]: E1010 09:29:44.167190
37792 cacher.go:220] unexpected ListAndWatch error: pkg/storage/cacher.go:163:
Failed to list *api.ClusterPolicy: client: etcd cluster is unavailable or
misconfigured
Oct 10 09:29:44 master.example.com origin-master[37792]: E1010 09:29:44.167230
37792 reflector.go:203] github.com/openshift/origin/vendor/k8s.io/kubernetes/
plugin/pkg/admission/limitranger/admission.go:154: Failed to list *api.LimitRange:
Get https://master.example.com:8443/api/v1/limitranges?resourceVersion=0: dial
tcp 192.168.172.198:8443: getsockopt: no route to host
Oct 10 09:29:44 master.example.com origin-master[37792]: E1010 09:29:44.167265
37792 reflector.go:203] github.com/openshift/origin/vendor/k8s.io/kubernetes/
plugin/pkg/admission/limitranger/admission.go:154: Failed to list *api.LimitRange:
Get https://master.example.com:8443/api/v1/limitranges?resourceVersion=0: dial
tcp 192.168.172.198:8443: getsockopt: no route to host
Oct 10 09:29:47 master.example.com origin-master[37792]: E1010 09:29:47.171797
37792 reflector.go:203] github.com/openshift/origin/vendor/k8s.io/kubernetes/
plugin/pkg/admission/limitranger/admission.go:154: Failed to list *api.LimitRange:
Get https://master.example.com:8443/api/v1/limitranges?resourceVersion=0: dial
tcp 192.168.172.198:8443: getsockopt: no route to host
```

A.3.3 检查组件及应用容器

检查组件和应用容器的状态往往是发现问题的第一步。比如一个总是处于pending状态的Registry将导致S2I构建在最后一步推送镜像时失败，一个无法找合适的Node部署的Router将处于Error状态，从而导致用户访问应用失败。

```
[root@master ~]# oc get pod
NAME                      READY   STATUS              RESTARTS   AGE
docker-registry-1-gedt0   1/1     Running             11         7d
ose-router-4-errdv        0/1     ImagePullBackOff    0          43s
```

如果容器状态异常，则可以进一步通过oc describe pod命令查看与此容器相关的事件（Event）。Event是Kubernetes的一个重要对象，Kubernetes的大多数操作都会产生事件对象，让用户可以知道集群当前的工作状态。如下例所示，该容器创建失败的原因为无法下载指定的镜像。

```
[root@master ~]# oc describe pod ose-router-4-errdv
Name:                ose-router-4-errdv
Namespace:           default
Security Policy:     hostnetwork
Node:                node1.example.com/192.168.172.169
    ……

  37s    37s    1    {kubelet node1.example.com}        Warning    FailedSync
Error syncing pod, skipping: failed to "StartContainer" for "router" with ErrImagePull:
"Get https://registry-1.docker.io/v2/openshift/origin-haproxy-router/manifests/
v1.3.0x: Gethttps://auth.docker.io/token?scope=repository%3Aopenshift%2Forigin-haproxy-
router%3Apull&service=registry.docker.io: net/http: TLS handshake timeout"

  37s    37s    1    {kubelet node1.example.com} spec.containers{router} Normal
BackOff    Back-off pulling image "openshift/origin-haproxy-router:v1.3.0x"
  37s    37s    1    {kubelet node1.example.com}    .    Warning FailedSync  Error
syncing pod, skipping: failed to "StartContainer" for "router" with ImagePullBackOff:
"Back-off pulling image \"openshift/origin-haproxy-router:v1.3.0x\""

  1m     24s    2    {kubelet node1.example.com} spec.containers{router} Normal
Pulling pulling image "openshift/origin-haproxy-router:v1.3.0x"
```

OpenShfit 的 Web 控制台提供了一个项目的事件监控界面。通过此界面可以集中地查看当前项目相关的事件以及容器的日志输出。

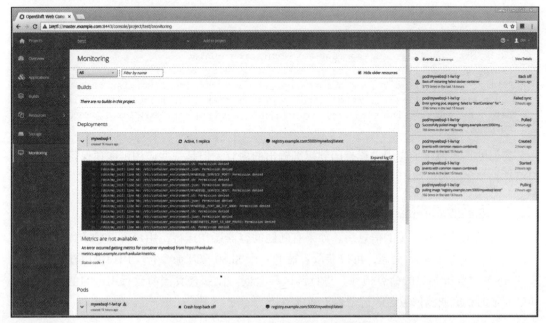

图 A-1　OpenShift Web 控制台监控界面

A.3.4 查看容器日志

有时候从状态和事件中看到了错误提示，在需要进一步详细信息时，则可以查看容器的日志。如下例所示，容器状态为 `CrashLoopBackOff`，表明容器反复重启后无法正常启动。

```
[root@master ~]# oc get pod
NAME               READY     STATUS             RESTARTS   AGE
mywebsql-1-lw1qr   0/1       CrashLoopBackOff   2          55s
```

通过 `oc logs` 查看容器的详细日志信息，发现错误的原因是权限的问题。

```
[root@master ~]# oc logs mywebsql-1-lw1qr
/sbin/my_init: line 6: /etc/envvars: Permission denied
grep: boot: Is a directory
grep: dev: Is a directory
grep: etc: Is a directory
grep: home: Is a directory
grep: lib: Is a directory
grep: lib64: Is a directory
grep: media: Is a directory
grep: mnt: Is a directory
grep: opt: Is a directory
grep: proc: Is a directory
grep: root: Permission denied
grep: run: Is a directory
grep: sbin: Is a directory
grep: srv: Is a directory
grep: sys: Is a directory
grep: tmp: Is a directory
grep: usr: Is a directory
grep: var: Is a directory
cat: /etc/container_environment/*: Permission denied
/sbin/my_init: line 21: export: '*=': not a valid identifier
/sbin/my_init: line 30: /etc/container_environment.json: Permission denied
/sbin/my_init: line 31: /etc/container_environment.sh: Permission denied
/sbin/my_init: line 46: /etc/container_environment/MYWEBSQL_PORT_80_TCP: Permission denied
```

容器的日志包含了应用进程打印到标准输出的内容，但是一些应用可能还保留了其他的应用日志。在排查应用相关的问题时，也应该查看应用相关的日志。

A.3.5 远程登录容器

通过日志了解进一步的信息后，如果有问题的容器还在运行，用户可以登录到容器内部一探究竟。通过 ocrsh 命令，可以获取容器的一个 Shell 交互命令行。用户可以在这个交互式的 Shell 中执行相关的命令镜像，进行调试和验证。比如查看当前运行用户的信息、检查环境变量的赋值或测试域名解析是否正确。

```
[root@master ~]# ocrsh docker-registry-1-gedt0
```

```
sh-4.2$ id
uid=1000000000 gid=0(root) groups=0(root),1000000000
sh-4.2$ env|grep -iku
KUBERNETES_PORT=tcp://172.30.0.1:443
KUBERNETES_PORT_443_TCP_PORT=443
KUBERNETES_SERVICE_PORT=443
KUBERNETES_PORT_53_TCP=tcp://172.30.0.1:53
KUBERNETES_SERVICE_HOST=172.30.0.1
KUBERNETES_PORT_53_TCP_PORT=53
KUBERNETES_PORT_53_UDP=udp://172.30.0.1:53
KUBERNETES_SERVICE_PORT_DNS=53
KUBERNETES_PORT_53_TCP_ADDR=172.30.0.1
KUBERNETES_PORT_53_UDP_ADDR=172.30.0.1
KUBERNETES_PORT_53_UDP_PORT=53
KUBERNETES_PORT_53_UDP_PROTO=udp
KUBERNETES_PORT_443_TCP_PROTO=tcp
KUBERNETES_SERVICE_PORT_HTTPS=443
KUBERNETES_PORT_53_TCP_PROTO=tcp
KUBERNETES_PORT_443_TCP_ADDR=172.30.0.1
KUBERNETES_SERVICE_PORT_DNS_TCP=53
KUBERNETES_PORT_443_TCP=tcp://172.30.0.1:443
```

A.3.6 调试容器

如果目标的容器无法正常启动，可以通过修改 Deployment Config，覆盖容器镜像默认的启动命令为其他命令以协助调试的。常用的一个辅助命令是 `sleep`。编辑容器的 Deployment Config，添加或修改 `command` 属性。

```
[root@master ~]# oc edit dc mywebsql -o json
 "spec": {
            "containers": [
                {
                    "name": "mywebsql",
                    "image": "registry.example.com:5000/mywebsql:latest",
                    "command": ["bash","-c","sleep 30d"],
```

Docker 容器的运行要求有一个前台运行的主进程，通过 `sleep` 命令保证容器不退出，然后通过 `ocrsh` 命令获取容器的 Shell，以进行进一步的调试。

前文介绍了通过修改 Deployment Config 配置，进行容器调试。在 OpenShift Origin 1.3 后可以使用 `oc debug` 命令进行容器的调试。`oc debug` 命令以有问题的容器所属的 Deployment Config 启动一个 Pod。和正常启动不同的是，`oc debug` 默认覆盖容器的启动命令为 Shell。如下例所示，启动了一个 `docker-registry` 的调试容器，并获得了一个 Shell 命令。

```
[root@master ~]# oc debug dc/docker-registry
Debugging with pod/docker-registry-debug, original command: <image entrypoint>
Waiting for pod to start ...
Pod IP: 10.1.1.10
If you don't see a command prompt, try pressing enter.
```

```
sh-4.2$
```

用户也可以指定调试容器的启动命令。下例展示的是让容器启动后执行 `id` 命令，获取用户信息。

```
[root@master ~]# oc debug dc/docker-registry -- id
Debugging with pod/docker-registry-debug, original command: <image entrypoint>
Waiting for pod to start ...
uid=1001 gid=0(root) groups=0(root)
```

`oc debug` 提供了一些参数以方便用户调试，通过 `oc debug -h` 可以查看完整的参数列表。其中比较常用的如 `--as-user` 参数，其可以指定容器启动后所使用的用户 UID，如下例所示。

```
[root@master ~]# oc debug dc/docker-registry --as-user=10001 -- id
Debugging with pod/docker-registry-debug, original command: <image entrypoint>
Waiting for pod to start ...
uid=10001 gid=0(root) groups=0(root)
```

A.4 常见问题

在日常的使用和运维过程中会遇到各种各样的问题，这些问题阻碍了正常工作的进行。本节收集了一些常见的问题及其排查思路，供读者参考。

A.4.1 安装错误

OpenShift 的集群部署是通过 Ansible 完成的。在预置条件配置正确的情况下，出现安装错误的概率较小。常见的安装问题往往出在系统的准备阶段，比如无法解析的域名、未配置主机互信或错误的 IP 地址等。因此，在准备集群的主机时，请确认已严格按照安装文档的要求进行配置。

在出现安装错误后，Ansible 将会输出相关的错误信息。通过添加参数 `-vvv` 运行 Ansible 的 OpenShift 安装脚本，用户可以获得更详细的错误输出。

A.4.2 集群节点异常

集群节点异常，通常是由节点上的关键进程异常导致。因此，首先确认异常节点上服务的状态。检查 Master、Node 及 Docker 服务的状态。

```
[root@master ~]# systemctl status origin-master
[root@master ~]# systemctl status origin-node
[root@master ~]# systemctl status docker
```

如果服务的状态异常，则可以进一步检查服务的日志以及系统日志。

```
[root@master ~]# journalctl -fu origin-master
```

```
[root@master ~]# journalctl -fu origin-node
[root@master ~]# journalctl -fudocker
```

也可以查看系统日志 /var/log/messages，查看错误及警告信息。

关键服务进程的异常往往和操作系统异常或资源不足有关，比如磁盘或网卡故障、磁盘空间被日志占满，或者内存不足等。因此，在排查问题时，也要注意检查操作系统的状态。

```
[root@master ~]# free
             total        used        free      shared  buff/cache   available
Mem:       1001336      573664      120656        6960      307016      208076
Swap:      2097148        7512     2089636

[root@master ~]# df -h
Filesystem               Size  Used Avail Use% Mounted on
/dev/mapper/centos-root   18G  2.9G   15G  17% /
devtmpfs                 479M     0  479M   0% /dev
tmpfs                    489M     0  489M   0% /dev/shm
tmpfs                    489M  6.9M  483M   2% /run
tmpfs                    489M     0  489M   0% /sys/fs/cgroup
/dev/sda1                497M  123M  374M  25% /boot
tmpfs                     98M     0   98M   0% /run/user/0
```

A.4.3 无法下载镜像

部署容器应用时，发现容器出现 `ErrImagePull` 或者 `ImagePullBackOff` 错误从而无法创建。

```
[root@master ~]# oc get pod
NAME                   READY     STATUS         RESTARTS   AGE
mywebsql-2-deploy      1/1       Running        0          57s
mywebsql-2-o4fou       0/1       ErrImagePull   0          51s
```

通过 `oc describe pod` 命令可以查看到详细的错误信息。

```
2m    5s    6    {kubelet node1.example.com} spec.containers{mywebsql}    Normal
BackOff    Back-off pulling image "registry.example.com:5000/mywebsql:wrong-tag"
2m    5s    6    {kubelet node1.example.com}                Warning FailedSync
Error syncing pod, skipping: failed to "StartContainer" for "mywebsql" with
ImagePullBackOff: "Back-off pulling image \"registry.example.com:5000/mywebsql:
wrong-tag\""
```

镜像无法下载导致容器部署失败往往有几个原因：
❑ 目前的容器镜像不存在。
❑ 目标容器所在的镜像仓库网络质量较差导致下载错误。
❑ Docker 访问目标的镜像仓库的协议错误。

排查这类型的错误，首先要确认所引用的镜像的地址是否正确，如不正确，则需要修正。可以通过 docker pull 命令直接下载镜像测试是否成功。这里要注意的是，推荐通过 oc describe pod 找到上一次出错的容器所部署的计算节点。然后登陆到该计算节点进行测试，尽量使测试在错误发生时的环境下进行。如下例所示，引用了一个并不存在的镜像标签，因此无法下载镜像。

```
[root@node1 ~]# docker pull registry.example.com:5000/mywebsql:wrong-tag
Trying to pull repository registry.example.com:5000/mywebsql ...
Pulling repository registry.example.com:5000/mywebsql
Tag wrong-tag not found in repository registry.example.com:5000/mywebsql
```

关于镜像下载的一个场景错误是一些私有的镜像仓库没有启用 HTTPS 协议，而 Docker 默认使用 HTTPS 协议连接镜像仓库。如下例所示，Docker 请求的仓库地址为 Get https:// 而非 http://。

```
[root@node1 ~]# docker pull registry.example.com:5000/mywebsql:wrong-tag
Trying to pull repository registry.example.com:5000/mywebsql ...
unable to ping registry endpoint https://registry.example.com:5000/v0/
v2 ping attempt failed with error: Get https://registry.example.com:5000/v2/: EOF
v1 ping attempt failed with error: Get https://registry.example.com:5000/v1/_ping: EOF
```

如果需要访问非 HTTPS 协议的镜像仓库，则需要配置 /etc/sysconfig/docker 文件，通过配置 INSECURE_REGISTRY 参数指定目标仓库为非安全的镜像仓库。如下例所示。

```
INSECURE_REGISTRY='--insecure-registry registry.example.com:5000'
```

此外，在国内从 DockerHub 下载镜像，虽然镜像存在，但是由于网络质量的问题可能导致镜像下载失败，进而导致应用在 OpenShift 上部署失败。此时可以考虑通过 docker pull 命令预先下载镜像，然后在推送到本地的镜像仓库后再进行部署。或者使用 DockerHub 在国内的镜像站点进行下载。

A.4.4　S2I 构建失败

　　S2I 构建流程常见的问题出现在代码下载、代码构建或镜像的推送阶段。代码下载失败的原因往往是代码库的地址或验证信息错误，或者是代码库服务不可达。可以分别在容器内部及外部确认所使用的代码库地址和验证信息是否有效。

　　代码构建的错误往往是因为源代码本身存在编译或构建的错误。开发人员提交了不能成功编译的代码或者是 Maven 库服务下线了，从而导致构建失败。当然，在少数情况下也可能是由 S2I 构建镜像的构建逻辑存在缺陷导致的。

　　当编译和构建完成后，OpenShift 将生成应用镜像，并将其推送至内部的镜像仓库中。镜像推送失败往往和内部的镜像仓库服务错误有关。检查镜像仓库的容器状态，确认其运行正常。

```
[root@master ~]# oc get pod -n default |grep regi
docker-registry-1-wveca    1/1      Running    0          1h
```

同时，通过 curl 命令测试镜像仓库服务的可达性。

```
[root@master ~]# oc get svc -n default|grep registry
docker-registry   172.30.84.180    <none>      5000/TCP        56d
[root@master ~]# curl 172.30.84.180:5000
```

A.4.5 容器部署错误

当一个容器部署时一直处于 pending 状态，说明容器部署时出现了问题。如下面的 Pod ose-router-debug 一直处于 pending 状态。

```
[root@master ~]# oc get pod
NAME                        READY    STATUS     RESTARTS    AGE
docker-registry-1-gedt0     1/1      Running    16          16d
ose-router-1-i4qnn          1/1      Running    21          16d
ose-router-debug            0/1      Pending    0           1m
```

通过 oc describe pod 命令可以查看该 Pod 的相关事件。通过下面的事件信息可以看到 OpenShift 集群无法找到合适的计算节点部署该 Pod。具体的错误信息为 PodFits-HostPorts。因为 Router 容器需要占用主机的端口，但是当前集群已经没有合适的计算节点了，因此容器创建失败。

```
Events:
FirstSeenLastSeen    Count    FromSubobjectPath   Type         Reason       Message
---------  --------  -----    ----  -------------  --------    ------      -------
    2m       5s       14      {default-scheduler }                          Warning
FailedScheduling    pod (ose-router-debug) failed to fit in any node
fit failure on node (node1.example.com): PodFitsHostPorts
```

在实际的环境中，错误可能会五花八门，原因有可能是无法满足容器的端口要求，或者是内存及 CPU 等资源要求，等等。请根据事件中具体的错误或告警信息处理。

A.4.6 容器启动错误

容器启动失败，一般可以看到 CrashLoopBackOff 的状态。说明 OpenShift 进行了数次的启动尝试，容器均失败退出。

```
[root@master ~]# oc get pod
NAME                READY    STATUS              RESTARTS    AGE
mywebsql-1-hpuk6    0/1      CrashLoopBackOff    4           2m
```

当一个容器在 OpenShift 平台上多次启动失败时，一般推荐先检查直接通过 Docker 是否可以正常启动该容器。如果通过 Docker 可以成功启动该容器，则说明可能是由容器在 OpenShift 上的部署配置不当导致的。如果容器使用 docker run 命令也无法正常启动，则需要检查容器镜像的启动要求，查看是否需要传递特殊的环境变量值，或者镜像存在缺陷。

通过 `oc logs` 命令可以看到启动失败的容器的日志，这是排查问题的常用手段。

```
[root@master ~]# oc logs mywebsql-1-hpuk6
/sbin/my_init: line 6: /etc/envvars: Permission denied
……
cat: /etc/container_environment/*: Permission denied
/sbin/my_init: line 21: export: `*=': not a valid identifier
/sbin/my_init: line 30: /etc/container_environment.json: Permission denied
/sbin/my_init: line 31: /etc/container_environment.sh: Permission denied
```

常见容器的启动问题大多和安全和持久化卷挂载或权限的问题相关。比如上面的错误就是因为容器镜像定义中指定以 Root 用户作为容器应用的启动用户，与 OpenShift 的安全策略相悖。解决的方法是修改镜像，使普通用户也具有启动容器入口应用的权限。或者修改 OpenShift 的安全上下文设置。

容器挂载的数据卷的读写权限不当也是常见的容器异常的原因之一。可以使用 `oc debug` 命令启动调试容器，进入到相应的数据卷挂载点实际测试文件的读写权限。

OpenShift 的节点上默认启动了 SELinux，SELinux 将控制容器对数据卷的读写，以及对端口的使用。因此在排查问题的过程中也要注意 SELinux 带来的影响。判断一个问题和 SELinux 是否相关最简单的办法是先暂时关闭 SELinux，然后测试问题是否依旧。如果关闭 SELinux 后问题解决，则说明 SELinux 限制了资源的访问，需要修改相关的 SELinux 配置。

通过 `getenforce` 命令可以查看 SELinux 当前的工作状态。`Enforcing` 表示 SELinux 正在工作，`Permissive` 和 `Disabled` 则表示 SELinux 并不生效。

```
[root@master ~]# getenforce
Enforcing
```

关闭 SELinux 的命令如下：

```
[root@master ~]# setenforce 0
```

启动 SELinux 的命令如下：

```
[root@master ~]# setenforce 1
```

A.4.7 无法访问容器应用

容器成功启动并运行，但是用户无法访问容器应用的服务。

如果是通过域名在浏览器中无法打开应用的页面，此时首先确认应用的域名在客户机上能被正确地解析，域名是否正确指向了 OpenShift Router 所在 Node 节点的 IP 地址。其次检查客户机至 OpenShift Router 的网络畅通无阻，可以通过 `telnet` 命令等工具测试 80、443 或者是自定义端口的连通性，排查是否是防火墙或网络隔离的原因。

接下来，可以在 OpenShift 集群节点上通过 `curl` 命令直接访问 Service IP 地址及 Pod

IP 地址，加上对应服务的端口，测试服务是否正常。此外也要注意检查 Route 的定义是否指向了正确的 Service 端口。通过这种层层推进的方式不断搜索排查的范围，最终定位问题的所在。

A.5 本章小结

本章列举了一些常用的 OpenShift 问题的排查技巧及常见的问题。通过掌握这些基础的排查技巧，并结合用户对 OpenShift 使用的经验和对系统及网络的知识，就可以解决日常使用和运维中的绝大多数问题。如果遇到了实在是没有头绪解决的问题，OpenShift Origin 的用户可以到社区内请教讨论。商业版 OpenShift 的用户则可以向红帽客户支持求援。

后 记

衷心感谢您耐心地读完了本书。本书从开发、运维两个视角介绍了 OpenShift 开源容器云各个方面的特性。希望通过本书的介绍能让你了解到如何通过 OpenShift 容器云这一平台应对企业 IT 所面临的挑战和考验。

开源软件最大的魅力在于这是一个开放的舞台。因此，在使用 OpenShift 构建企业容器云平台时，你并不是一个人孤身作战。在社区有着大量的参考资料及案例。以下是一些推荐的 OpenShift 参考资料和使用案例的资源：

- OpenShift Origin 官方文档：http://docs.openshift.org。官方文档是一个产品和项目最权威和最详尽的参考材料。
- OpenShift YouTube 频道。OpenShift YouTube 频道有大量的与 OpenShift 技术相关的视频。
- OpenShift Commons 分享。OpenShift Commons 是红帽成立的一个 OpenShift 企业用户组织。在这个组织内部，企业用户分享 OpenShift 的使用经验和案例。当前这个组织有超过 50 个成员，包括思科、Amadeus 及 ZTE 等企业。
- OpenShift 项目 Trello。和其他开源软件一样，OpenShift 的项目路线图以及项目路标的信息都是公开的，用户通过 Trello 可以查看项目的进展和发展方向。
- OpenShift GitHub 仓库。在 OpenShift 的 GitHub 上可以查看项目的源代码，以及动态。

和传统的闭源软件不同，开源软件的用户具有更多的特权。用户不仅仅是单纯的使用者，还可以是贡献者。通过对社区项目的贡献，用户会更了解这一整套解决方案，这有利于用户应用和运维这个平台。将企业所需要或所实现的功能提交到社区，可以使企业所需的特性有机会在未来成为产品的核心功能，降低了维护的成本和风险。通过参与开源项目并做出贡献，企业可以累积在业界的声望，这对国内的一些企业来说尤为重要。如中兴通讯目前是 OpenShift 和 Ceph 的贡献者，是中国企业在开源社区的一个成功案例。

笔者相信本书不会是你了解和学习 OpenShift 容器云的终点。相反，本书将成为你进入容器云和 OpenShift 世界的开端。希望你能通过对 OpenShift 的深入了解和实践，为你所在的企业或组织构建出一个安全、稳定、可靠的容器运行平台。通过这个平台，加速你 IT 的交付速度，提高交付的效率和质量，实现容器、云，以及 DevOps 所承诺的愿景。

容器技术的发展还在不断高速地向前推进。OpenShift Origin 项目也仍然在不断地进步和发展。期待与你在不久的将来再次相会，再次共同探讨容器云及 OpenShift 的经验和心得。

陈　耿

推荐阅读

华章容器技术经典